航空光学成像新技术

New Technologies in Airborne Optical Imaging

徐正平　修吉宏　黄　浦　张洪文　著

U0353114

国防工业出版社

·北京·

内 容 简 介

本书围绕航空光电遥感成像高分辨率、大视场及激光三维成像三个方面展开，就其研究现状、系统方案及实现过程中所遇到的问题与解决方案进行详细论述。第一部分像元几何超分辨成像，主要介绍了亚像元、L形异形像元及空间编码扫描等效异形像元超分辨成像原理、工程实现及实验结果；第二部分大视场高分辨率成像系统，介绍了共心多尺度成像系统、面阵动态多幅扫描成像系统及线阵像面扫描拼接成像系统所涉及的技术问题；第三部分直接测距型激光主动成像系统，主要介绍了国内外研究现状与发展趋势，以及涵盖系统设计全链路的关键技术。

本书内容是对航空光电遥感成像领域几项新技术的系统总结，可作为相关领域研究生及技术人员的学习参考资料。

图书在版编目(CIP)数据

航空光学成像新技术／徐正平等著.—北京:国防工业出版社,2023.2
ISBN 978-7-118-12775-1

Ⅰ.①航… Ⅱ.①徐… Ⅲ.①航空图像—光电技术—成像原理 Ⅳ.①TP75

中国国家版本馆 CIP 数据核字(2023)第 017726 号

※

国防工业出版社出版发行
(北京市海淀区紫竹院南路 23 号 邮政编码 100048)
北京虎彩文化传播有限公司印刷
新华书店经售
*
开本 710×1000 1/16 彩插 2 印张 15½ 字数 273 千字
2023 年 2 月第 1 版第 1 次印刷 印数 1—1200 册 定价 128.00 元

(本书如有印装错误,我社负责调换)

国防书店:(010)88540777 书店传真:(010)88540776
发行业务:(010)88540717 发行传真:(010)88540762

前言

　　伴随着军事、民用应用需求的牵引，航空光电遥感成像向着高空间分辨、高时间分辨、高光谱分辨的方向发展，且为了提高工作效率，要求不断扩大覆盖宽度。与此同时，航空光电遥感呈现多光合一的趋势，并融入激光主动成像，以获取目标的三维信息，便于目标探测与识别。本书围绕航空光电遥感成像高分辨、大视场及激光三维成像3个方面展开，就航空光学成像研究现状、系统方案及实现过程中所遇到的问题进行详细讨论。

　　为了提高现有探测器成像分辨率，科研人员先后研究了亚像元及异形像元超分辨成像方法。作者所在研究团队在对亚像元成像数学模型研究的基础上，提出了L形异形像元：将常规正方形像元均分为4份，去除1/4感光面积，其传递函数截止频率是常规正方形像元的2倍；定制了探测器进行试验验证，结果显示，受限于试验条件，L形异形像元成像分辨率至少是常规像元的1.78倍。在这一结果的基础上，尝试利用数字微镜器件(DMD)的空间编码特性实现空间编码扫描等效异形像元超分辨成像方法。

　　大视场高分辨成像系统具有良好的动态实时性、高分辨率及宽覆盖等特性，在军事和民用领域均具有广泛的应用前景。受限于光电探测器技术发展水平，大视场高分辨率成像系统主要采用拼接方式，包括机械拼接、光学拼接及动态扫描拼接。本书着重介绍了同心多尺度成像系统、面阵动态多幅扫描成像系统及线阵像面扫描拼接成像系统所涉及的技术问题。

　　同心多尺度成像系统部分内容，从多尺度设计理论出发，论述了同心多尺度成像系统的组成及成像原理，介绍了几种典型同心多尺度光学系统和调焦方法，最后针对一种并行同心多尺度成像系统进行了成像试验。

面阵动态多幅扫描成像系统部分内容,介绍了面阵多幅成像技术实现原理、位置步进与速度扫描两种实现方式及系统实现时的重叠率设计及像移补偿技术,并着重论述了基于快速反射镜(FSM)的像移补偿技术,包括工作原理、传感器种类、传感器和电机布局等。最后,在深入分析"全球鹰"搭载的采用面阵多幅成像技术的综合传感器系统(ISS)的基础上,从位置步进和速度扫描两种方案的控制思路、控制时序、各机构在不同时刻需要如何协调工作等角度,对基于 FSM 的面阵多幅成像系统控制的具体实现方案进行了详细分析。

线阵像面扫描拼接成像系统部分内容,提出凸轮驱动的动态扫描拼接方法,以多个线阵电荷耦合器件(CCD)推扫成像来等效大面阵 CCD 成像。凸轮结构的特殊性造成了电机轴上负载力矩的非平衡特性。对电机轴上负载力矩非平衡特性进行了分析,并采用变输入多模控制和神经网络多模控制来保证凸轮转速的平稳性。

以直接测距型激光主动成像系统为例,在简要介绍激光主动成像系统工作原理的基础上,着重介绍了国内外研究现状与发展趋势,并对各成像方式进行了对比分析。最后详细论述了直接测距型激光主动成像系统所涉及的关键技术,包括距离图像数据表征、激光器与探测器选取、照明方式选择、光学系统设计、系统作用距离方程、回波信号信噪比、测距精度影响因素、跨阻放大器选择、时刻鉴别电路、雪崩二极管(APD)探测器偏压的温度补偿、峰值保持电路、探测器信号的自动增益控制及高精度计时电路等。

本书编写素材来源于作者团队在中国科学院长春光学精密机械与物理研究所学习和工作期间参与的实际工程,包括相关领域研究现状的调研、整体方案的设计及最终试验验证,期望本书的出版对相关领域研究人员能够提供些许的启发和参考。

本书由中国科学院苏州生物医学工程技术研究所徐正平副研究员(2006 年 9 月至 2017 年 2 月在中国科学院长春光学精密机械与物理研究所学习和工作)、中国科学院长春光学精密机械与物理研究所修吉宏研究员、黄浦研究员、张洪文研究员共同完成,4 人共同完成了第 1 章、第 3 章的撰写,第 2 章、第 4 章由徐正平撰写,并负责统稿工作。

在本书的撰写过程中，得到了中国科学院长春光学精密机械与物理研究所葛文奇研究员、翟林培研究员、李友一研究员、沈宏海研究员、许永森研究员、李军研究员、远国勤研究员、张新研究员、史广维研究员、付喜宏研究员的指导和帮助。本书的出版离不开杨守旺博士、张树青博士、刘妍妍博士、李海星博士、李刚博士、石磊博士以及姚园、孙建军、王雪、王昊、王铮等同志的大力支持和帮助。衷心感谢各位老师、领导、同仁的信任和大力支持！衷心感谢长光卫星技术股份有限公司友情提供封面背景图片。

本书内容涉及的相关技术发展的速度很快，限于作者能力和水平，书中难免有所遗漏和不足，欢迎各位读者批评指正，如有任何问题，欢迎来信探讨，作者将不胜感激。联系邮箱:xuzp090@ 163.com。

作者

2022 年 8 月

目录

第1章
绪 论

航空光电遥感是利用搭载于飞机、吊舱或导引头等载体上的相机、摄像机、光谱仪或测距机等设备,在对流层至临近空间的空域对陆、海、空目标进行侦察,最终获取目标的几何信息、光谱信息、偏振信息、位置信息或距离信息等,其框图如图 1.1所示。

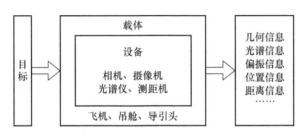

图 1.1 航空光电遥感框图

1.1 航空光电遥感应用需求

航空光电遥感对地观测具有高时效、低成本、高分辨、易判读等突出优势,已成为与航天遥感相并列的侦察手段而广受各科技大国的关注,在战略战术侦察等军事领域及地理测绘、环境保护、资源勘测、农业评估等民用遥感领域均获得了广泛应用。

1.1.1 军事侦察应用需求

军事侦察可以获取敌情、地形和有关作战情报信息,是实施正确指挥的前提及取得作战胜利的重要保证,因此有人称之为战场力量的倍增器。尽管在不同的历史条件下,获取情报的技术手段在不断发展变化,但侦察在军事上的重要地位从未削弱。航空侦察机续航时间长,可收集比较完整的情报信息;与卫星系统相比,航空侦察机可提供更为详细的情报信息,且飞行轨迹灵活,低空高速飞行能力大大提高了航空侦察机的战场生存和纵深侦察监视能力。因此,作为航空侦察机的有效载荷——航空光电遥感器,一直是当今各国武器装备发展的重点之一。军事侦察应用需求包括战略侦察应用需求和战术侦察应用需求[1]。

1. 军事战略侦察应用需求

（1）环境勘测:分析感兴趣区域的水文、地质或天气信息。

（2）战力侦察:评估作战物资、人员及设施等目标的数量、位置以及可跟踪概率。

（3）目标侦察与威胁评估:对目标进行探测、识别、定位,以确定最有效的攻击武器与方式;同时评估攻击后可能产生的生化、放射或有毒工业物质的攻击或其他附带伤害等。

（4）打击效果评估:对战区内目标的损毁数量、程度进行评估,判断打击效果。

2. 军事战术侦察应用需求

（1）环境勘测:分析感兴趣区域的地形与天气变化信息。

（2）战场监视:定期或随机获取作战地区的图像情报,掌握敌军作战力量的配置、组成、动向、设施、通信线路信息以及敌方陆军、海军火力调整的变化。

（3）目标跟踪识别:选定作战地区内的敏感目标,实时连续获取重点目标的图像情报,对目标进行人工或自动分类与识别,确定目标的威胁等级。

（4）目标打击指示:锁定作战地区的重要目标,实时获取目标的地理位置、运动参数,并传输给武器控制系统;或采用激光主动照射方式为激光制导武器提供目标指引信息,确保打击精度。

1.1.2 民用遥感应用需求

民用航空光电遥感的应用行业繁多,各行业的应用需求差异比较大,表 1.1 给出了航空光电遥感在民用领域的主要应用需求。

表 1.1 航空光电遥感在民用领域的主要应用需求

序号	行业	应用需求
1	水利	水域规划、水文监测、防汛抗旱、河道监管等
2	农业	作物生长监测、病虫害监测、土壤管理、灌溉管理等
3	环境监测	水域污染监测、水质监测、化学品、废物清理监测等
4	资源勘测	矿产勘查、煤矿煤火考察、地籍测量、水资源调查等
5	林业	植被覆盖监测、森林防火、森林健康调查、储蓄估算等

序号	行业	应用需求
6	城市规划	城市规划测量、违章建筑监管、城市建设工程监管等
7	地理测绘	地理国情监测、城市精细测绘、应急灾害评估等
8	交通	交通路线规划、空中勘查、桥梁监测、路面病害监测等

图 1.2 给出了不同行业应用对航空光电遥感空间分辨率、光谱分辨率的技术需求。

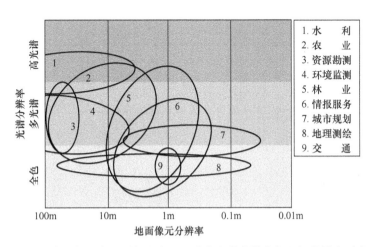

图 1.2 典型行业应用对航空光电遥感的光谱分辨率与空间分辨率需求

民用遥感测绘对航空光电遥感的技术要求更高,航空光电遥感地面像元分辨率与测绘比例尺之间对应关系如表 1.2 所列。

表 1.2 航空光电遥感地面像元分辨率与测绘比例尺之间对应关系

序号	地面像元分辨率/m	测绘比例尺
1	0.05	1:500
2	0.10	1:1000
3	0.25	1:2500
4	0.50	1:5000
5	1.00	1:10000
6	2.50	1:50000
7	5.00	1:100000
8	10.00	1:500000

1.2 航空光电遥感分类

航空光电遥感的实质是对物体辐射或反射的光进行收集与转换。光是一种电磁波,不同波长的光其特性不同,如图1.3所示。

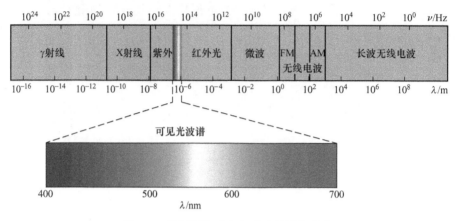

图1.3 (见彩图)光与电磁波的波长分布

航空光电遥感有多种分类方法,按光学成像谱段可分为紫外成像系统、可见光成像系统、红外成像系统。可见光成像系统利用目标反射的太阳辐射成像,所得图像直观、分辨率较高;红外成像系统则是利用目标和背景之间的热辐射差形成图像,具有可全天时工作、作用距离远、隐蔽性好等优点。在实际系统中,还可以在传统成像系统的基础上,利用不同目标材料反射的太阳光谱差别,扩展出光谱维度,并根据光谱数的划分,形成多光谱或高光谱成像系统,以识别与分析不同的材料。光谱成像的核心在于分光,常用的分光方法有棱镜分光、光栅分光、滤波器分光和傅里叶变换分光等。依据实现方式不同,光谱成像系统又分为光谱编码成像光谱仪和空间编码成像光谱仪,具体技术细节将在2.4.2节进行详细阐述。

另外,利用激光测距原理还能够实现对目标三维信息的测量,从而获取目标的距离像。激光主动成像系统在多模制导、水下探测、直升机防撞、自动着陆、空间交会对接、战场侦察及隐藏目标识别、高速公路维护和设施管理、电力巡线、植被分布、生化探测、城市及大气精细建模等多个领域有广泛应用。图1.4是美国麻省理工学院林肯实验室所研制的Jigsaw激光主动成像系统所得到的试验数据[2]。可以看出,对所得图像数据进行层切显示后,可以清晰地看到隐藏在树下的坦克。

目标对入射光产生反射和发散,在该过程中会根据自身特性产生相关的偏振信息,偏振态是和振幅、波长、相位一样的另一维光学信息。

图 1.4 （见彩图）Jigsaw 激光主动成像系统所得三维数据作层切显示后的二维图像

工作于多偏振状态下的光电成像系统即为偏振成像系统,其将光学成像、强度测量和偏振测量三者结合起来,典型的偏振方式有分时法、分孔径法、分振幅法及分焦平面法。偏振成像系统不仅可获得传统的目标强度与形状特征,还可获得目标的表面粗糙度、含水量等常规成像系统无法检测的物理性质,结合目标空间特性与反射或辐射的强度信息,可对目标进行有效的探测和识别,在军事伪装目标探测、天文探测、大气环境检测等领域有广泛应用[3-6]。图 1.5 是树荫下两辆皮卡车的可见光、长波红外及长波红外偏振图像[7]。

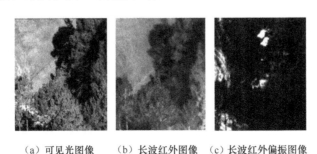

（a）可见光图像　　（b）长波红外图像　　（c）长波红外偏振图像

图 1.5　树荫下两辆皮卡车不同的成像效果图

按照工作模式,航空光电遥感可分为线阵推扫成像、线阵摆扫成像、面阵推扫成像、面阵摆扫成像及面阵凝视成像等类型。线阵推扫与线阵摆扫工作模式示意图如图 1.6 所示[8]。

线阵推扫成像是航空光电遥感器早期的工作模式,其结构紧凑,光学系统视轴指向固定,扫描方向为载机飞行方向,结合探测器行频的同步控制,可补偿载机飞

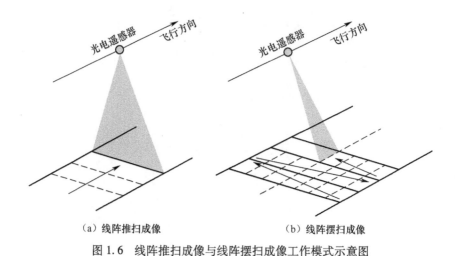

（a）线阵推扫成像　　　　　　　　（b）线阵摆扫成像

图 1.6　线阵推扫成像与线阵摆扫成像工作模式示意图

行引起的前向像移。受限于光学系统视场大小，线阵推扫成像覆盖宽度有限，线阵摆扫成像模式应运而生，其通过垂直于飞行方向的摆扫运动扩大横向视场，提升收容宽度，结合行频同步控制技术补偿扫描像移，通过扫描反射镜二维旋转补偿载机姿态变化和前向飞行产生的像移。

　　面阵推扫成像与面阵摆扫成像工作模式下探测器均选取面阵探测器，其示意图如图 1.7 所示。面阵推扫成像模式下，随载机的飞行，光电遥感器单幅视场沿飞行方向移动，使地面景物被分幅顺序成像，相邻视场存在一定的重叠率，以保证图像拼接时不存在漏缝；与线阵摆扫成像方式类似，面阵摆扫成像时，光电遥感器单幅视场沿垂直于载机飞行方向步进摆动，相邻幅之间有一定重叠率，该模式可获得较大的地面覆盖宽度，也是面阵光电遥感器较为常用的一种工作模式。

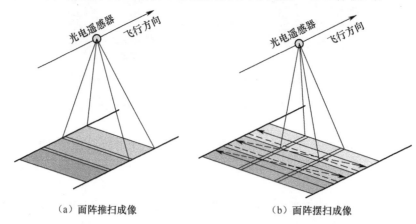

（a）面阵推扫成像　　　　　　　　（b）面阵摆扫成像

图 1.7　面阵推扫成像与面阵摆扫成像工作模式示意图

另外,若采用高帧频面阵探测器,利用多轴稳定跟踪平台,在工作时光学系统视轴始终指向目标连续拍照,保证各幅之间有较大重叠率,以便从不同角度对目标进行捕获、识别与跟踪,这种模式即为面阵凝视成像。在面阵凝视成像模式下,系统成像帧频较高,对应单帧成像时曝光时间很短。

按照成像介质,航空光电遥感器可分为胶片型和数字传输型。数字传输型可见光成像系统中,使用的主流探测器为电荷耦合器件(CCD)和互补金属氧化物半导体(CMOS)探测器,两者的主要工作均是完成光电信号转换及信号放大,区别在于 CCD 需将各个像素收集到的电荷转移至读出电路进行信号放大与处理,而 CMOS 电荷到电压的转换过程是在每个像素上完成的。CCD 与 CMOS 工作原理示意图如图 1.8 所示。

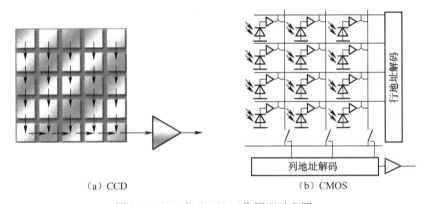

（a）CCD   （b）CMOS

图 1.8　CCD 与 CMOS 工作原理示意图

CCD 探测器的发明是航空光电遥感领域的关键性突破,也是航空光电遥感器向数字传输型转变的重要基础条件。贝尔实验室的 George Smith 和 Willard Boylo 于 1969 年率先发明了 CCD 探测器的原型;1975 年在柯达实验室,世界上第一台数码相机获取了一个小孩和一只小狗的数码相片。CCD 探测器信噪比高、色彩还原能力强,在弱光照条件下的成像质量也很高,多年来在可见光成像系统中占据主导地位。但因工艺原因,CCD 探测器无法将敏感元件及处理电路集成在同一芯片中,导致其存在体积大、功耗高等缺点。

与 CCD 探测器相比,CMOS 探测器于 20 世纪 90 年代后期开始迅速发展,以集成度高、体积小、功耗低、响应速度快等优点在成像传感器市场上独树一帜,已逐步占据主流地位。CMOS 探测器通过全局电子快门技术可以获得很高的帧频,更适宜高速成像。在 CMOS 探测器领域,SONY 公司占据了市场第一份额,于 2017 年宣布停止 CCD 的生产,全面专注于 CMOS 传感器的开发和生产。我国的长光辰芯光电技术有限公司专注于 CMOS 探测器的研制,生产了多种型号的成像器件,特别是在大面阵器件上取得了重大突破,打破了国外的垄断。GCINE4349 是长光辰芯光电技术有限公司推出的首款旗舰产品[9]，采用堆栈背照式传感技术，分辨率为8192(H)×6000(V)，像元尺寸为4.3μm×4.3μm，采用16bit ADC 输出，8K 模式下帧频高达120帧/s，4K 模式帧频高达240帧/s，实物如图1.9所示。

图 1.9　GCINE4349 探测器实物

1.3　航空光电遥感器发展现状

1.3.1　军用航空光电遥感器发展现状

世界发达国家(如美国、英国等)航空光电遥感器发展均遵循着由低分辨力向高分辨力、胶片式向数字传输型(可见光/红外)的发展趋势。

从20世纪30年代，发达国家开始研制以胶片为信息载体的航空光电遥感器，该阶段的主要技术特点包括高分辨、宽收容，出现了全景成像、步进分幅成像等工作模式以及光学自动检调焦、自动像移补偿、胶片自动展平等核心技术。典型航空光电侦察载荷包括技术目标相机(TEOC)、宽幅光学相机(OBC)、KA-80以及美国仙童公司生产的焦距为1830mm 的 KA-112A 全景式航空侦察相机、美国芝加哥航空公司生产的焦距为1670mm 的 KS-146 画幅式航空侦察相机等。

以胶片为信息载体的航空光电遥感器分辨力高，但实时性较差。随着科技发展和 CCD、CMOS 探测器技术日益成熟，从20世纪80年代，发达国家开始研发实时传输型侦察相机[10-11]，该时期的主要技术特点包括准实时、高分辨、宽覆盖，出现了线阵推扫、线阵摆扫、面阵凝视成像等工作模式以及数字式像移补偿、多轴惯性稳定控制、轴角传感、图像处理、时间延迟积分 CCD(TDI-CCD)探测器、视频成像探测器等核心技术。典型航空光电载荷包括 Moked-200、Moke-400、MOSP、MTS-A、SYERS 以及美国侦察/光学公司(ROI 公司)生产的 CA-260[12]、

CA-261[13-15]、CA-265[16]、CA-270[17]、CA-295[18]、英国 Raytheon 公司生产的 DB-110[19-20]、"全球鹰"装载的相机等。

从 21 世纪初开始,航空光电遥感普遍采用大规模、高帧频面阵图像传感器,主要技术特点包括实时、高分辨、多功能成像与精确定位,出现了面阵步进凝视、面阵扫描凝视成像等工作模式以及宽频带精密像移补偿、高精度惯性指向与控制、非接触精密测角、数字图像处理与跟踪、大幅面高帧频 CCD/CMOS 图像传感器等核心技术。典型光电成像载荷包括综合传感器系统(ISS)(EO/IR)、MTS-B、MX-20 等。

(1)DB-110 相机[21-24]可追溯至 20 世纪 90 年代中期,现在已经发展成为全功能、集成式的侦察系统套件,在旋风战机、F-111、F-15、F-16、"捕食者"B 上成功获得了高质量图像。第三代 DB-110 相机是一个双波段系统:可见光探测器选取像元尺寸为 8.75μm 的 TDI-CCD,横向扫描方向像元数为 6144,在扫描方向上通过调节 TDI 级数(128 级可调)可获取大动态范围、高信噪比的侦察图像;红外探测器为 640×512 中波 InSb 焦平面阵列(FPA)探测器,像元尺寸为 24μm,通过可变积分时间和宽频数字信号获取高动态红外图像和弱小目标探测。DB-110 相机在单一部件内实现了 4 组成像光学系统:焦距为 2794mm 的可见/近红外和焦距为 1397mm 的中波红外双波段共光路长焦距(窄视场)光学系统;焦距为 406mm 的可见/近红外宽视场光学系统;焦距为 356mm 的中波红外宽视场光学系统;焦距为 63.5mm 的中波红外超宽视场光学系统。DB-110 相机最高工作高度可达 15240m,其外形如图 1.10 所示。

图 1.10　DB-110 相机外形

DB-110 相机和"全球鹰"相机主要技术指标见表 1.3。

(2)ISS 光电载荷是由美国雷神公司研制的具有广域搜索侦察与目标精确定位能力的长焦距、可见/红外双波段高精度光电载荷,装备于"全球鹰"高空无人侦察机前端,采用共型设计保证飞行器整体的气动特性布局。"全球鹰"无人机及其搭载的 ISS 光电载荷实物如图 1.11 所示。

ISS 光电载荷典型工作高度为 23km,巡航飞行速度 650km/h,主要工作模式包括 10km 条带扫描成像模式、2km×2km 区域扫描成像模式及定点监视模式,如图 1.12 所示。

表 1.3   DB-110 相机和"全球鹰"相机主要技术指标

技术指标	DB-110		"全球鹰"相机	
	可见光	红外	可见光	红外
焦距/mm	2794	1397	1750	1750
相对孔径	$f/10$	$f/5$	$f/6$	—
视场角/(°)	2.27×2.27	2.27×2.27	0.3×0.4	0.3×0.4
光谱范围/nm	400~1000	3000~5000	400~800	3600~5000
成像介质	CCD	CCD	CCD	CCD
像元数	5120×64	512×484	1024×1024	640×480
像元尺寸/μm	10×10	25×25	9×9	20×20
帧速率/(帧/s)	2.5	2.5	—	—
飞行高度/km	3.05~24.38		18~22	

图 1.11   "全球鹰"无人机及其搭载的 ISS 光电载荷实物

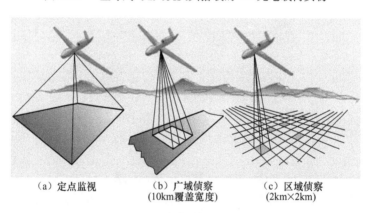

（a）定点监视　　　　　（b）广域侦察　　　　（c）区域侦察
　　　　　　　　　　（10km覆盖宽度）　　　　（2km×2km）

图 1.12   ISS 光电载荷工作模式示意图

ISS 光电载荷系统组成示意图如图 1.13 所示。可见光探测器选择 CCD,像元数为 1k×1k,帧频可达 30Hz,红外探测器像元数为 640×512,F 数 6.3,确保与可见光系统视场匹配;采用无色差全反式光学系统,实现双波段共口径成像与共基准测量;采用俯仰/横滚框架结合成像系统内置两个二维反射镜,构成两轴多框架稳定系统,实现成像系统光轴的惯性稳定与指向控制,视轴稳定精度优于3μrad。

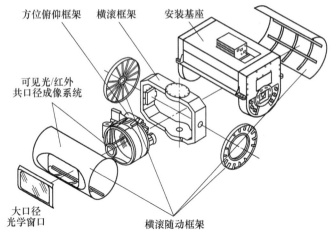

图 1.13 ISS 光电载荷系统组成示意图

此外,"全球鹰"搭载的新一代改进的增强型传感器套件(EISS)也已经服役。

(3)多光谱瞄准系统(MTS)光电载荷[25-27]也是由美国雷神公司研制,属于MTS系列第二代多光谱共口径光电载荷,装备于"捕食者"中高空无人侦察机,典型工作高度为7km,巡航速度160km/h。光电侦察系统采用外露式安装,通常装载在飞机前部,主要工作模式包括远距离侦察、大视场搜索、目标捕获、目标跟踪定位、目标指示等。

MTS 光电侦察载荷系统组成如图 1.14 所示。可见光探测器像元数为 1080×720,红外探测器像元数为 640×480;采用折反式光学系统汇聚光路分光,实现多波段共口径成像;采用俯仰/横滚框架结合成像系统内置一块二维反射镜,构成两轴四框架稳定系统,实现成像系统光轴的惯性稳定与指向控制。

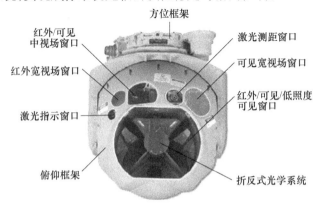

图 1.14 MTS 光电侦察载荷系统组成

MTS 光电载荷的主要技术指标如下。

① 转动范围:方位 360°,俯仰 0°~90°(垂直向下为 0°)。

② 视场角:可见光超宽视场 34°×45°,宽视场 17°×22°,中等视场 5.7°×7.6°,中窄视场 2.8°×3.7°,窄视场 0.47°×0.63°,极窄视场 0.08°×0.11°;红外超宽视场 34°×45°,宽视场 17°×22°,中等视场 5.7°×7.6°,中窄视场 2.8°×3.7°,窄视场 0.47°×0.63°,极窄视场 0.23°×0.31°。

③ 视轴稳定精度:优于 3μrad。

④ 质量:≤104kg。

(4)MX-20 光电载荷是由 L-3Wescom 研制的可见/红外分孔径光电载荷,装备于"捕食者"、P3-C、P8-A 等中高空飞行平台,典型工作高度为 7~12km,光电侦察采用外露式安装方式,主要工作模式包括大视场搜索、目标捕获、跟踪定位、目标指示、地理目标指向、地理目标区域监视等。

MX-20 光电侦察载荷的系统组成如图 1.15 所示。可见光探测器像元数为 1080×720,红外探测器像元数为 640×512;采用两组折反式光学系统实现双波段分口径成像;采用外俯仰、横滚两框架结合内方位、俯仰、横滚三框架相结合的稳定技术方法,构成三轴五框架稳定系统,实现光轴的惯性稳定与指向控制。

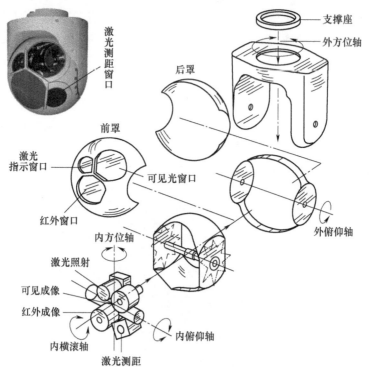

图 1.15　MX-20 光电侦察载荷的系统组成

MX-20 光电载荷的主要技术指标如下。

① 转动范围:方位 360°,俯仰 90°~120°。

② 视场角:可见光视场(4 挡变倍)2.8°~40.5°;红外:宽视场 18.2°,中等视场 3.7°,窄视场 0.73°,极窄视场 0.24°。

③ 视轴稳定精度:≤4μrad。

④ 质量:≤90kg。

我国航空光电遥感器发展起步较晚。从 20 世纪 90 年代开始跟踪国外的技术发展,小规模应用;光电载荷的功能单一,以侦察为主;突破了两轴惯性稳定控制、视频传感器驱动、目标捕获跟踪、大变倍比光学系统等关键技术。

21 世纪初开始,国内光电载荷技术与国外先进载荷技术并跑,并开始批量化应用;光电载荷的功能多样,突出侦察打击一体化;突破了高精度惯性指向与精密补偿、动态扫描像移补偿、多轴框架光轴稳定跟踪控制、图像处理与跟踪、光学自动检调焦、全反式或折反式光学成像系统等关键技术。无人机搭载的光电侦察载荷实物如图 1.16 所示。

图 1.16　无人机搭载的光电侦察载荷实物

1.3.2　民用航空光电遥感器发展现状

在民用领域,测绘相机是应用最为广泛和成熟的[28]。我国也引进了多台国外商用航空相机,在 2000 年以前主要以胶片相机为主,典型代表有 Leica 公司的 RC 系列和 Carl Zeiss 公司的 RMK 系列。Carl Zeiss 公司研发的商用相机由最初的手持式逐步发展成为复杂的相机系统,其早期产品如图 1.17 所示。

2000 年,Leica 公司在荷兰阿姆斯特丹国际摄影测量大会上发布 ADS40 三线阵航空相机[29-31],标志着数字摄影时代的到来。随后,国际主流厂商陆续推出系列线阵、面阵航空相机。比较典型的有 Leica 公司的 ADS100 相机和 DMC Ⅲ 相机、Vexcel 公司的 UCE M3 相机、VisionMap 公司的 A3 Edge 相机。

ADS100 相机[32]始于 Leica 公司 20 世纪 50 年代的 RC 系列相机,随后经 2000

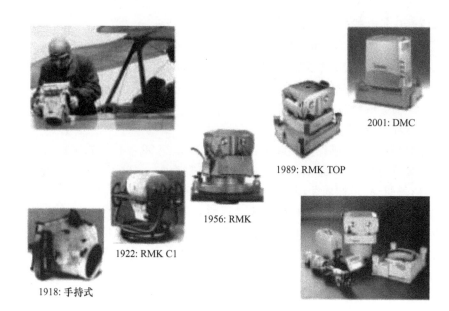

图 1.17　Carl Zeiss 公司早期航空相机产品发展史

年 ADS40、2008 年 ADS80 等型号的迭代,于 2013 年推出的产品有 4 个谱段,即红(619~651nm)、绿(525~585nm)、蓝(435~495nm)和近红外(808~882nm),在前视、底视、后视 3 组传感器中共包含 13 个线阵 CCD,每个线阵 CCD 像元数为20000,像元尺寸为 5μm。ADS100 相机采用层叠分束分离技术,使同一光线在进入 CCD 阵列之前完成分束和滤光,确保不同 CCD 阵列获取的是相同区域不同谱段的影像。

DMC Ⅲ 相机[33]是 Leica 公司于 2015 年推出的产品,采用了 CMOS 面阵探测器,像元数为 25728×14592,像元尺寸为 3.9μm,光学系统焦距为 92mm,工作于500m 高度时分辨率可达 2.1cm。

UCE M3 相机[34]于 2017 年推出,同样具有红、绿、蓝和近红外 4 个谱段,其采用像元数为 26460×17004 的大面阵 CCD 探测器,每幅图片大小高达 449M 像素,采集速率最快达 1.5s/帧。根据所装光学系统的不同(光学系统焦距 80mm、100mm、120mm、210mm 可选),可在 2000m 和 5250m 的工作高度达到 10cm 的空间分辨率。

A3 Edge 相机[35]的主要特点是高效,其采用独特的面阵摆扫方式实现高达106°的视场角,像素点可达 78000×9600,像元尺寸为 7.4μm,光学系统焦距为300mm,每小时可获取 1000km^2 的红、绿、蓝和近红外 4 个谱段高分辨率图像。A3 Edge相机摆扫方式示意图如图 1.18 所示。

上述几种典型代表的实物如图 1.19 所示。

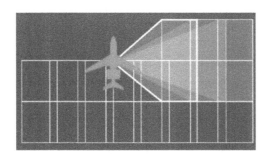

图 1.18　A3 Edge 相机摆扫方式示意图

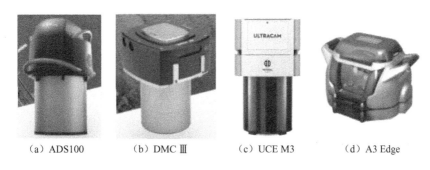

（a）ADS100　　　　（b）DMC Ⅲ　　　　（c）UCE M3　　　　（d）A3 Edge

图 1.19　国外民用航空相机典型代表实物

　　数字传输型航空相机在不断地向大幅面方向发展,以提升摄影效率。同时,为提升影像的几何精度,逐步采用大面阵探测器,利用单镜头成像,以降低多镜头拼接误差带来的影响。

　　随着社会的发展,民众对地理信息的需求越来越精细,如基建工程领域利用高分辨率实景三维模型可实现全生命周期的数字化管理,由此推动了倾斜航空摄影技术的发展。比较典型的产品有 Leica 公司的 RCD30 倾斜相机和 Vexcel 公司的 UltraCam Osprey 4.1 相机。

　　RCD30 倾斜相机[36]可选 CHx1 RGB 相机头和 CHx2 RGBN 多光谱相机,对带状制图和城市制图应用有灵活的三镜头或五镜头配置可选。6000 万像素相机头 CCD 大小为 9000×6732,像元尺寸为 6μm,CCD 动态范围达 73dB,最大帧速率为 1.0s。也可升级至 8000 万像素相机头,对应 CCD 大小为 10320×7752,像元尺寸为 5.2μm,CCD 动态范围达 73dB,最大帧速率为 1.25s。

　　UltraCam Osprey 4.1 相机[37]采用 CMOS 探测器,具有自动运动补偿功能,最大帧速率为 0.7s,其底视传感器包括 PAN 探测器和彩色探测器,斜视传感器为彩色探测器,相关参数如表 1.4 所列。

表 1.4　UltraCam Osprey 4.1 相机所用探测器技术参数

视角	传感器类型	像元数	像元尺寸/μm	波段/nm
底视	PAN 探测器	20544×14016	3.76	PAN:430~690
	彩色探测器	12840×8760	3.76	R:580~690、G:480~600、B:420~510 IR:690~800
斜视	彩色探测器	14144×10560	3.76	R:580~690、G:480~600、B:420~510

UltraCam Osprey 4.1 相机工作示意图如图 1.20 所示。

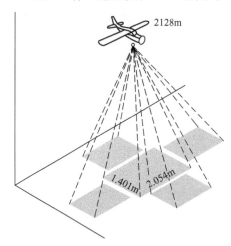

图 1.20　UltraCam Osprey 4.1 相机工作示意图

RCD30 相机和 UltraCam Osprey 4.1 相机实物如图 1.21 所示。

（a）RCD30　　　　　　　（b）UltraCam Osprey 4.1

图 1.21　RCD30 相机和 UltraCam Osprey 4.1 相机实物

　　我国自己研发的民用数字传输型测绘相机最早可以追溯到中国测绘科学研究院刘先林院士研制的 SWDC 系列,该系列相机打破了国外大幅面相机的垄断,在国内获得了广泛的应用。

SWDC 系列[38]主要包括 SWDC-4 大幅面航摄仪、SWDC-5 倾斜航摄仪、SWDC-Max 新一代高效率航摄仪等,集测量型相机、高精度 POS 系统、稳定平台、数据存储计算机、航空摄影管理计算机等设备于一体,支持哈苏与飞思相机,可更换不同焦距镜头,可集成国内外不同品牌的 POS 系统与稳定平台。

影响航摄效率的两大主要因素是可飞行天气和影像幅面大小。因此,在可飞天气下,超大幅面航摄仪就显得尤为重要。2020 年,SWDC 系列基于多年的影像拼接技术,推出了正射型超大幅面航摄仪 SWDC-Max3,其幅面高为 34000 像素×14000 像素,引领国内常规航摄仪长边幅宽进入 30000 像素的时代。SWDC 系列相机实物如图 1.22 所示。

（a）SWDC-4Ch39　（b）SWDC-5Ch50　（c）SWDC-4Ah50　（d）SWDC-5Ap100（e）SWDC-4/5 Ap100
　　(2007年)　　　　　(2010年)　　　　　(2013年)　　　　　(2016年)　　　　　(2017年)

（f）SWDC-　　　（g）SWDC　　　（h）SWDC-4/5Ap150（i）SWDC-Max6Ap150（j）SWDC-Max3Ap150
4/5Ap/h100　　　-Max6C150　　　一体/分体机　　　(2020年)　　　　　(2020年)
(2018年)　　　　(2019年)　　　　(2019年)

图 1.22　SWDC 系列相机实物

中国科学院长春光学精密机械与物理研究所承担了国家高分辨率专项大视场三线阵立体航摄像机的研制[39],该相机以民用航空飞机为作业平台,能够同时获取全色立体影像和彩色多光谱影像,具有精度高、分辨率高及覆盖宽等特点,在 2000m 飞行高度支持 1:1000 成图比例尺。AMS-3000 采用长光辰芯光电技术有限公司生产的 CMOS 探测器,保证了关键核心器件的国产化。

AMS-3000 主要技术指标与 ADS40/80 对比见表 1.5。

表 1.5　ADS40/80 与 AMS-3000 主要技术指标对比

序号	参数	ADS40/80	AMS-3000
1	焦距/mm	62.77	130
2	基高比	0.78	0.89
3	像元数	12000	32768

序号	参数	ADS40/80	AMS-3000
4	像元尺寸/μm	6.5×6.5	5×5
5	2000m 距离像元分辨率/m	0.207	0.077
6	0.1m 分辨率时覆盖宽度	1206.9	3249.3

AMS-3000 相机实物如图 1.23 所示。

上海航遥信息技术有限公司多年扎根三维空间信息领域,聚焦实景三维中国建设,研发了多款机载倾斜航摄仪、大幅面航摄仪,并于 2020 年中国地理信息产业大会上发布了三款航摄仪,包括 ASC1100 机载摆扫宽幅航摄仪、AMC3100 宽视场角高分辨率数码航摄仪和 AMC1150 无人值守大幅面数码航摄仪。

ASC1100 机载摆扫宽幅航摄仪[40]传感器像素数达到 1 亿,其利用面阵凝视扫描成像技术实现高分辨率大视场成像。ASC1100 航摄仪主要技术参数如表 1.6 所列。ASC1100、AMC3100 及 AMC1150 航摄仪实物如图 1.24 所示。

图 1.23 国产三线阵立体航摄像机 AMS-3000 实物

表 1.6 ASC1100 航摄仪主要技术参数

序号	参数	数值			
1	传感器类型	CMOS			
2	单相机像元数	11608×8708			
3	像元尺寸/μm	3.76			
4	光圈	F5.6~F22			
5	POS 系统	APX15 EI			
6	ISO 范围	50~6400			
7	镜头焦距/mm	35	80	150	300
8	单相机视场角/(°)	63×49.4	30.7×23.2	16.6×12.5	8.4×6.3
9	周期摆扫数	3	5	7	7
10	总视场角/(°)	130×50.3	122×23.2	100×12.5	50×6.3
11	照片旁向重叠率	38.2%	25%	15%	13%
12	照片航向重叠率	≥65%	≥65%	≥65%	≥65%
13	等效相幅宽	24500	46650	71000	72500
14	最大速高比/(1/s)	0.32	0.08	0.031	0.016
15	摆扫照相频率/(幅/s)	2.5			

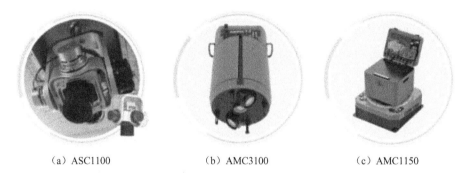

| （a）ASC1100 | （b）AMC3100 | （c）AMC1150 |

图 1.24 ASC1100、AMC3100 及 AMC1150 航摄仪实物

除装载于有人机的大型倾斜相机外,基于单反相机的多镜头无人机倾斜相机发展迅速,在城市精细三维建模、地质灾害评估及文物建筑保护等多个领域获得了广泛应用。

1.4 主要内容

航空光电遥感成像不仅要看得清、看得宽,未来还要获取目标的三维信息,以便更好地进行目标识别。本书着重论述航空光电遥感的 3 项关键技术,即高分辨率、大视场及多维度成像,如图 1.25 所示。

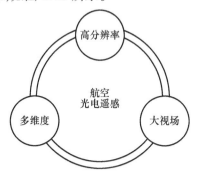

图 1.25 主要论述内容

在高分辨率成像方面,主要探讨因探测器像元尺寸限制而引入的像元几何超分辨率成像问题。对目前应用较多的亚像元成像方法进行原理分析及仿真实验验证,并在此基础上,提出了 L 形异形像元超分辨率成像方法:将正方形像元均分 4 份,去除其中 1 份感光面积,使得对应 MTF 截止频率提高 1 倍。对异形像元超分辨率成像方法进行了原理分析、仿真实验,并定制探测器进行试验验证。结果显

示,受试验条件限制,L形异形像元成像分辨率至少是常规像元成像分辨率的1.78倍。常规异形像元涉及半导体材料及工艺,制造成本高,灵活性不强。当要改变像元形状时,需重新制造,增加了设备研制周期和费用。为此,利用数字微镜器件(digital micromirror device, DMD)的空间光调制特性,提出编码扫描等效异形像元超分辨率成像方法,改变DMD空间调制编码可实现不同的等效异形像元,并给出了仿真结果。

大视场高分辨率成像系统具有良好的动态实时性、高分辨率及宽覆盖等特性,在军事和民用领域均具有广泛的应用前景。受限于光电探测器技术发展水平,大视场高分辨率成像系统主要采用拼接方式,包括光学拼接、机械拼接及动态扫描拼接。本书着重介绍了同心多尺度成像系统、面阵动态多幅扫描成像系统及线阵像面扫描拼接成像系统所涉及的技术问题。

同心多尺度成像系统部分内容,从多尺度设计理论出发,论述了同心多尺度成像系统的组成及成像原理,介绍了几种典型同心多尺度光学系统和调焦方法,最后针对一种并行同心多尺度成像系统进行了成像试验。

面阵动态多幅扫描成像系统部分内容,介绍了面阵多幅成像技术实现原理、位置步进与速度扫描两种实现方式及系统实现时的重叠率设计及像移补偿技术,并着重论述了基于FSM的像移补偿技术,包括工作原理、传感器种类、传感器和电机布局等。最后,在深入分析"全球鹰"搭载的采用面阵多幅成像技术的ISS传感器的基础上,从位置步进和速度扫描两种方案的控制思路、控制时序、各机构在不同时刻需要如何协调工作等角度,对基于FSM的面阵多幅成像系统控制的具体实现方案进行了详细分析。

线阵像面扫描拼接成像系统部分内容,提出凸轮驱动的动态扫描拼接方法:在焦平面上等间隔分布若干只线阵TDI CCD,执行机构选用电机和凸轮,电机与凸轮同轴安装,并做匀速旋转运动,带动多条TDI CCD做往复直线运动,以线阵CCD的往复扫描成像来等效大面阵探测器成像。凸轮结构的特殊性造成了电机轴上力矩非平衡特性。对电机轴上力矩非平衡特性进行了深入分析,并通过试验验证了理论分析的正确性。采用神经网络多模控制、变输入多模控制等方法实现了凸轮稳速控制。最后,通过系统成像试验验证了结果的有效性。

为获取目标的三维信息,以便更好地进行目标探测与识别,在分析激光主动成像系统工作原理及国内外发展现状的基础上,详细论述了直接测距型激光主动成像系统所涉及的关键技术,包括距离图像数据表征、激光器与探测器选取、照明方式选择、光学系统设计、系统作用距离方程、回波信号信噪比、测距精度影响因素、跨阻放大器选择、时刻鉴别电路、APD探测器偏压的温度补偿、峰值保持电路、探测器信号的自动增益控制及高精度计时电路等。

第2章
探测器像元几何超分辨成像

获取高分辨率目标图像一直是光电遥感器的重要研究方向。目前,多数光电遥感器成像分辨率主要受制于光电探测器。依据光电成像原理可知,探测器输出像素灰度值与落在探测器像元感光区域的光强成正比。在理想光学系统及忽略噪声的情况下,像元尺寸越小、光学系统焦距越长,光电探测器像元分辨率越高。

不同分辨率图像示例如图2.1所示。

图2.1　不同分辨率图像示例

提高探测器像元分辨率最直接的措施是增大光学系统焦距或减小探测器像元尺寸。但光学系统焦距的增大会增加设计难度、加大体积和重量、增高费用等诸多难题;因物理结构、制造难度、灵敏度及信噪比等因素的限制,探测器像元,尤其是红外焦平面阵列像元尺寸不能做得太小。与发达国家相比,我国探测器制造技术水平不高,多数依赖进口,且发达国家在高性能探测器方面对我国实施禁运。解决该问题的方法之一是大力发展半导体产业,提高我国探测器设计、生产技术水平,但周期较长。在现有探测器的基础上提高光电成像系统分辨率,即探测器像元几何超分辨,不失为解决该问题的有效方法。目前CCD像元最小尺寸能够达到数微米量级,而红外焦平面阵列像元尺寸在$10\mu m$以上,因此,像元几何超分辨成像对于提升红外焦平面阵列成像分辨率更有意义。

2.1 探测器像元几何超分辨成像国内外发展现状

探测器像元几何超分辨的关键是获取目标的更多信息[41-42]。目前,从硬件实现角度,主要采用亚像元、常规异形像元等成像方法。

亚像元成像[43]也可称为图像差分技术,其实质是一种过采样过程:探测器和目标之间相互错开小于探测器像元尺寸的距离,获得同一目标具有相互移位信息的多幅低分辨率图像,然后对多幅低分辨率图像进行几何超分辨重建,获取目标高分辨率图像。亚像元成像可通过微扫描[44]和焦平面错位拼接[45-46]来实现。

从 20 世纪 90 年代,微扫描技术开始应用于红外成像系统。英国科研机构[47]应用微扫描技术获取了卡车、坦克等目标的红外图像,实验数据显示微扫描技术可有效改善系统调制传递函数(modulation transfer function,MTF)、噪声等效温差(noise equivalent temperature difference,NETD)、最小可分辨温差(minimum resolvable temperature difference,MRTD)等,其对周期性及饼状图试验结果如图 2.2 所示。可以看出,采用 1×1 微扫描模式时存在模糊,应用 3×3 微扫描模式时模糊现象得到明显改善。

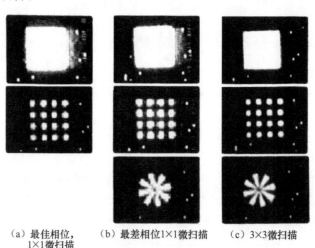

　(a) 最佳相位,　　(b) 最差相位1×1微扫描　　(c) 3×3微扫描
　　1×1微扫描

图 2.2　英国科研机构对周期性及饼状图试验结果

1992 年,日本富士通公司[48]采用棱镜和压电致动器对 64×64 HgCdTe 的红外焦平面阵列进行 2×2 二维方向微扫描,在不降低信噪比(signal-to-noise ratio,SNR)的情况下,使 Nyquist 频率从 10cycles/mm 提升至 20cycles/mm,其对人物头像的成像试验结果如图 2.3 所示。

（a）常规成像 （b）微扫描成像

图2.3 日本富士通公司对人物头像热成像试验结果

加拿大魁北克国防研究院[49-50]同样采用压电驱动装置组成快速微扫描装置,方便实现2×2、3×3、4×4等微扫描模式,通过对鉴别率板的成像试验证明,4×4微扫描成像试验结果明显好于常规成像试验,结果如图2.4所示。

（a）常规成像 （b）微扫描成像

图2.4 加拿大魁北克国防研究院微扫描成像试验结果

韩国研究机构[51]将微扫描技术应用于中波红外20:1变倍热像仪,通过2×2微扫描模式成像,Nyquist频率从4.7cycles/mrad提升至7.6cycles/mrad,即成像分辨率提升至常规成像方法的1.67倍,其光路图如图2.5所示。

美国前视红外系统公司(FLIR System Inc.)[52-53]也在其红外热像仪(如Ultra-3000/D)中应用了微扫描技术,并成功安装于轻型直升机和远程驾驶等交通工具中,在运动平台条件下,可分辨目标的空间频率为常规成像模式下的1.33倍,其采用的微扫描硬件装置及COTS AN/AAQ-22系统实物如图2.6所示。

基于微扫描的亚像元成像方法对微扫描机构控制精度要求较高,尤其在动基座环境下实现难度更大。为此,科研人员提出了基于焦平面错位拼接的亚像元成像技术,将动态微扫描转化为静态错位。基于焦平面错位拼接的亚像元成像技术是将焦平面上的一列探测器变成线阵方向上错开半个像元,扫描方向上错开N(N为正整数)个半像元尺寸的两列探测器,利用线阵方向上两列探测器错位、扫描方

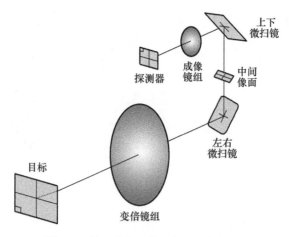

图 2.5 韩国研究机构微扫描成像光路图

（a）微扫描硬件　　　（b）COTS AN/AAQ-22系统

图 2.6　美国 FLIR System Inc. 应用的微扫描硬件装置及 COTS AN/AAQ-22 系统实物

向上提高或不提高系统采样频率的方法获取同一目标的多幅具有相互移位信息的低分辨率图像。

法国国家航天研究中心研制的 SPOT5 卫星[54-55]提出"SuperMode"和"Hyper-Mode"两种超分辨采样模式：在常规采样模式下，获取图像分辨率为 5m，在超分辨采样模式下，图像分辨率可达 3.5m，分辨率提高到原来的 1.43 倍，经过后处理可达到 2 倍，即 2.5m，其高分辨率与低分辨率图像采样网格关系如图 2.7 所示。

莱卡光学仪器公司和德国宇航中心分别将焦平面错位亚像元成像技术应用于 ADS40 相机[56]和红外遥感器[57]（hot spot recognition sensors，HSRS），取得了非常好的效果。ADS40 相机中所用的错位拼接 CCD 示意图及对鉴别率板成像结果如图 2.8 所示。

以色列 EROS-B1 卫星利用亚像元成像技术将分辨率从 0.85m 提高到 0.5m，分辨率提高为原来的 1.7 倍。

国内多家研究所和大学在亚像元成像领域做过较多研究。中国科学院西安光

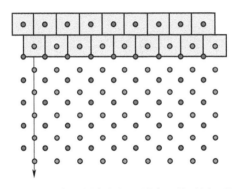

图 2.7　SPOT5 高分辨率与低分辨率图像采样网格关系

（a）24k错位拼接探测器

（b）12k探测器成像结果

（c）24k错位拼接探测器成像结果

图 2.8　ADS40 相机错位拼接 CCD 示意图及对鉴别率板成像结果

学精密机械研究所采用棱镜分光方法实现焦平面错位,探测器选用面阵探测器,获取同一目标 4 幅具有相互位移的图像,所得图像分辨率为常规成像方法的 1.8 倍,其光路图如图 2.9 所示[58]。

据报道,中国科学院西安光学精密机械研究所 863 计划项目中卫星携带的 CCD 相机采用了亚像元成像技术,分辨率提高到 1.7 倍左右。

浙江大学研究人员[59]对亚像元成像时列向 MTF 进行了理论分析,认为亚像元成像技术可有效提高线阵推扫式 CCD 的列向成像质量。北京理工大学[60-61]对探测器填充率及微扫描误差对几何超分辨成像的影响进行了详细分析,并给出了相应解决方案。苏州大学研究人员[62]对两帧图像的亚像元成像方法进行了仿真实验,结果显示,分辨率可提高为原来的 1.33 倍,处理后接近 2 倍,图像合成对应亚像元级图像示意图如图 2.10 所示。

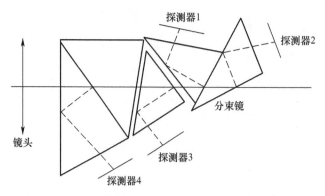

图 2.9　采用棱镜分光方法实现焦平面错位光路图

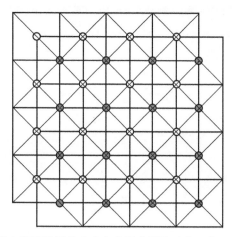

图 2.10　苏州大学两帧图像合成高分辨率图像对应亚像元级图像示意图

西安工业大学采用光楔调制方法实现微位移[63]，即在物镜前方插入两块相同的光楔，使其绕公共法线相对旋转，通过光楔相对较大移动量来实现像点的微位移，示意图如图 2.11 所示。通过该方法可获取多幅具有互补信息的图像，从而避开亚像元成像时探测器微位移的难题。该方法结构简单，方便实用。

上海海事大学和中国科学院上海技术物理研究所则通过六角形排列的光线束邻近层光纤之间的亚像元级错位来获取目标的多幅移位图像[64]，其示意图如图 2.12 所示。

北京空间机电研究所通过将探测器阵列旋转 45°，同时推扫方向采样间距减半来实现几何超分辨成像[65-66]，其示意图如图 2.13 所示。试验结果表明，该方法获得的图像分辨率为常规成像方法的 1.64 倍。

哈尔滨工业大学针对过采样系统对点目标探测的影响进行了研究[67]，分析结果表明，过采样能有效提高系统信噪比，提升系统性能。

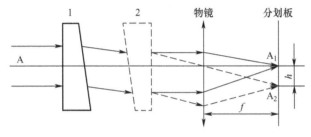

图 2.11　光楔调制原理

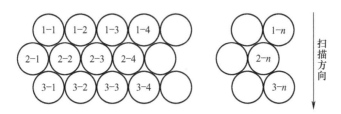

图 2.12　光纤束入端结构图及扫描成像运动方向

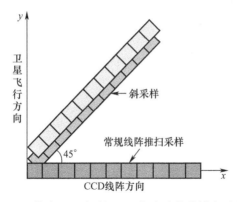

图 2.13　线阵 CCD 倾斜 45°以提高成像分辨率示意图

应用亚像元成像技术时,所获得的同一目标多幅低分辨率图像中,相邻帧图像存在一半区域重合,即所获取的目标信息很多是相同的。随着技术研究的深入,探测器像元形状逐步突破常规的正方形、矩形,产生了诸如八边形[68]、六边形[69]、玫瑰形[70]等多种异形像元,通过改变像元形状来优化采样网格,从而实现像元几何超分辨,其示意图如图 2.14 所示。

光电遥感器成像质量不仅取决于探测器几何分辨率,还与获取的目标信号的信噪比息息相关。

相比于常规成像模式,计算成像通过对光场进行编码,记录编码后的图像信息,并经计算机解码后获得目标图像信息,该项技术可以改善系统成像分辨率、视

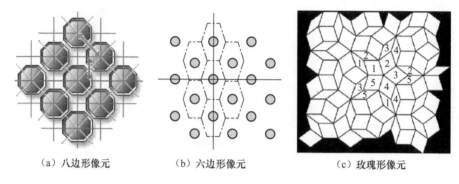

（a）八边形像元 （b）六边形像元 （c）玫瑰形像元

图 2.14 八边形、六边形、玫瑰形像元示意图

场、动态范围、景深等诸多性能[71-72]。作为称重设计理论在光学系统中的推广，光学多通道技术可有效提高系统信噪比：将若干个待测单元传输到单一探测器像元进行多次组合测量，通过后续解码获取各个单元所对应强度值以提高信噪比。单一探测器像元对若干个待测单元进行组合测量，可通过空间编码实现。早期空间编码多采用液晶空间调制器，随着数字微镜器件（digital micromirror device，DMD）的出现，其以优良的空间光调制性能而在可编程成像系统中获得了广泛应用[73]。中国科学院西安光学精密机械研究所姚保利课题组[74]提出并实现了基于 DMD 的结构光照明显微（structured light illumination microscopy，SIM）技术，其示意图如图 2.15 所示。经标定，其研制的光学显微镜样机系统横向分辨率已达到国际同类技术的最高水平。

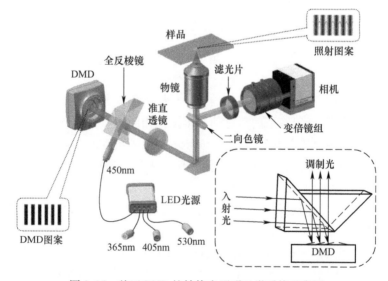

图 2.15 基于 DMD 的结构光照明显微系统示意图

利用 DMD 实现对目标光场信息进行孔径编码,产生不同的 PSF,从而获取同一目标的不同图像,各图像之间是相互重叠的,通过校准获知各 PSF 参数,同样能够实现探测器像元的几何超分辨[75]。其示意图如图 2.16 所示。

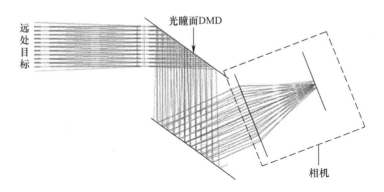

图 2.16　基于 DMD 的结构光照明显微系统示意图

综上所述,将计算成像中的光场空间编码技术和光学多通道技术融合,可以在提高系统像元几何分辨率的同时,提高成像系统信噪比,进而改善系统成像质量。

基于计算成像的思想,可将空间编码应用于等效异形像元几何超分辨成像进行机理研究,从像素内光场信息的分布提取目标亚像素信息,最后通过后续超分辨算法得到目标高分辨率图像。

2.2　亚像元超分辨成像方法

2.2.1　亚像元超分辨成像数学模型

Nyquist 定理是亚像元超分辨重建数学模型的基础。Nyquist 定理指出,如果输入信号为频带有限信号,若其最高频率为 f_{max},当采样频率 $f_s \geqslant 2f_{max}$ 时,采样信号将能复现模拟信号的全部信息;当采样频率 $f_s < 2f_{max}$ 时,采样信号将产生频率混叠。构建亚像元超分辨成像数学模型[76]如图 2.17 所示。

在图 2.17 中,$O(x,y)$ 为地面目标连续图像信息;$k_h h_s$、$k_v v_s$ 分别为满足采样定理条件时水平方向和垂直方向上的采样频率;k_h、k_v 分别为水平方向和垂直方向上分辨率增长因子;即重构高分辨率图像与观测低分辨率图像在两个方向上分辨率之比;h_k、v_k 分别为离散化后得到的高分辨率图像在水平方向和垂直方向的移动距离,单位为高分辨率图像像元数;$h_d(n_1, n_2)$ 为光学点扩散函数(point spread

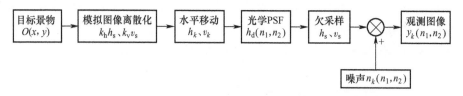

图 2.17　亚像元超分辨成像数学模型

function,PSF);h_s、v_s分别为欠采样时水平方向和垂直方向上的采样频率;$n_k(n_1,n_2)$为第 k 帧观测图像中(n_1,n_2)像素点所叠加的噪声;$y_k(n_1,n_2)$为观测得到的数字图像;k 为采样得到图像帧号,且 $k=1\sim p$,p 为得到观测图像帧数。

如果满足采样定理,则所得到的离散图像 d 可以完全描述模拟图像,该离散图像也是通过亚像元方法欲重构的高分辨率图像,其维数假定为 $k_h N_h \times k_v N_v = k_h k_v N$。依据采样定理,以下关系表达式成立,即

$$d(n_1,n_2) = \{O(x,y) \times \text{rect}[(x-n_1)k_h h_s] \times \text{rect}[(y-n_2)k_v v_s]\}$$
$$\times \text{comb}[(x-n_1)k_h h_s] \times \text{comb}[(y-n_2)k_v v_s] \tag{2.1}$$

式中:n_1、n_2分别为所得图像在两个维度上像素点的位置,且取值范围分别为 $1 \leqslant n_1 \leqslant k_h N_h$,$1 \leqslant n_2 \leqslant k_v N_v$;$d(n_1,n_2)$为离散图像中$(n_1,n_2)$像素点灰度值;$\text{rect}(\ )$、$\text{comb}(\ )$分别为矩形函数和梳状函数,定义式分别为

$$\text{rect}(x) = \begin{cases} 0 & (|x| > 0.5) \\ 0.5 & (|x| = 0.5) \\ 1.0 & (|x| < 0.5) \end{cases} \tag{2.2}$$

$$\text{comb}(x) = \sum_{m=-\infty}^{+\infty} \delta(x-m) \tag{2.3}$$

将高分辨率图像 $d(n_1,n_2)$在水平方向和垂直方向分别移动 h_k、v_k,以模拟地面目标与探测器之间的相互错位,得到平移后图像 $d_k(n_1,n_2)$满足以下关系式,即

$$d_k(n_1,n_2) = d(n_1+h_k,n_2+v_k) \tag{2.4}$$

移动后图像经光学透镜后会产生光学模糊,得到

$$d_k'(n_1,n_2) = d_k(n_1,n_2) \otimes h_d(n_1,n_2) \tag{2.5}$$

式中:$d_k'(n_1,n_2)$为经光学模糊后图像中(n_1,n_2)像素点灰度值;$\otimes$为卷积运算符。

上述图像经探测器欠采样及噪声叠加后,得到观测图像 $y_k(n_1,n_2)$,该过程可以用下式描述,即

$$y_k(n_1,n_2) = d_k'(k_h n_1,k_v n_2) + n_k(n_1,n_2) \tag{2.6}$$

以上整个过程可以用下式表示,即

$$y_k(n_1,n_2) = d(k_h n_1+h_k,k_v n_2+v_k) \otimes h_d(k_h n_1,k_v n_2) + n_k(n_1,n_2) \tag{2.7}$$

式(2.7)建立了高分辨率图像 $d(n_1,n_2)$与低分辨率观测图像 $y_k(n_1,n_2)$之间

的关系。超分辨重建的目的就是根据得到的各低分辨率观测图像 $y_k(n_1, n_2)$ 来重构高分辨率图像 $d(n_1, n_2)$。本书主要研究探测器像元对成像质量的影响,在此,将光学系统看成理想光学系统,即不考虑 $h_d(n_1, n_2)$ 的影响。

2.2.2 亚像元成像方法

前述已知,亚像元成像方法主要有棱镜分光和焦平面集成两种,在此选用焦平面集成方法。在同一探测器内部集成两片相同的线阵探测器,像元数目为 N、像元尺寸为 $b \times b$,两探测器在线阵方向上错开 $b/2$,扫描方向上错开 $n \times b$(n 为整数),示意图如图 2.18 所示[77]。在扫描过程中,探测器读出时间减半,即探测器扫描步进距离为 $b/2$。

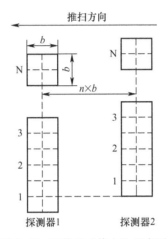

图 2.18　亚像元成像方法示意图

单探测器与亚像元成像的等效采样网格如图 2.19 所示。

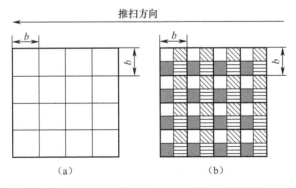

图 2.19　单探测器采样网格(a)与亚像元采样网格(b)

对于单个线阵探测器推扫成像,其在线阵方向和扫描方向上的采样距离均为 b;对于亚像元成像,两线阵探测器在线阵方向上的错位使线阵方向上的采样距离减半,而读出时间的减半使推扫方向上的采样距离减半。在图 2.19(b)中,黑色及水平网格区域为探测器 1 对应像素点,白色及斜状网格区域为探测器 2 对应像素点。

若探测器扫描距离为 $M×b$,则可得到 $4M×N$ 个像元灰度值,对灰度值进行重组,取出 $4(M-n)×N$ 个进行超分辨重建。重组原则如下:探测器 1、探测器 2 输出像元灰度值分别以不同矩阵表示,分别记为 $A=[a_{i,j}]$、$B=[b_{i,j}]$ ($1≤i≤2M,1≤j≤N$)。在上述矩阵中选取 $4(M-n)×N$ 个元素,组成 4 个矩阵,分别记为 $C=[c_{i,j}]$、$D=[d_{i,j}]$、$E=[e_{i,j}]$、$F=[f_{i,j}]$ ($1≤i≤(M-n),1≤j≤N$),方法为

$$\begin{cases} c_{i,j} = a_{2i-1,j} \\ d_{i,j} = b_{2(i+n)-1,j} \\ e_{i,j} = a_{2i,j} \\ f_{i,j} = b_{2(i+n),j} \end{cases} \qquad (2.8)$$

设高分辨率图像灰度值矩阵为 $H=[h_{i,j}]$ ($1≤i≤2(M-n),1≤j≤2N$),其元素值用下式表示,即

$$\begin{cases} h_{2i-1,2j-1} = c_{i,j} \\ h_{2i-1,2j} = d_{i,j} \\ h_{2i,2j-1} = e_{i,j} \\ h_{2i,2j} = f_{i,j} \end{cases} \qquad (2.9)$$

式中:$1≤i≤(M-n)$;$1≤j≤N$。

2.2.3 亚像元成像仿真实验

为验证方法的有效性,利用 Matlab 软件进行了仿真。仿真是建立在亚像元超分辨数学模型及上述成像方法的基础上。设定仿真实验目标是将一幅图像在水平方向和垂直方向上的分辨率各提高 1 倍,即分辨增长因子 $k_h = k_v = 2$。仿真对象选取戴头巾的女子可见光图像,因其头巾黑白条纹类似分辨率靶标图案。

仿真思想:取一幅像素为 256×256 的灰度图像模拟地面景物的采样图像,采样频率满足采样定理,该图像也是通过亚像元方法欲重构的高分辨率图像。依据光电成像原理,探测器 1 及探测器 2 输出图像灰度值为高分辨率图像邻近 4 个像元灰度值的均值,该过程模拟了探测器 1/2 欠采样。探测器在线阵方向上的错位及读出时间减半分别描述了高分辨率图像在水平方向和垂直方向上的平移运动。根据前述几何关系及式(2.8)可以得到 4 个灰度矩阵,即得到 4 幅低分辨率图像,$p=4$。最后依据式(2.9)得到高分辨率图像矩阵 H,结果如图 2.20 所示。

（a）欲重构的高分辨率　　（b）其中一幅低分辨率　　（c）双线性插值图像　　（d）亚像元重建高分辨
　　　图像　　　　　　　　　　图像　　　　　　　　　　　　　　　　　　　　　　　率图像

图2.20　亚像元成像仿真结果

为方便比较,图像(b)为原低分辨率图像在水平方向和垂直方向分别放大1倍后的图像。依据成像过程可知,其分辨率为图像(a)的1/2。所有显示图像均是截取的部分仿真图像。从仿真结果可以看出,欠采样引起了图像模糊:图像(a)中人物条纹头巾上的黑白条纹清晰可见,而在图像(b)中无法识别。插值图像(c)质量稍微有些好转,但插值过程对图像进行了平滑处理,不能恢复图像中的高频细节信息,模糊现象依然严重。在图像(d)中,可以分辨出人物头巾上的黑白条纹,但与图像(a)相比还有差别。

峰值信噪比是一种比较接近人眼视觉效果的客观评价,计算式为

$$PSNR = 10\lg \frac{255^2 \times M \times N}{\sum\limits_{i=0}^{M-1}\sum\limits_{j=0}^{N-1}\left[O(i,j) - O'(i,j)\right]^2} \tag{2.10}$$

式中:$O(i,j)$、$O'(i,j)$分别为原始图像及重建图像中第(i,j)个像素灰度值。

在此,选用峰值信噪比对两组双线性插值图像及亚像元合成图像进行定量分析,结果如表2.1所列。

表2.1　峰值信噪比对比

PSNR/dB	双线性插值	亚像元方法	亚像元方法提高量
第1组	21.8538	23.3402	1.4864
第2组	22.9319	25.1389	2.2070

可以看出,两组仿真图像中,亚像元合成图像的PSNR比双线性插值图像均有很大提高。为验证该方法的实时性,在仿真实验中对两种方法耗时进行对比,结果如表2.2所列,即本方法耗时约为双线性插值方法耗时的1/3。

表2.2　用时对比

参数	双线性插值	亚像元方法	用时减少量
时间/ms	10.7	3.8	6.9

2.3　常规异形像元超分辨成像方法

2.3.1　异形像元及其传递函数

传统探测器像元形状为正方形,如图 2.21(a)所示。

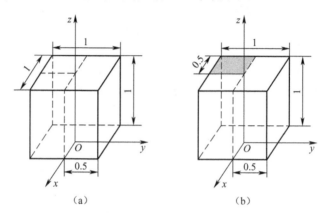

图 2.21　传统像元形状(a)及异形像元形状(b)

设其像元尺寸为 1×1,以像元中心为坐标原点,其数学表达式为

$$z_1(x,y) = \mathrm{rect}(x) \times \mathrm{rect}(y) \tag{2.11}$$

式中: $\mathrm{rect}(x)$ 为矩形函数,定义如式(2.2)所示。

矩形函数傅里叶变换计算公式为

$$F\{\mathrm{rect}(x) \times \mathrm{rect}(y)\} = \mathrm{sinc}(\pi u) \times \mathrm{sinc}(\pi v) \tag{2.12}$$

式中: u、v 分别为 x、y 方向的空间频率。

由此可知,归一化正方形像元对应 MTF 表达式为

$$\mathrm{MTF}_1(u,v) = |\mathrm{sinc}u \times \mathrm{sinc}v| \tag{2.13}$$

传统探测器像元的 MTF 曲线如图 2.22(a)所示,其 Nyquist 截止频率为 1lp/mm。

对传统探测器像元进行图 2.21(b)所示的变形:将像元均分为 4 份,并去除 1/4 感光面积(图中白色部分为感光区域,灰色部分为非感光区域)[78-80],坐标原点的选取同上,该像元对应数学表达式为

$$z_2(x,y) = \mathrm{rect}(x) \times \mathrm{rect}(y) - \mathrm{rect}2(x + 1/4) \times \mathrm{rect}2(y + 1/4) \tag{2.14}$$

对式(2.14)进行傅里叶变换,结果为

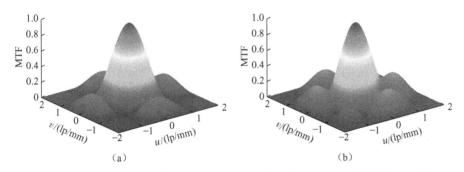

图 2.22 （见彩图）正方形像元(a)及其对应缺角异形像元(b)调制传递函数曲线

$$F\{z_2(x,y)\} = \mathrm{sinc}(\pi u)\,\mathrm{sinc}(\pi v) - \frac{1}{4}\mathrm{sinc}\left(\frac{\pi u}{2}\right)\mathrm{sinc}\left(\frac{\pi v}{2}\right) \cdot \mathrm{e}^{\mathrm{j}\frac{\pi(u+v)}{2}}$$

$$= \frac{\sin(\pi u) \times \sin(\pi v)}{\pi u \times \pi v} - \frac{\sin\left(\dfrac{\pi u}{2}\right) \times \sin\left(\dfrac{\pi v}{2}\right)}{\pi u \times \pi v}\mathrm{e}^{\mathrm{j}\frac{\pi(u+v)}{2}}$$

$$= \frac{\sin(\pi u) \times \sin(\pi v)}{\pi u \times \pi v} - \frac{\sin\left(\dfrac{\pi u}{2}\right) \times \sin\left(\dfrac{\pi v}{2}\right)}{\pi u \times \pi v} \times \cos\frac{\pi(u+v)}{2}$$

$$- \mathrm{j}\,\frac{\sin\left(\dfrac{\pi u}{2}\right) \times \sin\left(\dfrac{\pi v}{2}\right)}{\pi u \times \pi v} \times \sin\frac{\pi(u+v)}{2} \tag{2.15}$$

由此可知，异形像元 MTF 表达式为

$$\mathrm{MTF}_2 = \frac{1}{\pi u \cdot \pi v}\left\{ \begin{array}{l} \left[\sin(\pi u) \times \sin(\pi v) - \sin\left(\dfrac{\pi u}{2}\right) \times \sin\left(\dfrac{\pi v}{2}\right) \times \cos\left(\dfrac{\pi u + \pi v}{2}\right)\right]^2 \\ + \left[\sin\left(\dfrac{\pi u}{2}\right) \times \sin\left(\dfrac{\pi v}{2}\right) \times \sin\left(\dfrac{\pi u + \pi v}{2}\right)\right]^2 \end{array} \right\}^{1/2}$$

$$\tag{2.16}$$

异形像元 MTF 对应曲线如图 2.22(b)所示。可以看出，缺角异形像元 Nyquist 截止频率是 0.5lp/mm，是常规正方形像元 Nyquist 截止频率的 2 倍。

2.3.2 常规异形像元成像方法

取一幅高分辨率图像作为一幅标准目标图像，记为图像 A，即通过超分辨重建希望得到的高分辨率图像，其对应的灰度值矩阵记为 $A[a_{k,l}]$（$1 \leqslant k \leqslant 2N+1, 1 \leqslant l \leqslant 2N$）。假定该图像是采用像元尺寸为 $b/2 \times b/2$、像元数为 $2N$ 的线阵探测器在焦平面上以 $b/2$ 为步进距离对目标景物推扫成像，推扫距离为（$2N+1) \times b/2$ 时所得到的目标图像。如果采用像元尺寸为 $b \times b$、像元数为 N 的线阵探测器在焦平面上以 b 为步进距离为对上述同一目标推扫成像,推扫距离为 $N \times b$ 时所得到的图像记为 $\boldsymbol{B}[b_{i,j}]$($1 \leqslant i,j \leqslant N$)。依据上述分析可知,图像 $\boldsymbol{B}$ 的分辨率为图像 $\boldsymbol{A}$ 分辨率的 $1/2$,且 $\boldsymbol{A}$、$\boldsymbol{B}$ 矩阵各元素将满足以下关系,即

$$b_{i,j} = \frac{a_{2i-1,2j-1} + a_{2i-1,2j} + a_{2i,2j-1} + a_{2i,2j}}{4} \tag{2.17}$$

为实现探测器像元几何超分辨,对像元尺寸为 $b \times b$、像元数为 N 线阵探测器1、探测器2进行图 2.23 所示的像元变形:分别在左上角和右下角去除 $1/4$ 感光面积,两片线阵探测器集成在同一组件中,两探测器在线阵方向上对齐,在推扫方向上像元中心距离为 $n \times b$(n 为整数,依具体情况确定)。利用该探测器组件对上述图像 $\boldsymbol{A}$ 对应目标区域推扫成像:在焦平面上的步进距离为 $b/2$,推扫距离为 $(N+n) \times b$。通过上述像元分布可知,探测器2的第 $2n+m$ 行数据与探测器1的第 m($1 \leqslant m \leqslant N$)行数据对应目标区域的同一位置。

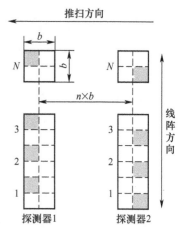

图 2.23　探测器工作示意图

为便于问题说明,将探测器1、探测器2输出图像中与图像 $\boldsymbol{A}$ 重叠区域部分的奇数行与偶数行像素灰度值分别以矩阵 $\boldsymbol{C}[c_{i,j}]$、$\boldsymbol{D}[d_{i,j}]$、$\boldsymbol{E}[e_{i,j}]$、$\boldsymbol{F}[f_{i,j}]$($1 \leqslant i,j \leqslant N$)表示,则各矩阵元素值与高分辨率图像 $\boldsymbol{A}$ 矩阵各元素值将满足以下关系,即

$$\begin{cases} c_{i,j} = \dfrac{a_{2i-1,2j-1} + a_{2i-1,2j} + a_{2i,2j}}{3} \\[3mm] d_{i,j} = \dfrac{a_{2i-1,2j-1} + a_{2i,2j-1} + a_{2i,2j}}{3} \\[3mm] e_{i,j} = \dfrac{a_{2i,2j-1} + a_{2i,2j} + a_{2i+1,2j}}{3} \\[3mm] f_{i,j} = \dfrac{a_{2i,2j-1} + a_{2i+1,2j-1} + a_{2i+1,2j}}{3} \end{cases} \tag{2.18}$$

式(2.18)建立了低分辨率图像 $\boldsymbol{C}$、$\boldsymbol{D}$、$\boldsymbol{E}$、$\boldsymbol{F}$ 与高分辨率图像 $\boldsymbol{A}$ 之间的关系,如果能从 $\boldsymbol{C}$、$\boldsymbol{D}$、$\boldsymbol{E}$、$\boldsymbol{F}$ 各元素值求解出 $\boldsymbol{A}$ 中各元素值,就可断定利用该方法可以将探测器几何分辨率提高1倍。

观察方程组可知,方程个数为 $4N^2$,但未知数个数为 $4N^2+2N$,方程组为病态方程组。因而必须给出某些元素的估计值,方程组才可求解。进行估计的方法有很

多,这里给出最简单的一种,即

$$
\begin{cases}
a'_{2N+1,2j-1} = f_{N,j} \\
a'_{2N+1,2j} = e_{N,j}
\end{cases}
\quad (1 \leqslant j \leqslant N)
\tag{2.19}
$$

求解方程组(2.18)得

$$
\begin{cases}
a'_{2i,2j-1} = 3f_{i,j} - a'_{2i+1,2j-1} - a'_{2i+1,2j} & (1 \leqslant i \leqslant N, 1 \leqslant j \leqslant N) \\
a'_{2i,2j} = 3e_{i,j} - a'_{2i,2j-1} - a'_{2i+1,2j} & (1 \leqslant i \leqslant N, 1 \leqslant j \leqslant N) \\
a'_{2i-1,2j-1} = 3d_{i,j} - a'_{2i,2j-1} - a'_{2i,2j} & (1 \leqslant i \leqslant N, 1 \leqslant j \leqslant N) \\
a'_{2i-1,2j} = 3c_{i,j} - a'_{2i-1,2j-1} - a'_{2i,2j} & (1 \leqslant i \leqslant N, 1 \leqslant j \leqslant N)
\end{cases}
\tag{2.20}
$$

从上述分析可以看出,通过4幅低分辨率图像的数据融合,对某些元素进行估计后,可以近似获得高分辨率图像的像素值,从而达到将探测器几何分辨率提高近1倍的目的。

2.3.3　常规异形像元成像试验

利用缺角异形像元进行成像仿真,方法与上述亚像元成像仿真方法类似,结果如图2.24所示。可以看出,与亚像元超分辨方法结果近似,缺角异形像元超分辨成像方法可有效减轻传统成像方法所存在的频谱混叠。

(a)目标高分辨率图像　　(b)低分辨率图像　　(c)低分辨率图像经双线　　(d)缺角异形像元所得
　　　　　　　　　　　　　　　　　　　　　　性插值所得图像　　　　高分辨率目标图像

图2.24　异形像元成像仿真结果

为验证缺角异形像元成像方法在红外遥感器中应用的有效性,定制了两套具有异形像元的红外焦平面阵列,即在探测器制造过程中,直接将探测器做成上述缺角的异形像元。每套组件中集成有两片256像元线阵红外焦平面阵列,像元尺寸为$46\mu m \times 46\mu m$,像元分布情况如图2.25所示。

试验方法:将红外焦平面组件安装在一单轴转台上,转台恒速转动,使红外焦平面组件对标准红外靶标成像,所得图像由图像处理卡采集、传输、存储并显示在计算机上。红外焦平面组件对不同分辨率的靶标进行成像,直到不能分辨为止,可分辨的最高分辨率靶标值即红外焦平面组件的最高分辨率。

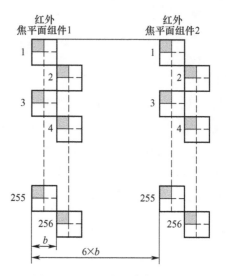

图 2.25　异形像元分布示意图

在中国光学产品质量检测中心搭建了测试装置,其原理如图 2.26 所示。

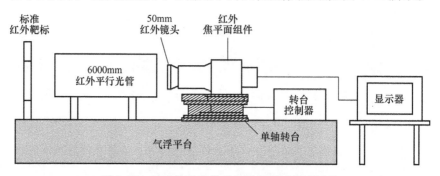

图 2.26　异形像元成像系统性能测试装置原理

红外平行光管的焦距为 $f_1 = 6000\mathrm{mm}$,红外镜头焦距为 $f_2 = 50\mathrm{mm}$。$46\mu\mathrm{m}$ 像元理论上能区分的最大靶标宽度 W 计算表达式为

$$W = \frac{6000}{50} \times 0.046\mathrm{mm} = 5.52\mathrm{mm} \tag{2.21}$$

其对应空间频率为 0.09061p/mm。

当温差为 50K、靶标宽度为 3.1mm 时,试验采集所得图像如图 2.27 所示。

可以看出,所得目标图像清晰可见。宽度为 3.1mm 的靶标所对应的空间频率为 0.1613 lp/mm,分辨率提高为原来的 1.7804 倍。根据上述分析可知,如果红外焦平面组件成像系统在上述试验条件下能分辨出 2.76mm 宽度的靶标,则能说明

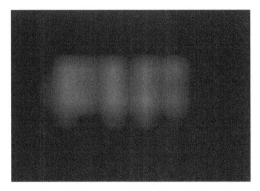

图2.27 温差为50K、靶标宽度为3.1mm时缺角异形像元红外焦平面阵列所得图像

该方法能将红外焦平面组件成像分辨率提高到原来的2倍。但受试验条件限制，能得到宽度为3.1mm及2.6mm的靶标，而两者之间宽度的靶标不存在，因而无法测试系统能达到的最高分辨率。

2.4 编码扫描等效异形像元超分辨成像方法

常规异形像元可有效提高探测器像元几何分辨率；但其涉及半导体材料及工艺，制造成本高，灵活性不强。当要改变像元形状时，需重新制造，增加了研制周期和费用。为此，需寻求更为简便和经济的实现方法。利用数字微镜器件(digital micromirror device，DMD)的空间光调制特性，可在系统焦平面上产生等效异形像元，改变DMD空间调制编码可实现不同的等效异形像元，便于工程实施。

2.4.1 数字微镜器件简介

数字微镜器件(DMD)原型是在20世纪70年代由美国TI公司发明的，当时称之为可变形镜器件，到20世纪80年代发展为DMD[81]。DMD输入和输出均为光信号，作为空间光调制器，DMD可对输入光进行幅值、方向或相位调制。DMD[82]内部包含一个二维微镜阵列，同时也包含一个二维CMOS存储单元，其维数与微镜阵列维数相同，即每个微镜对应一个CMOS存储单元。微镜的状态有三种，即0°、+12°、−12°。置位微镜平置信号可将所有微镜状态置于0°。在正常工作状态下，微镜的状态与其所对应的CMOS存储单元值有关：当存储单元为1或0时，施加有效的微镜置位信号后，对应微镜位置将为+12°或−12°。通过DMD控制器的数字微镜接口可向DMD发送图像数据，向CMOS存储单元写入新的数据并不立即使微镜位置发生偏转,而必须施加有效的微镜置位信号,该信号由置位驱动器提供。依据应用配置的不同,可使所有或部分微镜位置同时更新。微镜状态完成转变所需时间与所选择的模式无关,均为 4.5μs。在微镜置位操作完成后 8μs 时间内,不应改变对应 CMOS 存储单元数值,以使微镜可靠置位。

在选用 DMD 时,DMD 控制器和置位驱动器是必不可少的,因此将 DMD、DMD 控制器和置位驱动器组成一体,称为 DMD 组件。TI 公司的 DLP Discovery 4100 DMD 组件适用的三种 DMD 产品主要技术指标如表 2.3 所列。

表 2.3 DMD 主要技术指标

序号	指标	DLP 0.95″1080P 2XLVDS DMD	DLP 0.7″XGA 2XLVDS DMD	DLP 0.55″XGA 2XLVDS DMD
1	规格/列×行	1920×1080	1024×768	
2	微镜间距/μm	10.8	13.5	10.8
3	靶面尺寸/mm×mm	20.736×11.664	13.824×10.368	11.0592×8.2944
4	适用光谱范围/nm	420~700		
5	微镜倾斜角/(°)	+12、−12		
6	窗口透过率/%	97		
7	微镜反射率/%	88		
8	阵列衍射效率/%	86		
9	阵列填充因子/%	92		
10	输入时钟速率/MHz	400		

DLP Discovery 4100 DMD 组件组成框图如图 2.28 所示。

DLP Discovery 4100 DMD 组件接口说明如下。

(1) ARSTZ:异步复位信号,低电平有效。在该信号变为高电平之前,DDC4100 电源必须在工作范围内;否则 DDC4100 将不能正常工作。

(2) CLK_R:参考时钟,必须为 50MHz。该时钟必须在 ARSTZ 释放之前有效。

(3) PWR_FLOAT:微镜平置信号。该信号有效时,可将所有微镜置于 0°。在 DMD 掉电之前,应保证所有微镜置于 0°。另外,对 DMD 发送"微镜平置"命令也可实现此功能,详见后续描述。

(4) CLK_A/B/C/D:图像时钟信号,该信号为差分信号,必须在 ARSTZ 释放之前有效,且一直保持有效。图像数据信号 D_A/B/C/D(15:0)、数据有效信号 DValid _A/B/C/D 需和 CLK_A/B/C/D 信号保持同步。CLK_A/B/C/D 为双速率时钟,D_A/B/C/D(15:0)在 CLK_A/B/C/D 信号上升沿和下降沿被加载到 DDC4100 中,然后由 DDC4100 依据设置的行控制信息加载到 DMD 的 CMOS 存储单元中。对于 1080p DMD,使用 CLK_A/B/C/D;对于 XGA DMD,只使用 CLK_A/B。

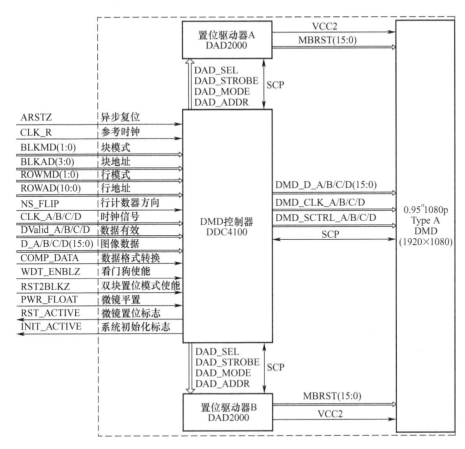

图 2.28　DLP Discovery 4100 DMD 组件组成框图

（5）D_A/B/C/D(15:0)：图像数据信号，该信号为差分信号，共计 64 位。对于 1080p DMD，使用 D_A/B/C/D(15:0)；对于 XGA DMD，只使用 D_A/B(15:0)。

（6）DValid_A/B/C/D：数据有效信号，该信号为差分信号，高电平有效。该信号有效时，DDC4100 开始读取输入图像数据，并参考行地址控制信息将数据写入 DMD；如果该信号无效，DDC4100 立即停止加载数据和发送命令。对于 1080p DMD，使用 DValid _A/B/C/D；对于 XGA DMD，只使用 DValid _A/B。

（7）ROWAD(10:0)：行地址信号。依据设置，该值为设定的行地址指针或保持为 0，与 ROWMD(1:0)、NS_FLIP 配合使用，具体如表 2.4 所列。

（8）ROWMD(1:0)：行模式信号，用于设置行地址指针，与 ROWAD(10:0)、NS_FLIP 配合使用，具体如表 2.4 所列。

（9）NS_FLIP：行计数方向信号，与 ROWMD(1:0)、ROWAD(10:0)配合使用，具体如表 2.4 所列。注意：该信号为异步信号，信号值改变并不立即起作用。在应用过程中,建议该值保持一恒值。

表 2.4 行寻址模式

ROWMD (1:0)	ROWAD (10:0)	NS_FLIP	操作
0	0	X	无操作
1	0	0	行地址指针加 1,然后将当前数据写入指针所指行
		1	行地址指针减 1,然后将当前数据写入指针所指行
2	R	X	设置行地址指针为 R,并将当前数据写入第 R 行
3	0	0	设置行地址指针为 0,并将当前数据写入第 0 行
		1	设置行地址指针为最后一行,并将当前数据写入最后一行

注意:当 NS_FLIP = 0 且 ROWMD = 1 时,行地址采用递增计数模式,当行地址计数到最大值时,并不自动从零开始计数,因此,如果行地址采用递增计数模式,在行地址达到最大值时,必须将行地址清零,以保证系统正常工作。

(10) COMP_DATA:数据格式转换信号。当该信号为高时,DDC4100 将输入数据进行转换(取补码)后送入 DMD;当该信号为低时,DDC4100 将输入数据信号直接送入 DMD。注意:该信号为异步信号,信号值改变并不立即起作用。在应用过程中,建议该值保持一恒值。

(11) BLKMD(1:0):块模式信号,与 BLKAD(3:0)、RST2BLKZ 一起使用,具体功能如表 2.5 所列。

(12) BLKAD(3:0):块地址信号,与 BLKMD(1:0)、RST2BLKZ 一起使用,具体功能如表 2.5 所列。

(13) RST2BLKZ:双块置位模式使能信号,与 BLKMD(1:0)、BLKAD(3:0)一起使用,具体功能如表 2.5 所列。

需要说明的是,DMD 的清除、置位及平置操作是以块为单元的,DLP Discovery 4100 组件支持的 DMD 类型及相应的块划分如表 2.6 所列。

清除操作是将指定块相应 CMOS 存储单元清零;置位操作是将指定块对应的微镜按照 CMOS 存储单元的数值进行翻转($1: +12°; 0: -12°$);平置操作是将指定块的微镜置为 0°。从表 2.5 可以看出,置位操作分为单块置位、双块置位、四块置位、整体置位 4 种模式,4 种置位模式所耗费的时间是相同的,大约为 4.5μs。在对某块进行置位操作后的 8μs 时间内,其相对应的 CMOS 存储单元中的数据不可更改,以确保微镜可靠置位。由于 1080p DMD 共有 15 块,因此上述块操作模式下对第 15 块的操作是无效的。

表 2.5　块操作模式

RST2BLKZ	BLKMD		BLKAD				操作
	(1)	(0)	(3)	(2)	(1)	(0)	
X	0	0	X	X	X	X	无操作
X	0	1	B				清除第 B 块
X	1	0	B				置位第 B 块
0	1	1	B（B=0~7）				置位第 2B、2B+1 块
1	1	1	0	0	0	X	置位第 0~3 块
1	1	1	0	0	1	X	置位第 4~7 块
1	1	1	0	1	0	X	置位第 8~11 块
1	1	1	0	1	1	X	置位第 12~15 块
X	1	1	1	0	X	X	置位第 0~15 块
X	1	1	1	1	X	X	平置第 0~15 块

表 2.6　DLP Discovery 4100 组件支持的 DMD 类型及相应的块划分

类型	DMD 类型	列	行	块	行/块	时钟/行	数据线宽
0.95″ 1080p Type A	000	1920	1080	15	72	16	64
0.7″ XGA Type A	001	1024	768	16	48	16	32
0.55″ XGA Type X	011	1024	768	16	48	16	32

（14）WDT_ENBLZ：看门狗使能位。当该信号有效（为低）时，自动置位功能被使能，即如果在 10s 中内未收到任何置位指令，则 DDC4100 将整个 DMD 微镜置位。

（15）INIT_ACTIVE：系统初始化标志位。系统上电后，DMD、DAD、DDC 将处于初始化状态，此时，该信号为高电平，指示系统正在初始化。在初始化期间，DDC 将校正数据接口、初始化 DMD、DAD，在此期间，不能执行命令或数据操作。初始化操作大概耗时 220ms。初始化完成后、第一个 DVALID 有效之前，应保证 64 个时钟的延时。

（16）RST_ACTIVE：置位标志位。高电平指示置位操作正在进行，在此期间，不能向 DMD 发送更多的置位命令。设置完 BLKMD（1：0）、BLKAD（3：0）及 RST2BLKZ 信号后，置位操作开始进行，但 RST_ACTIVE 并不立即变高，而是大约在 60ns 后变高，置位操作耗时大概是 4.5μs。在置位操作开始后，只有不断地向 DMD 发送空操作或写数据，RST_ACTIVE 才会在置位操作完成后变为低电平；否则该信号将一直保持高电平，这种情况下，应用程序应在发送完置位命令后 4.5μs 后才能再次发送置位命令。在置位操作完成后的 8μs 时间范围内，置位操作对应块的 CMOS 存储单元中的内容应保持不变,以使微镜可靠置位。

当选用 0.95″ 1080p Type A 类型的 DMD 时,一个行周期内加载的数据位为 16×2×64＝2048 位。在数据加载过程中,第一个时钟周期所对应的 D_A/B(15:0) 和最后一个时钟周期所对应的 D_C/D(15:0) 是无效的。因此,一个行周期内加载的有效数据位为 2048−2×2×32＝1920。

XGA 2XLVDS DMD 输入数据总线格式如图 2.29 所示。

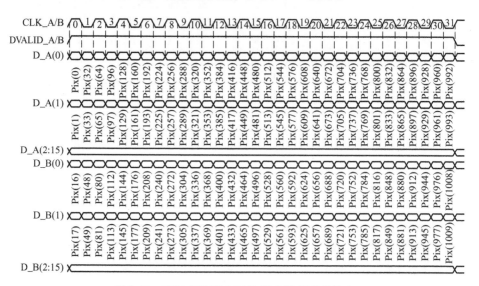

图 2.29　XGA 2XLVDS DMD 输入数据总线格式

1080p 2XLVDS DMD 输入数据总线格式如图 2.30 所示。

在后续讨论过程中,将忽略组件内部信号连接关系,只讨论组件外部接口功能。XGA DMD 微镜阵列数据时钟 CLK_A/B 为双速率时钟,在时钟的上升沿和下降沿向 DMD CMOS 存储单元写入数据 D_A(15:0) 和 D_B(15:0)。在向 DMD 写入数据时是以行为单位。数据线宽为 32 位,写入一行需 16 个时钟周期。对 DMD 进行写操作时,行地址由行模式信号 ROWMD(1:0)、行地址信号 ROWAD (10:0)和行方向控制信号 NS_FLIP 控制。可选用行地址递增计数模式,即每次将行地址指针加 1 后将当前数据写入指针所在行,此时需设置 ROWMD(1:0)＝ 1、ROWAD(10:0)＝0 及 NS_FLIP＝0。行地址计数到最大时并不自动清零,须由程序清零,即设置 ROWMD(1:0)＝3、ROWAD(10:0)＝0 及 NS_FLIP＝0。

DMD 置位操作由块模式信号 BLKMD (1:0)和块地址信号 BLKAD(3:0)控制,在正常向 DMD 进行写操作时,需设置 BLKMD(1:0)＝0、BLKAD(3:0)为任意值。在 DMD 整个 CMOS 存储单元更新完毕,希望微镜依照各自 CMOS 单元的数值进行翻转时,可设置 BLKMD(1:0)＝3、BLKAD(3:0)＝8。置位操作的状态由

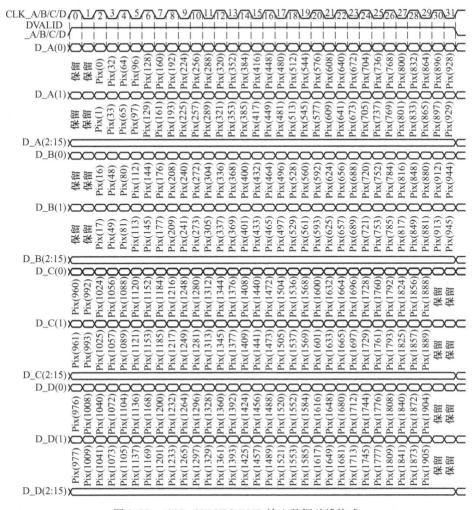

图 2.30 1080p 2XLVDS DMD 输入数据总线格式

RST_Active 信号指示:高电平指示置位操作正在进行;低电平指示置位操作已完成。在向 DMD 发送置位指令后,需不断向 DMD 发送空操作指令(ROWMD(1∶0) = 0、ROWAD(10∶0) = 0、BLKMD (1∶0) = 0、BLKAD(3∶0) = 0),只有这样,在置位操作完成后,RST_Active 信号才会拉低。

DMD 写操作和置位操作均受 DValid_A/B 信号控制:当 DValid_A/B 信号为高电平时,依据控制信息进行写操作或置位操作;当 DValid_A/B 信号为低电平时,DMD 控制器将不再向 DMD 发送数据。

根据系统设计,微镜处于"开状态"时,入射光线进入后续光学系统;微镜处于"关状态"时,入射光线被吸收装置吸收。从而实现对光线的辐射调制或空间调制,示意图如图 2.31 所示。

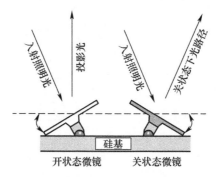

图 2.31　DMD 中微镜工作原理示意图

与 LCD 相比,DMD 效率、速度、精度及频带宽度等性能指标大大提升,其最初主要应用于数字投影系统,因其良好的光辐射和空间调制性能而在成像系统中获得广泛应用,包括高动态范围成像、像素内目标特征检测、压缩感知、成像光谱仪及像元几何超分辨成像等[83]。

2.4.2　数字微镜器件在光电设备中的应用

1. 数字投影系统

数字投影系统主要包括视频显示系统、平视显示器及目标场景模拟器[84-86]等,其工作原理相同,以下以彩色视频显示系统为例进行详细说明。根据实现方式,彩色视频显示系统可分为单 DMD 投影系统[87]、双 DMD 投影系统及三 DMD投影系统。单 DMD 投影系统可采用色轮或时分复用等方法实现。单 DMD 彩色投影系统中,在一个视频帧周期内,R、G、B 光只有 1/3 时间照射在 DMD 上,光能利用率低。三 DMD 投影系统利用 3 个 DMD,每个 DMD 对应一个颜色分量,光能利用率更高。而双 DMD 投影系统则融合了单 DMD 投影系统色轮和三 DMD 棱镜分光的概念,与单 DMD 投影系统相比,光能利用率更高,且色彩更加逼真。

在数字投影系统中,视频的颜色控制至关重要。视频颜色控制是建立在图像灰度调制的基础上。图像灰度调制可分为空间灰度调制法和时间灰度调制法[88]。空间灰度调制法是从控制发光面积的角度来实现灰度调制,将显示像素分为若干个单独可控的子像素,单独控制显示像素中各子像素的点亮与关闭。当显示像素中不同数量的子像素被点亮时,在一定距离观察显示像素会得到不同的灰度等级。如 4 个子像素组成一个显示像素,则显示像素将具有 5 个灰度级,示意图如图 2.32 所示,图中灰度值进行了归一化,即最大灰度值为 1。

空间灰度调制法实现简单,不需要特殊的驱动、控制技巧,但其自身存在着不

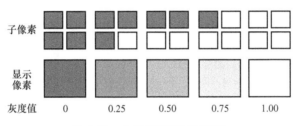

图 2.32　空间灰度调制示意图

可克服的缺点。若保持显示像素分辨率不变,需将显示像素划分成更小的子像素,实现工艺难度大;若保持子像素尺寸不变,随着显示灰度级的增大,显示像素分辨率随之下降。空间灰度调制法虽然简单,但上述缺点注定了空间灰度调制法不能实现较高的灰度级。

时间灰度调制法是在图像帧周期内,控制各个像素点亮时间的长短,使显示像素在人眼中形成不同的灰度等级。实现方法上,时间灰度调制法将每帧分为若干个子帧,分别控制各像素在各个子帧中的点亮与关闭。该方法的基础是得到控制各像素点亮时间所需的 PWM 脉冲。为产生所需的 PWM 脉冲,可采用脉冲选通法或脉宽计数法。

基于脉冲选通法的灰度调制是将一个帧周期分为若干个二进制时间间隔,或者称为二进制位时间,在进行灰度调制时,二进制图像灰度数值的每一位对应着不同的二进制位时间。以 3 位二进制灰度级为例,3 位二进制从最高位到最低位所对应的权重分别为 4、2、1,其对应的二进制位时间分别为 4/7、2/7、1/7 个帧周期。每个二进制位时间是否选通要看二进制灰度值的每一位数值,如果某一位为 1,该位所对应的二进制位时间被选通,这段时间范围内 PWM 信号维持高电平;如果某一位为 0,该位所对应的二进制位时间不被选通,这段时间范围内 PWM 信号维持低电平。该方法的重点是生成 PWM 序列模板,实际应用时可采用序列信号发生器,3 位二进制序列信号发生器的输出 Q_2、Q_1、Q_0 不断重复产生以下信号:Q_2 为 1111000b、Q_1 为 0000110b、Q_0 为 0000001b,如果某像素 3 位灰度信号为 $d_2d_1d_0$,则输出 PWM 信号为

$$PWM = (d_2 \& Q_2) \mid (d_1 \& Q_1) \mid (d_0 \& Q_0)$$

以 3 位二进制灰度级为例,基于脉冲选通法的灰度调制示意图如图 2.33 所示。在灰度级别较大时,低位权值较小,容易被脉冲的上升时间和下降时间所湮没,因而要求驱动频率高。

基于脉冲计数法的灰度调制是将灰度值与计数器输出值进行比较,依据比较结果设置输出 PWM 脉冲信号电平。计数器可采用可逆计数模式或递增计数模式。

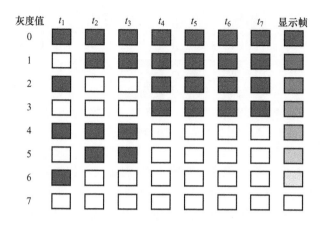

图 2.33　基于脉冲选通法的灰度调制示意图

当采用可逆计数模式时,计数器周期值等于像素灰度最大值,计数器先从最大值向零递减计数,且比较器输出 PWM 信号初始化为低电平。比较寄存器装载像素灰度值。当递减计数过程中计数器的值等于比较寄存器值时,PWM 信号变为高电平。当计数器值到零时,计数器计数方向改变,从零向最大值递增计数。当递增计数过程中计数器的值等于比较寄存器值时,PWM 信号变为低电平。当计数值达到最大时,比较寄存器装载像素新的灰度值,计数器重复递减/递增计数过程,以产生下一帧所需 PWM 信号。

当采用递增计数模式时,计数器周期值同样设定为像素灰度最大值,计数器从零开始递增计数至最大值,比较器输出 PWM 信号初始化为高电平。同样,比较寄存器装载像素灰度值。当计数器的值等于比较寄存器值时,PWM 信号变为低电平。当计数器达到最大值时,比较寄存器装载像素新的灰度值,同时计数器计数值变为 0,PWM 信号变为高电平,计数器再次从零开始递增至最大值。

可见,不论计数器采用可逆计数模式还是递增计数模式,输出 PWM 信号占空比均与像素灰度值成正比。以 3 位二进制灰度级为例,基于递增计数模式的灰度调制示意图如图 2.34 所示。时间灰度调制法可实现较高灰度级,但时序控制复杂。

由上述分析可知,灰度图像可通过调整 DMD 中各反射镜处于"开状态"时间的长短以控制输出光持续时间,实现对像素灰度的调整,从而完成灰度视频图像的显示。同理,彩色图像像素颜色的控制也是基于对三基色所对应微镜处于"开状态"时间的长短来实现的。

以 R、G、B 灰度级为 3 位 8 级为例,给出单 DMD 彩色视频显示系统方案,原理框图如图 2.35 所示。

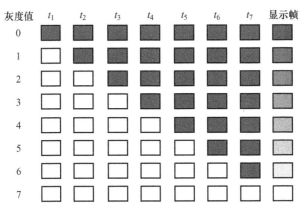

图 2.34　基于递增计数模式的灰度调制示意图

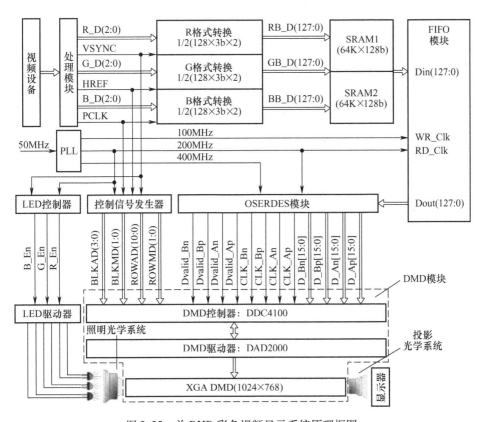

图 2.35　单 DMD 彩色视频显示系统原理框图

模块输出的视频数据信息需通过格式转换器,将视频各像素的灰度值转换为 DMD 控制所需的位平面数据。格式转换器输出的位平面数据存储在 SRAM 存储器中,之后通过 FIFO 模块和 OSERDES 模块送入 DMD 控制器。对 DMD 操作所需的控制信息由 DMD 控制信号发生器产生。由于系统采用基于脉冲选通灰度调制的颜色控制方法,需在一个帧周期内循环依次点亮 R、G、B LED 灯,所需信号由LED 控制器给出。颜色控制是彩色视频显示系统的关键技术之一,以下将对单DMD 彩色视频显示系统中的颜色控制方法及其实现进行详细介绍。

假定 R、G、B 3 种颜色的灰度级均为 3 位 8 级,视频帧频为 50Hz,彩色图像各像素三基色灰度控制选用基于脉冲选通法的灰度控制,其颜色控制原理如图 2.36所示。该方法将一个帧周期(20ms)均分为 3 个时间段,每个时间段对应时间为6.66ms。如图 2.36 中"R_En""G_En""B_En"所示,当信号为高电平或低电平时,相应灯点亮或关闭。由图 2.36 可知,在一个帧周期内,每个灯点亮的时间均为6.66ms,且在任一时刻,只有一盏灯点亮。在 R、G、B 灯所对应的时间段内,依据对应的彩色像素点中 R、G、B 颜色分量的灰度值控制 DMD 中微反射镜打开的时间。注意:6.66ms 对应某一颜色的最大灰度值。

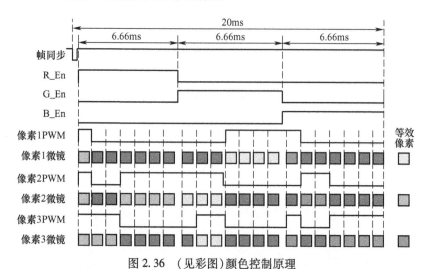

图 2.36 (见彩图)颜色控制原理

在图 2.36 中,假定某一帧图像某 3 个彩色像元灰度值为(R:1,G:4,B:1)(R:5,G:3,B:2)(R:3,G:2,B:5),则在 R、G、B 灯所对应的时间段内,DMD 微反射镜处于开状态的时间分别为(R:1/7,G:4/7,B:1/7)×6.66ms、(R:5/7,G:3/7,B:2/7)×6.66ms、(R:3/7,G:2/7,B:5/7)×6.66ms,如图 2.36 中"像素 1 PWM""像素2 PWM""像素 3 PWM"信号所示。为控制彩色图像各颜色分量的灰度值,将各灯点亮时间段又均分为 7 段,每段时间内各微镜的状态受相应颜色分量灰度值控制。由于 DMD 中各微镜的工作状态与其相对应的 CMOS 存储单元中的数字量有关。在每个小时间段,应首先更新 DMD 中所有 CMOS 存储单元。但更新 CMOS 单元并不立即引起 DMD 微镜状态的转变,必须给微镜施加置位信号,使各微镜状态转变。从图 2.36 可以看出,在一个帧周期内,像元 1、2、3 所对应微镜在 R、G、B 灯打开时间段处于开状态的次数分别为(R:1,G:4,B:1)(R:5,G:3,B:2)(R:3,G:2,B:5)。最终在人眼看来,像元 1、2、3 分别呈现不同的颜色。另外,显示字符的颜色是依据图像事先设定的,但可手动调节以适合不同的人。

图像数据格式转换原理如图 2.37 所示。

如前所述,DMD 所接收的是图像信息的位平面数据,即 DMD 在某一时刻反映的是图像某一帧各像素某一颜色分量同一位的灰度值,需将各像素对应位的灰度值存储在 SRAM 中,以便后续 DMD 控制器读取并向 DMD CMOS 存储单元发送。由于外部视频数据是将各像素值依次输入,而格式转换需接收到一定数量的像素灰度值才能进行。由于 DMD 数据总线是 32 位,系统采用 Xilinx Virtex-5 中的 OSERDES 4 位并转串模块将图像信号转换成差分信号,因此,每

输入: R/G/B_D(2:0)

$b_{0,2}$	$b_{0,1}$	$b_{0,0}$
$b_{1,2}$	$b_{1,1}$	$b_{1,0}$
$b_{2,2}$	$b_{2,1}$	$b_{2,0}$
$b_{3,2}$	$b_{3,1}$	$b_{3,0}$
$\vdots$	$\vdots$	$\vdots$
$b_{126,2}$	$b_{126,1}$	$b_{126,0}$
$b_{127,2}$	$b_{127,1}$	$b_{127,0}$

输出: R/G/BB_D(127:0)

图 2.37　图像数据格式转换原理

次向 OSERDES 写入的数据宽度为 128 位,相应地,格式转换器在连续接收到 128 个像素灰度值后才开始转换,即输入信号是 128 个像素 3 位灰度值,输出是 3 个 128 位平面信号。

由于视频预处理模块并行输出 R、G、B 分量的灰度值信号,因此,每个分量分别对应自己的格式转换器。格式转换器转换结果需存入 SRAM,需要一定时间,而此时外部视频灰度值依然连续不断地输入。因此,系统为每个颜色分量分配两个格式转换器进行乒乓操作,如图 2.35 所示。同样采用乒乓操作的还有 SRAM:外部视频依次输出的是各像素灰度值,只有在一帧周期结束时,才能完全得到一帧图像各像素灰度值;而每次向 DMD 写入的是一帧图像各像素的位平面数据,而该位平面数据是在一帧图像全部像素灰度值的基础上得到的。一帧图像位平面数据所需存储空间为 1024×768×3×3b=54K×128b,系统选用大小为 64K×128b 的 SRAM 存储器。

基于上述颜色控制原理,颜色控制实现的关键是生成位时序序列及对 DMD 操作时序的控制。位时序发生器时序图如图 2.38 所示。

图中以视频帧频 50Hz,各颜色灰度级 3 位 8 级为例进行说明。如前所述,为了实现颜色控制,将一个帧周期(20ms)均分为 R、G、B 时间段,每个时间段又等比例分为 3 个小的时间段,即 t_{b0}(951μs)、t_{b1}(1903μs)、t_{b2}(3806μs),3 个小的时间段

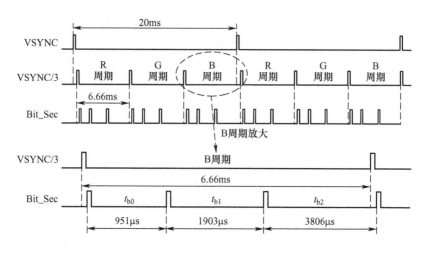

图 2.38　位序列发生器时序图

称为位时间(Bit_Sec)。当图像各像素颜色分量灰度值某一位为 1 时,该位对应位时间段内其对应的 DMD 微镜元处于开状态($+12°$);否则处于关状态($-12°$)。如图 2.38 所示,如果相邻两个像素蓝色分量灰度值分别为 010b、101b,则像素 1 对应的 DMD 微镜元在 t_{b1} 位时间段处于开状态,而像素 2 对应的 DMD 微镜元在 t_{b0}、t_{b2} 位时间段处于开状态。

在位时序序列的基础上,需在每个位时间开始段,将其对应的各像素灰度值相应位数据写入 DMD 的 CMOS 存储单元,并在完成整个 CMOS 存储单元加载后,向 DMD 发送微镜置位命令。DMD 控制器时序图如图 2.39 所示。

可以看出,在每个位时间开始段,首先向 DMD 的 CMOS 存储单元加载数据,共计 768 行。如前所述,行寻址模式采用递增计数模式(ROWMD(1:0) = 1、ROWAD(10:0) = 0、NS_FLIP = 0),但在写第 1 行时,需将行指针复位为 0(ROWMD(1:0) = 3、ROWAD(10:0) = 0、NS_FLIP = 0)。在向 DMD 的 CMOS 存储单元加载数据时,设 BLKMD(1:0) = 0、BLKAD(3:0) = 0,数据加载完成后设置 BLKMD(1:0) = 3、BLKAD(3:0) = 8 启动置位操作。此时,置位信号 RST_Active 变高指示置位操作正在进行。在此期间,不断向 DMD 发送空操作指令(ROWMD(1:0) = 0、ROWAD(10:0) = 0、BLKMD(1:0) = 0、BLKAD(3:0) = 0),在置位操作完成后,RST_Active 信号拉低,供控制器读取。在完成置位操作 $8\mu s$ 时间内,不应向 DMD 发送新的数据与指令,以使微镜可靠置位。

考虑到存储单元数据加载、微镜翻转及保持稳定,在采用 PWM 进行灰度控制时,操作动作必须在最小的"位时间"范围内完成。采用 XGA DMD 和 1080p DMD 时,系统能够实现的最大帧频 f_{max} 和灰度级位数 N 需满足以下关系式[89],即

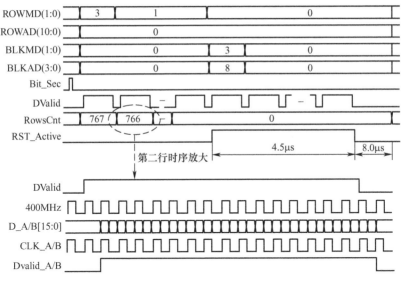

图 2.39 DMD 控制器时序图

$$\begin{cases} \dfrac{1}{m \cdot f \cdot 2^N} > 43.22 \times 10^{-6} \quad (\text{XGA DMD}) \\[3mm] \dfrac{1}{m \cdot f \cdot 2^N} > 55.7 \times 10^{-6} \quad (\text{1080p DMD}) \end{cases} \tag{2.22}$$

式中:m 为与系统方案相关的常数,在单 DMD、双 DMD 和三 DMD 投影系统中,m 取值分别为 3、2、1。

三 DMD 彩色投影系统灰度级与视频最大帧频关系曲线如图 2.40 所示。可以看出,受数据传输速度和 DMD 像元数目的限制,系统所能实现的最大帧频与灰度级相互制约,实际应用过程中需根据系统要求选择方案及技术指标。

为在现有技术方案的基础上提高视频灰度等级,相关研究人员采用多个 DMD 形成串联光开关,以红外目标模拟器为例,其系统方案原理框图[90] 如图 2.41 所示。

灰度轮被划分为多个透射率等级,以 6 级为例,其透过率分别为 1/2、1/4、1/8、1/16、1/32 及 1/64。该方案为系统形成 3 种可选光通道,即低温光通道、高温光通道及受调制高温光通道。两个 DMD 中微镜状态组合决定选择何种光通道:当 DMD2 中微镜处于"关状态"时,选择低温光通道;当 DMD1、DMD2 中微镜均处于"开状态"时,选择高温光通道;当 DMD2 中微镜处于"开状态"、DMD1 中微镜处于"关状态"时,选择受调制高温光通道。设高温黑体辐射亮度为 L、低温黑体辐射亮度为 0,DMD1、DMD2 的调制灰度级均为 8 位 256 级,将帧周期均分为 255 个调制

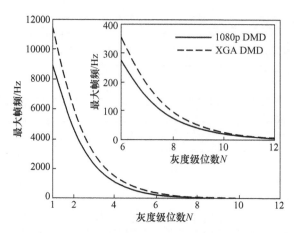

图 2.40　三 DMD 彩色投影系统灰度级与视频最大帧频关系曲线

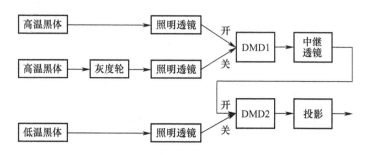

图 2.41　多 DMD 串联光开关方案原理框图

周期。$b_5 \sim b_0$ 分别为灰度轮处于透过率为 1/2、1/4、1/8、1/16、1/32 及 1/64 时，选通受调制高温光通道的调制周期数，取值只能为 0 或 1。

　　A 为选通高温光通道的调制周期数，最大值为 255，最终出射的辐亮度 L_n 可以用下式表示，即

$$L_n = \frac{1}{2^8}\Big[A \cdot L + \sum_{j=0}^{5}\Big(b_j \cdot \frac{L}{2^{6-j}} \Big) \Big] = \frac{1}{2^8}\Big[\sum_{i=0}^{7}(a_i \cdot 2^i \cdot L) + \sum_{j=0}^{5}\Big(b_j \cdot \frac{L}{2^{6-j}} \Big) \Big]$$

（2.23）

　　定义 $b_j = a_{j-6}(j=0 \sim 7)$，则式（2.23）可以变换成

$$L_n = \frac{L}{2^{14}}\Big[\sum_{i=6}^{13}(a_{i-6} \cdot 2^i) + \sum_{j=0}^{5}(b_j \cdot 2^j) \Big] = \frac{L}{2^{14}}\sum_{j=0}^{13}(b_j \cdot 2^j)$$ （2.24）

　　由式（2.24）可以看出，系统可以实现 14 位的动态范围。但受 255 个总调制周期数限制，A 与 $b_5 \sim b_0$ 之和不能大于 255，因此，某些灰度级是无法实现的。因此，利用该方法，能够近似实现 14 位灰度级，但系统的电子学处理比较复杂，应根据需

要实时判断当前灰度轮位置,在合适时将光通道切换至受调制高温光通道。

2. 高动态范围成像

实现高动态范围成像[91-94](high dynamic range imaging,HDRI)的方法主要有以下几种:一是获取同一场景多幅不同曝光时间的图像,经算法融合获取高动态范围成像;二是同一图像中各像元曝光时间不同,如 Nayar 等在探测器前增加掩模板,模板内各元素具有不同的透过率;Mannami 和 Adeyemi 分别采用液晶和 DMD 作为空间光调制元件,对目标进行空间调制。目前高动态范围相机已有商用产品,如 ViperFilmStream、SMal、Pixim 和 SpheronVR 以及 Fujifilm 公司生产出"定点‐曝光"模式相机。Prixim 公司采用各像素曝光时间单独控制获取的图片[95]如图 2.42所示。

（a）常规图像　　　　　　　　　　　　　　（b）HDRI

图 2.42　（见彩图）Prixim 公司各像素点曝光时间不同以实现 HDRI

利用 DMD 进行空间调制时,首先获取目标场景的预测图像,依据预测图像对目标区域按照平均灰度进行分区,根据各区场景亮度确定调制图像,以确定探测器各个像素点的曝光时间。若 DMD 空间调制图像为 8 位、探测器输出数据为 8 位,则整个成像系统的动态范围为 16 位。在图像文件中,除保存各图像的灰度值外,还需保存其对应的曝光时间当量。

采用 DMD 进行空间调制的关键问题是 DMD 中各微镜和探测器像元的几何对准问题。可采用均匀光照射 DMD,并以二值网格校正图案作为 DMD 输入,探测器采集图像,比较探测器输出图像各像元之间像素值以及与校正图像之间的关系以判断配准精度,如图 2.43 所示[96]。

图 2.43（a）所示为给 DMD 施加的调制图像,图 2.43（b）所示为在该调制图像作用下探测器所采集到的图像。探测器采集图像存在变形,主要原因是相对于探测器成像光学系统光轴,DMD 所处像面存在一定倾斜角度。为使 DMD 所处像面的图像在探测器上形成聚焦图像,需将探测器倾斜一定角度。该图像变形可通过校准来消除。

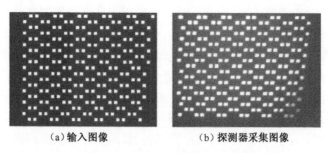

(a) 输入图像　　　　　　　　(b) 探测器采集图像

图 2.43　DMD 微镜与探测器像元几何对准图例

3. 像素内目标特征检测

在常规图像处理中,目标的特征检测算法均是基于像素级,而基于 DMD 空间光调制可实现像素内的目标特征检测。以 Sobel 算子为例,由于调制图像不能为负值,对 Sobel 算子进行变换,形式为

$$\begin{bmatrix} 1 & 0 & -1 \\ 2 & 0 & -2 \\ 1 & 0 & -1 \end{bmatrix} = \begin{bmatrix} 1 & 0 & 0 \\ 2 & 0 & 0 \\ 1 & 0 & 0 \end{bmatrix} - \begin{bmatrix} 0 & 0 & 1 \\ 0 & 0 & 2 \\ 0 & 0 & 1 \end{bmatrix} = \boldsymbol{A} - \boldsymbol{B} \tag{2.25}$$

$$\begin{bmatrix} 1 & 2 & 1 \\ 0 & 0 & 0 \\ -1 & -2 & -1 \end{bmatrix} = \begin{bmatrix} 1 & 2 & 1 \\ 0 & 0 & 0 \\ 0 & 0 & 0 \end{bmatrix} - \begin{bmatrix} 0 & 0 & 0 \\ 0 & 0 & 0 \\ 1 & 2 & 1 \end{bmatrix} = \boldsymbol{C} - \boldsymbol{D} \tag{2.26}$$

分别以矩阵 $\boldsymbol{A}$、$\boldsymbol{B}$、$\boldsymbol{C}$、$\boldsymbol{D}$ 为基础生成 4 幅调制图像,同时设计光学系统保证 DMD 中 3×3 个微镜对应探测器一个像元,以矩阵 $\boldsymbol{A}$、$\boldsymbol{B}$ 为例,两者关系示意图如图 2.44 所示。

DMD微镜

1	0	0	1	0	0
2	0	0	2	0	0
1	0	0	1	0	0
1	0	0	1	0	0
2	0	0	2	0	0
1	0	0	1	0	0

0	0	1	0	0	1
0	0	2	0	0	2
0	0	1	0	0	1
0	0	1	0	0	1
0	0	2	0	0	2
0	0	1	0	0	1

(探测器像元)

图 2.44　实现像素内 Sobel 算子时 DMD 微镜与探测器像元关系

从图 2.44 可以看出,DMD 中微镜的空间分辨率为探测器像元空间分辨率的 3 倍。将矩阵 $\boldsymbol{A}$、$\boldsymbol{B}$、$\boldsymbol{C}$、$\boldsymbol{D}$ 生成的空间调制模板顺次应用于成像系统,得到目标的 4 幅图像。取 $\boldsymbol{A}$ 与 $\boldsymbol{B}$、$\boldsymbol{C}$ 与 $\boldsymbol{D}$ 对应生成的两幅图像差值即得到目标图像经水平、垂直 Sobel 变换后的结果,最终可得到目标边缘信息如图 2.45 所示。

可以看出,Sobel 算子对应的空间调制模板作用在探测器一个像元内,从而实现像素内目标特征提取。光学调制可实现光学域的乘法运算,后续处理只需进行简单的加法运算,利用该方法同样可以实现目标识别等。

图 2.45　像素内目标特征检测结果

4. 压缩感知成像

压缩感知[97-100]是在一定条件下,可用远低于 Nyquist 采样理论要求的采样次数进行目标采样,同样能够恢复出目标的原始信号,其核心内容是目标信号的稀疏性和测量的非相干性。主要应用在以下几种场合:在太赫兹、毫米波等领域,没有相应的商用相机;红外探测器像元尺寸较大,传统成像方式获取目标图像的分辨率较低;在磁共振成像(magnetic resonance imaging,MRI)中,压缩感知成像可以提高系统成像速度。在实际使用时,为满足测量的非相干性,通常可采用类噪声的随机信号作为测量基,即通过 DMD 实现空间强度二值随机分布的光场。

假定目标信号是长度为 N 的一维离散稀疏信号 $X = (x_1, x_2, \cdots, x_N)^{\mathrm{T}}$,其可以用下式表示,即

$$X = \sum_{i=1}^{N} (s_i \cdot \varphi_i) = \Psi \cdot S \tag{2.27}$$

式中:$\Psi = \{\varphi_1, \varphi_2, \cdots, \varphi_N\}$ 为表达基;φ_i 为 $N \times 1$ 的正交基向量;S 为 $N \times 1$ 的正交基向量的加权系数。依据压缩感知原理,要实现目标信号 X 的重构,首先对其进行 $M(M<N)$ 次线性测量,测量表达式为

$$Y = \Phi X = \Phi \Psi S \tag{2.28}$$

式中:$Y = \{y_1, y_2, \cdots, y_M\}$ 为目标信号测量值;Φ 为 $M \times N$ 的测量基。

为求解目标信号 X,需首先求解 S,然后由 S 与表达基重构目标信号,因此系统求解问题转化为解 S 的最小 l_1 范数问题,即

$$\hat{S} = \mathrm{argmin}(\|S\|_{l_1}) \quad \text{s. t.} \quad Y = \Phi \Psi S \tag{2.29}$$

压缩感知成像系统[101]过程示意图如图 2.46 所示。

基于 DMD 的压缩感知成像系统原理框图如图 2.47 所示。进行压缩感知成像时,首先选择测量基 $\Phi(\Phi \in R_{M \times N})$,测量基的每一行可以反演出一幅 $\sqrt{N} \times \sqrt{N}$ 的 DMD 调制图像,在每幅调制图像作用下采集一次单点探测器输出数据。选择合适的表达基 Ψ,结合测量基、测量值 Y 求解加权系数向量 S,通过式(2.27)得到目标向量,最终反演成 $\sqrt{N} \times \sqrt{N}$ 的目标图像。

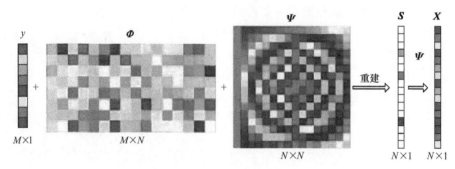

图 2.46　压缩感知成像系统过程示意图

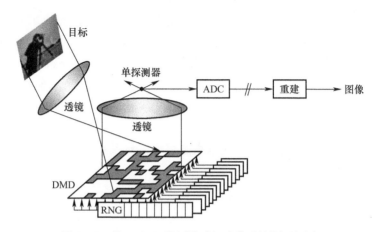

图 2.47　基于 DMD 的压缩感知成像系统原理框图

调制图像和目标图像反演方法示例如图 2.48 所示。

试验测试:在测量率为 20%~30%时就能较好地恢复出目标原始图像,如图 2.49 所示。

5. 成像光谱仪

DMD 应用于成像光谱仪[102],依据其在光路中的位置,可分为光谱编码和空间编码,两种结构各有优势,以下给予详细说明。

基于 DMD 光谱编码成像光谱仪[103-105]示意图如图 2.50 所示。

目标图像首先进入衍射光栅,经衍射光栅后的频谱混叠图像照射在 DMD 上,由 DMD 进行频谱选择后进入第二个衍射光栅,最终到达面阵探测器。两级衍射光栅作用的最终结果是将目标二维空间图像 1:1 投影在面阵探测器上,类似于面阵遥感器,因此,探测器输出的即为目标的二维空间信息。在该系统中,DMD 对各像元频谱进行编码。以 n 阶哈达玛变换光谱仪为例,将每个像元对应的 n 阶哈达玛变换各行向量作为调制图像,施加在第一个衍射光栅衍射方向对应 DMD 各行

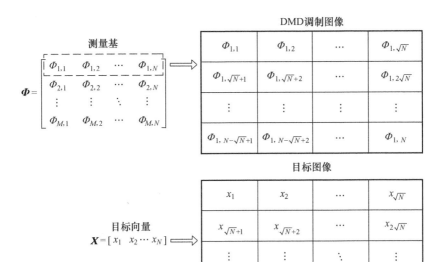

图 2.48　调制图像和目标图像反演方法示例

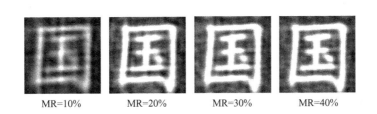

MR=10%　　　MR=20%　　　MR=30%　　　MR=40%

图 2.49　不同测量率下的重构图像

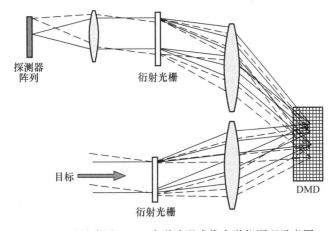

图 2.50　（见彩图）DMD 光谱编码成像光谱仪原理示意图

微镜阵列上。在每幅调制图像作用下,采集探测器输出图像,通过改变 n 次调制图像即可完成系统测量。为获取目标的频谱信息,只需对各个像元进行哈达玛反变换即可,相比于空间编码成像光谱仪,其解码算法更为简单。

基于 DMD 空间编码成像光谱仪[106]原理示意图如图 2.51 所示。

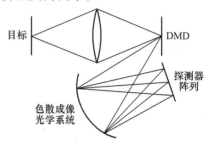

图 2.51 (见彩图)DMD 空间编码成像光谱仪原理示意图

目标图像首先到达 DMD,DMD 在一个方向上对二维目标图像进行空间编码,空间编码后图像经色散成像系统照射在面阵探测器上,其中,色散方向与空间编码方向平行。DMD 空间编码成像光谱仪的难点是其解码算法。为便于算法描述,以目标图像中的一行为例,如图 2.52 所示。

I_i 为 DMD 中第 i 个微镜,对应目标第 i 个像元;I_{i,λ_j} 为第 i 个像元中的 λ_j 频谱分量;$R_{k'}$ 为探测器第 k' 个像元输出值;$S_{h,k}$ 为矩阵 S 中第 h 行第 k 个元素,其对应 DMD 中第 k 个元素的第 h 个编码值。在矩阵 S 中第 h 行作用于探测器输出时,探测器输出 $R_{h,k'}$ 可以用下式表示,即

$$R_{h,k'} = \sum_k (S_{h,k} \cdot I_{k,k'}) \tag{2.30}$$

式中:$I_{k,k'}$ 为 DMD 中第 k 个像元对探测器中第 k' 个像元的贡献值,如图 2.52 灰色区域所示;I_{k-1,λ_4}、I_{k,λ_3}、I_{k+1,λ_2}、I_{k+2,λ_1} 分别对应 $I_{k-1,k'}$、$I_{k,k'}$、$I_{k+1,k'}$、$I_{k+2,k'}$。

空间编码及色散方向 →

S矩阵h行	$S_{h,k-1}$	$S_{h,k}$	$S_{h,k+1}$	$S_{h,k+2}$				
DMD像面	I_{k-1}	I_k	I_{k+1}	I_{k+2}				
DMD像面各像素光谱	I_{k-1,λ_1}	I_{k-1,λ_2}	I_{k-1,λ_3}	I_{k-1,λ_4}	I_{k-1,λ_M}			
		I_{k,λ_1}	I_{k,λ_2}	I_{k,λ_3}	$I_{k,\lambda_{M-1}}$	I_{k,λ_M}		
			I_{k+1,λ_1}	I_{k+1,λ_2}	$I_{k+1,\lambda_{M-2}}$	$I_{k+1,\lambda_{M-1}}$	I_{k+1,λ_M}	
				I_{k+2,λ_1}	$I_{k+2,\lambda_{M-3}}$	$I_{k+2,\lambda_{M-2}}$	$I_{k+2,\lambda_{M-1}}$	I_{k+2,λ_M}
探测器响应				$R_{k'}$				

图 2.52 空间编码成像光谱仪编码示意图

所对应的解码公式为

$$\hat{I}_{j,j'} = \sum_j (S_{j,h}^{-1} \cdot R_{h,j'}) \tag{2.31}$$

式中:$\hat{I}_{j,j'}$ 为 DMD 中第 j 个像元对探测器中第 j' 个像元贡献值的解码值,其对应

DMD 中第 j 个像元的某一频谱分量；$S_{j,h}^{-1}$ 为 S 逆矩阵中对应的 DMD 中第 j 个元素的第 h 编码值。将式(2.30)代入式(2.31)可得

$$
\hat{I}_{j,j'} = \sum_h \left(S_{j,h}^{-1} \cdot \sum_k \left(S_{h,k} \cdot I_{k,j'} \right) \right) = \sum_k \left(\sum_h \left(S_{j,h}^{-1} \cdot S_{h,k} \right) \cdot I_{k,j'} \right)
$$

$$
= \sum_k \left(\delta_{j,k} \cdot I_{k,j'} \right) = I_{j,j'} \tag{2.32}
$$

可以看出，经解码公式(2.31)，可准确求出 DMD 各像元对应各频谱的强度值，将各像元对应各频谱值累加，即可获取目标二维图像信息。

6. DMD 在光电设备应用中的关键技术分析

通过上述分析，DMD 在各系统中应用所需的关键技术如下。

(1) 在高分辨率数字投影系统中，采用辅助手段克服微镜对应 CMOS 存储区加载时间的限制是实现高分辨率的关键。

(2) 在高动态范围成像中，需快速检测各像素对应目标场景亮度并判断其对应曝光时间。

(3) 在利用 DMD 进行空间编码或频谱编码时，DMD 中各微镜与探测器像元之间的几何配准精度与系统性能息息相关，同时需考虑运动平台条件下，系统工作过程中探测器和目标之间的相对运动。

(4) 利用 DMD 实现像素内目标特征检测时，需考虑 DMD 各微镜填充率对系统性能的影响，并探寻相应的解决方法。

2.4.3 数字微镜器件用于几何超分辨成像

数字微镜器件(DMD)实现等效异形像元几何超分辨[107]原理示意图如图 2.53 所示。

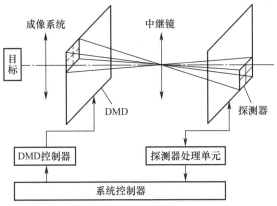

图 2.53 DMD 实现等效异形像元几何超分辨原理示意图

在光电成像系统一次像面处放置 DMD,在二次像面处放置探测器,设计光学系统,使 DMD 中 2×2 个微镜面积对应探测器 1 个像元面积。DMD 中各微镜状态由 DMD 控制器控制。通过编程控制 DMD 中 4 个微镜状态以控制各微镜对应光线是否能到达对应探测器像元,最终可得探测器等效异形像元,示意图如图 2.54 所示。DMD 中微镜黑色和白色分别代表"关状态""开状态",下部分整个大矩形为探测器像元,实线区域为等效像元形状。

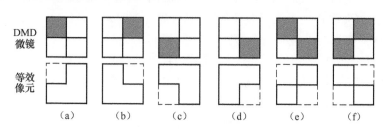

图 2.54 等效异形像元示意图

在光电成像系统工作过程中,系统控制器首先产生对应于图 2.54(a)的 DMD 微镜状态编码,并送至 DMD 控制器以控制微镜状态。当各微镜达到指定状态后,探测器开始曝光。曝光完成后,探测器处理单元读取探测器数据得到目标第一幅图像。然后系统控制器顺次产生分别对应于图 2.54(b)~(d)的 DMD 微镜状态编码,按照上述工作过程,转换微镜状态、探测器曝光、采集探测器输出图像数据。在成像系统和目标之间无相对运动时,可得同一目标 4 幅不同图像。为便于超分辨能力分析,依 DMD 微镜与探测器像元对应关系,将探测器像元划分为 4 个子像元,示意图如图 2.55 所示,实线表示实际探测器像元,共计 m 个探测器像元。

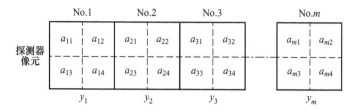

图 2.55 探测器子像元划分示意图

第 i 个探测器像元对应子像元灰度值分别为 a_{i1}、a_{i2}、a_{i3}、a_{i4}。在探测器像元全部曝光时,第 i 个探测器像元输出值 y_i 是各子像元灰度值之和,即 $y_i = a_{i1} + a_{i2} + a_{i3} + a_{i4}$。以像元 i 为例,按照上述顺序控制 DMD 微镜状态,设所采集的探测器像元输出分别为 y_{i1}、y_{i2}、y_{i3}、y_{i4},则以下关系式成立,即

$$\begin{cases} y_{i1} = a_{i2} + a_{i3} + a_{i4} \\ y_{i2} = a_{i1} + a_{i3} + a_{i4} \\ y_{i3} = a_{i1} + a_{i2} + a_{i4} \\ y_{i4} = a_{i1} + a_{i2} + a_{i3} \end{cases} \tag{2.33}$$

求解方程组(2.33)可得下式,即

$$\begin{cases} a_{i1} = \dfrac{y_{i2} + y_{i3} + y_{i4} - 2y_{i1}}{3} \\ a_{i2} = \dfrac{y_{i1} + y_{i3} + y_{i4} - 2y_{i2}}{3} \\ a_{i3} = \dfrac{y_{i1} + y_{i2} + y_{i4} - 2y_{i3}}{3} \\ a_{i4} = \dfrac{y_{i1} + y_{i2} + y_{i3} - 2y_{i4}}{3} \end{cases} \tag{2.34}$$

在光电成像设备和目标之间无相对运动的情况下,通过该方法可以获得等效原探测器像元尺寸1/2的像元输出数据,即分辨率提高到原探测器像元的2倍。该方法也可视为称重设计理论在光学成像中的应用,即将对单像素的多次测量变为多次多像素组合测量,在提高成像系统分辨率的同时,可提高采样信号信噪比。

2.4.4　编码扫描等效异形像元超分辨仿真

为验证方法的有效性,利用 Matlab 软件进行了仿真。在上述分析过程中,假定探测器和目标之间无相对运动。但在航空成像系统中,载机运动及振动将造成探测器和目标之间存在相对运动。实际应用时,可采用光电稳定平台隔离载机振动,通过视轴稳定控制减小探测器和目标之间的相对运动。但限于视轴稳定控制精度,在仿真过程中,需分析视轴稳定误差对超分辨图像重建质量的影响。为便于仿真方法说明,给出探测器和目标无相对运动时仿真方法示意图如图2.56所示。

在图2.56中,i,j表示原始图像中第i行第j列像素。仿真思想:取大幅面灰度图像模拟地面实际景物,将图像相邻4×4、2×2 像素灰度值的均值作为第1幅、第2幅图像像素的灰度值,分别表示常规探测器输出图像及重建高分辨率目标图像。依照图2.56 (a)~(d)实线框所示计算等效异形像元输出图像。依照式(2.33),将常规探测器输出图像各像素划分为2×2 个子像素,并依据式(2.34)计算高分辨率图像灰度值。依据式(2.33)、式(2.34)关系可知,在探测器和目标无相对运动,且不考虑图像量化误差时,所提出的方法可将探测器像元分辨率提高1倍。

为了分析探测器与目标之间具有相对运动时超分辨图像重建质量,给出图2.57所示仿真方法示意图。

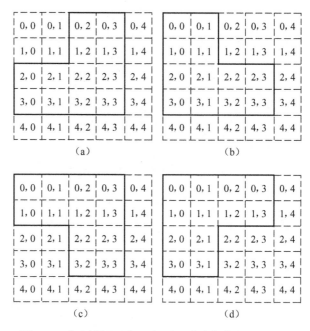

图 2.56 探测器和目标无相对运动时仿真方法示意图

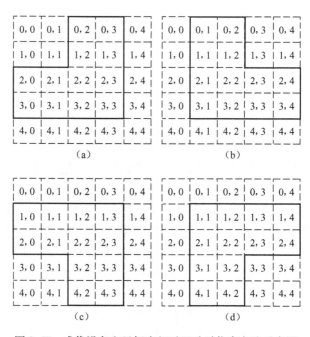

图 2.57 成像设备和目标有相对运动时仿真方法示意图

仍将图像相邻 4×4 像素灰度值的均值作为新图像一个像素的灰度值。在计算等效异形像元输出图像时,图 2.57 (a)与图 2.56 (a)对应计算方法相同。相比于图 2.56 (b)~(d),图 2.57 (b)~(d)分别右移、下移、右移并下移原始图像一个像素距离。最后,依据式(2.34)计算高分辨率图像灰度值。在探测器和目标之间有相对运动时,计算等效异形像元输出图像时考虑了目标之间的相对运动,而在超分辨重建过程中,依然按照成像设备和目标之间无相对运动时的算法,此时所得图像分辨率将低于常规探测器所得图像分辨率的 2 倍。图 2.57 假定探测器和目标之间相对运动量为 1/4 像元尺寸,类比该方法,可以得到探测器和目标之间的相对运动量为 1/2、3/4 像元尺寸时的重建高分辨率图像,从而分析视轴稳定误差对高分辨率图像重建质量的影响。

上述仅是为便于问题说明而选取 4×4 像素灰度值的均值作为常规探测器输出图像像素灰度值。在实际仿真时,选取 10×10、5×5 像素灰度值的均值作为常规探测器输出图像和重建高分辨率目标图像像素灰度值,且探测器和目标之间的相对运动量以 1/10 像元尺寸为步长。为便于比较,同时给出了低分辨率图像经双线性插值后的图像。仿真实验结果如图 2.58 所示,(a):低分辨率图像;(b):重建高分辨率目标图像;(c):探测器和目标之间无相对运动时的重建图像;(d):探测器和目标之间相对运动量为 1/5 像元尺寸时的重建图像。

图 2.58 可编程等效异形像元几何超分辨仿真结果

可以看出,当探测器和目标之间无相对运动时,利用本书算法所得重建图像明显优于双线性插值重建图像,且目标图像质量与重建高分辨率目标图像质量相差无几。随着探测器和目标之间相对运动量的增大,利用本书算法所得重建图像质量逐渐变差,即视轴稳定误差对重建超分辨图像质量影响较大。为定量分析重建图像质量,给出图像峰值信噪比(PSNR),结果如表 2.7 所列。其中,PosErr 为探测器与目标之间的相对位移量;b 为探测器像元尺寸。

可以看出,当探测器和目标之间不存在相对运动时,相比于双线性插值方法,本书提出的方法所得图像 PSNR 提高了 40.7%。随着探测器和目标之间相对运动量的增大,所得图像 PSNR 急剧下降。当探测器和目标之间相对运动量达到像元尺寸 1/5 时,本书提出方法得到图像 PSNR 低于双线性插值方法所得图像 PSNR,且目标图像质量明显下降。视轴稳定精度与系统焦距相关。在当前算法情况下,取探测器和目标之间相对运动量达到 1/10 像元尺寸为最大可接受量。结合几种常规红外焦平面阵列像元尺寸,给出像元尺寸、系统焦距与系统视轴稳定精度关系如表 2.8 所列。

表 2.7　不同重建算法及不同仿真条件所得图像峰值信噪比

重建算法		PSNR/dB
双线性插值		37.6854
本节算法	PosErr=0	53.0243
	PosErr=b/10	40.8962
	PosErr=b/5	36.6802

探测器像元尺寸越小、光学系统焦距越长,视轴稳定精度要求越高。视轴稳定精度最高要求 15μrad,该指标采用补偿镜控制是可以实现的。

表 2.8　像元尺寸、系统焦距与系统视轴稳定精度(μrad)关系

焦距/mm	像元尺寸 b/μm		
	15	25	30
100	150.00	250.00	300.00
200	75.00	125.00	150.00
400	37.50	62.50	75.00
600	25.00	41.67	50.00
800	18.75	31.25	37.50
1000	15.00	25.00	30.00

2.5　小结

探测器的物理结构决定了其像元成像分辨率受像元尺寸限制。亚像元超分辨成像方法在探测器组件内部集成两片探测器,两片探测器在线阵方向上错开半个像元,并将探测器读出时间减半,最终交织重组图像数据。探测器在线阵方向上的错位及读出时间减半的等效结果是两个方向上采样频率提高为原来的 2 倍,理论分辨率能达到原来的 2 倍,但探测器采集数据有重叠区域,合成图像实际分辨率不能达到低分辨率图像的 2 倍。仿真实验结果显示,亚像元超分辨成像方法可以有效减小探测器有限尺寸带来的频谱混叠。

需要注意的是,利用读出时间减半来提高扫描方向上的采样频率,对于光照强度足够的目标景物,可以实时合成出高分辨率图像,但对于光照强度不高的目标景物来说是不利的。另外,为进一步提高合成图像分辨率,在不要求实时性的条件下,可以依据亚像元成像数学模型来建立高分辨率图像与低分辨率图像之间的关系,利用梯度下降或共轭梯度算法最优化求解,以合成高分辨率图像。

在分析亚像元超分辨成像方法的基础上,提出了异形像元超分辨成像方法:将正方形像元均分 4 份,去除其中一份感光面积,使得对应 MTF 截止频率提高 1 倍。应用时,焦平面上放置的两片探测器的右下角和左上角分别去除 1/4 感光面积,调节读出时间以保证探测器在扫描方向的步进距离为像元尺寸的 1/2。为验证方法的有效性,以所提出的异形像元为基础,定制了红外焦平面组件,并进行了成像试验。受试验条件限制,可以验证异形像元超分辨成像方法所得图像分辨率至少可提高为传统成像方法的 1.78 倍。

异形像元超分辨成像方法通过控制探测器扫描时间来控制扫描步进距离,避免微扫描中控制精度要求太高的难题。同时,通过简单的递推运算即可得到高分辨率图像数据。

常规缺角异形像元几何超分辨成像方法存在设计与加工难度大、费用高、灵活性不强等难题,考虑到 DMD 具有良好的空间光调制特性,结合计算成像中光场空间编码技术和光学多通道技术,提出了编码扫描等效异形像元超分辨成像方法:保持光学系统焦距及像元尺寸不变的基础上,探测器像元仍采用常规的正方形,通过对目标图像进行空间编码,建立基于像素内光场信息分布的像元几何超分辨成像数学模型,使探测器像元接收到的能量等效于常规缺角异形像元接收到的能量,通过后续超分辨算法得到目标高分辨率图像。通过仿真实验验证了方法的有效性,但该方法在动基座环境下应用时,对系统视轴稳定精度有一定要求。

第3章
大视场高分辨率成像系统

光学成像已成为高分辨率对地观测,尤其是航空对地观测的重要手段。在航空光学成像领域,能够获取外界环境的更多信息一直是人们努力追求的目标。成像系统能够获取的信息量由系统视场角和分辨率决定:系统视场角越大,观测的范围就越大,探测到的目标就越多;成像系统分辨率越高,所捕获的图像就拥有越大的保真度,图像包含的细节信息就越多[108]。因此,视场角和分辨率是衡量成像系统性能的两个重要指标,大视场高分辨率成像系统具有良好的动态实时性、高分辨率及宽覆盖范围等特性,在航天遥感、航空侦察、安防监控、天文观测、文物保护、生物医学、生态监测及赛事直播等军事和民用领域具有广泛的应用前景[109-111]。在军事作战领域,可用于敌情侦察、战区侦察、战况监视和战略决策制定等,还可用于作战区域内战斗装备、武器、作战移动工具的探测及目标锁定;在安保领域中,可用于空中监视、安全检查和搜寻证据等;在地面交通网络中,可实时监测路面拥堵情况、意外事故、塞车路段等,能够更加快速地对信息进行分析处理;在人员来往较频繁、流动量较大的公共区域,可对目标进行高效、实时监控跟踪。

3.1 大视场高分辨率成像技术途径

受限于光电探测器技术发展水平,大视场高分辨率成像系统主要采用拼接方式,系统实现时需统筹考虑工艺难度、系统体积、成本及载机平台的通用性、侦察监视系统的任务使命综合性[109]。拼接方法主要包括机械拼接、光学拼接[112-114]及动态扫描拼接[115]。

3.1.1 机械拼接

将多个小规模的探测器通过机械拼接的方式来获取大规模的焦平面阵列,可称为机械拼接。机械拼接又分为机械直接拼接和机械交错拼接,示意图如图 3.1 所示。

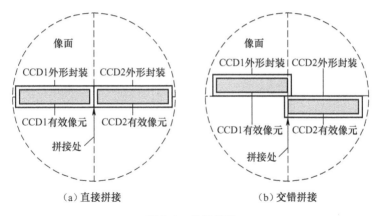

图 3.1　机械拼接

机械直接拼接是将传感器首尾相连,并保证传感器拼接在一条直线上。因普通传感器光敏面以外的边缘及引脚的影响,直接拼接时传感器之间会产生缝隙,实现难度较大。虽然市场上已有一些传感器件为便于拼接,将引脚都做在一侧,以保证光敏面以外的边缘很小,但直接拼接实现难度仍较大,难以达到无缝拼接的目的。此外,该拼接方法要求传感器两端像元必须为有效像元。如果两端存在哑像元,则在拼接处将存在漏洞,造成拍摄图像存在盲区。

机械交错拼接则是将传感器在扫描方向上错开一定距离,将相邻传感器首尾有效像元相连,即多个传感器在焦平面上以非共线形式分别成像,该方法适合于多片拼接。因机械交错拼接方法中各传感器在同一时刻所成像并非在一条直线上,图像表现为锯齿形状,但通过后续电子学处理可解决此问题。航拍过程中存在偏航角,为保证飞机在允许的偏航角范围内飞行拍摄时所成图像是连续的,拼接时需重叠部分有效像元,重叠像元数目 N_{pixel} 与飞机最大偏航角 $\psi_{\max}$、相邻传感器垂直方向间距 L 及单个像元尺寸 d 相关,关系表达式[116]为

$$N_{\text{pixel}} \geqslant \frac{L\tan\psi_{\max}}{d} \qquad (3.1)$$

因多个探测器在焦平面的不同位置,受载机飞行姿态、地面起伏、飞行高度、探测器错开位置等因素影响,即便完全补偿因载机飞行造成的像移,机械交错拼接这种非共线多探测器成像模式也会造成后期视场拼接时重叠部分在航向及旁向方向出现拉缝、像点重叠或错位等缺陷,降低成像分辨率。

相关研究人员研究指出[117],采用机械交错拼接时,需精确获知地面的高程信息,以避免拼接图像错位而导致重叠区域分辨率降低,并通过试验验证采用稳定平台可减小拼接重叠区域相对像移量。

机械拼接要求传感器具有特殊的封装形式,且相邻传感器之间的像元必须是有效的,对探测器的制造工艺和拼接精度提出了极高的要求。目前,这种拼接技术还不成熟,且成本高昂,在实际应用中很容易产生图像漏缝,导致目标信息丢失。

3.1.2　光学拼接

根据拼接模式的不同,光学拼接可分为外视场拼接和内视场拼接。

(1)外视场拼接也称为物方拼接,是在成像物空间实现对观测区域的拼接。外视场拼接由多个光学系统组成,每个光学系统对应一个或多个探测器,独立成像成为小视场相机,将多个小视场相机按照不同的拼接角度和相对位置进行一定组合,获得大视场图像。这种拼接方式结构简单直观(如 Gorgon Stare 系统),但因多中心投影,存在中心投影不严格等畸变问题,不适于测绘中的几何定标和精确定位。

(2)内视场拼接也称为像方拼接,是在成像焦平面上进行的拼接。内视场拼接所有探测器共用一套光学系统,需要独特的焦平面阵列布局和大视场的光学设计,以尽可能实现一个完整的中心成像。这种拼接在实现形式上有光路分光和光束分光两种。

光路分光[118-120]是通过棱镜或反射镜分光实现成像焦平面的拼接,该方法可实现无缝单中心投影,但缺点是在接缝处会产生渐晕现象。分光棱镜可采用全反全透棱镜,也可采用半反半透棱镜,示意图如图 3.2 所示。全反全透式光能利用率高,但该方法要求拼接探测器有效像素边界与相应的全反全透界面边界对齐,且从一个阵列向相邻阵列跨越时,相对照度减小,像元将受到渐晕效应影响。为了消除这种影响,在拼接时需要重叠部分有效像元,重叠像元数目与棱镜尺寸、最大孔径角及棱镜折射率相关[121]。

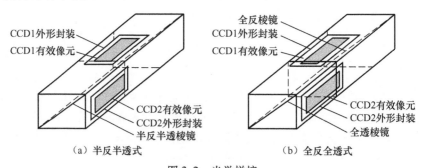

（a）半反半透式　　　　　（b）全反全透式

图 3.2　光学拼接

半反半透式安装方便,但光能利用率低。采用时间延迟积分电荷耦合器件(TDI CCD)可解决能量不足的问题。光学拼接常用于透射式光学系统,利用透射式光学系统与棱镜的组合来进行像差校正,而反射式光学系统将引入像差,降低像质[122]。

浙江大学徐之海教授团队采用反射分光棱镜设计了光学拼接系统[123],反射分光棱镜的 4 个工作反射面镀有高反射率薄膜,将像面分割并投射到 4 个不同空间位置上,每个空间位置放置一个探测器,示意图如图 3.3 所示。

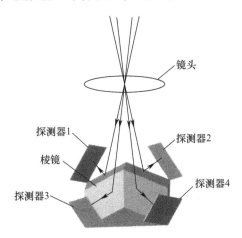

图 3.3　光学拼接成像系统示意图

因反射棱镜反射面无法完全安装在视场光阑位置,不可避免地会造成子像面部分视场的渐晕现象,系统设计时,通过重叠部分像素进行渐晕补偿。

光束分光是通过棱镜将光束分成多束,把镜头系统的一个像面分成独立的几个子像面,从而达到拼接的目的。光束分光是一种两次成像的分光系统,将第一次成像像面上的光束分成多束,再通过光纤分束或透镜分束等方法将各束光分别成像在第二像面上,从而达到分光的目的。杜克大学 Brady 团队研制的 AWARE 系列成像系统可以归类为光束分光,后面章节中将进行详细介绍。

3.1.3　动态扫描拼接

动态扫描拼接主要是利用机械机构驱动光学部件,实现对物面或像面的按序扫描采样,最终获得大幅宽、高分辨率目标图像的扫描成像方式。根据扫描部件在光路中的位置,可分为物面扫描和像面扫描两种方式。

物面扫描一般将扫描部件置于小视场物镜前的平行光路中,直接对来自物面的辐射进行扫描,使物方瞬时视场扫过物面的不同部位,获得较大的视场覆盖。由于来自物面的辐射是平行光束,因而又被称为平行光束扫描。物面扫描光学元件设置在物镜前的平行光路中,对系统的光学像质影响很小。系统的光学视场即瞬时物镜视场小,容易获得高质量图像。然而物镜的口径一般较大,要实现大幅宽扫描,尤其在进行二维扫描时,光学机械结构比较笨重、复杂。

将扫描部件置于大视场物镜后的会聚光路中,即聚焦的光学系统和探测器之间,对像方光束进行扫描的方式被称为像面扫描。由于扫描机构对会聚光束进行扫描,因此又被称为会聚光束扫描。由于像面扫描部件是对物镜的会聚光束进行扫描,因此可以做得小巧。像面扫描的中继光学系统视场较小,物镜视场相对较大。置于物镜会聚光路中的扫描部件对系统光学像质影响很大,获取高像质在设计和制作上都有难度。

典型动态扫描拼接结构示意图如图 3.4 所示,在焦平面上等间隔分布若干只线阵 TDI CCD,执行机构选用电机和凸轮,电机与凸轮同轴安装,并做匀速旋转运动,从而带动 TDI CCD 做往复直线运动,最终完成扫描成像。该动态扫描拼接的实质是以多个线阵 CCD 做往复扫描成像来等效大面阵探测器成像。

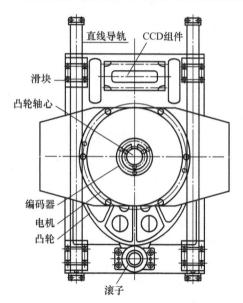

图 3.4　动态扫描拼接示意图

动态扫描拼接方式的技术较为成熟,但需要比较复杂的光学机械扫描结构,且视场扫描所引起的各个拼接视场之间的时间延迟决定了这种成像技术仅适用于观察静态或者准静态的景物,不适合动态目标的探测,应用范围受限。

3.1.4　几种拼接方法优缺点

机械拼接、光学拼接及动态扫描拼接的优、缺点如表 3.1 所列。

表 3.1　不同拼接方法的优、缺点

序号	拼接方式	优、缺点
1	机械拼接	要求 CCD 芯片具有特殊的封装形式,且相邻 CCD 之间的像元必须是有效的,对探测器的制造工艺和拼接精度提出了极高的要求。目前这种拼接技术还不成熟,且成本高昂,在实际应用中很容易产生图像漏缝,导致目标信息丢失
2	光学拼接	光学拼接包括外视场拼接和内视场拼接两种,外视场拼接通过多个高分辨率镜头同时拍摄成像,经过后期图像拼接来获取全视场高分辨率图像,这种方法解决了单镜头扫描成像的时间延迟问题,不需要旋转机构,但整个系统由多个镜头组成,体积庞大,成本高昂;内视场拼接包括光路分光和光束分光两类,其空间布局紧凑,但设计复杂,且视场重叠部分容易出现渐晕现象。目前很多新成像体制多属于光学拼接,也是后续实现大视场高分辨率成像的有效手段
3	动态扫描拼接	通过单个高分辨率镜头进行扫描拼接成像,这种方法技术较为成熟,工程实现比较容易,但是视场扫描所引起的各个拼接视场之间的时间延迟决定了这种成像技术仅适用于观察静态或者准静态的景物,该技术的应用范围受限

3.2　同心多尺度成像系统

3.2.1　同心多尺度设计理论

成像系统传递信息的能力受系统空间带宽积(space-bandwidth product,SBP)的限制。空间带宽积是对成像系统信息承载能力的衡量,它决定了像面上可分辨的像元数,其定义为[124-127]

$$SPB = \frac{FOV}{(0.5\delta)^2} \tag{3.2}$$

式中:FOV 为成像系统视场;δ 为成像系统在非相干成像条件下的衍射极限分辨率,$\delta = 1.22\lambda F$;F 为光学系统相对孔径的倒数,即 F 数;λ 为光波波长;0.5 是由采样定理决定的因子。

空间带宽积给出了成像系统可能达到信息量的理论最高值,而实际成像系统又因设计水平、加工及装配误差和材料等因素远远无法达到该最高值。目前现有的成像镜头的空间带宽积都在千万像素量级(10 Megapixels),且随着系统角分辨率的提高,成像系统的空间带宽积可能还有所下降。有限的空间带宽积成为制约传统光学成像系统进行探测、识别与感知的瓶颈。如何在现有成像硬件加工制造水平的前提下解决传统成像系统视场与分辨率不可调和的矛盾,进一步提升成像系统的信息通量,实现"大视场、高分辨、高通量"成像,必将是光电成像系统研究的基础性难题,也是推动光学成像不断向更大视场、更远作用距离、更高信息通量发展亟待克服的关键技术[127]。

多尺度(multiscale)设计理论由杜克大学的 Brady 教授于 2009 年提出。2012年,Brady 教授在 *Nature* 上发表了基于多尺度设计理论所研制的 AWARE-2 相机的相关研究成果[125],至此多尺度光学成像理论开始受到广泛关注。多尺度设计理论将光学成像系统分为两部分,即用于收集光场的成像物镜系统和用于小视场处理的多孔径镜头阵列。成像物镜系统结构简单,一般由简单的大孔径透镜组成,其尺度与总系统的目标角分辨率相匹配,在收集大成像视场的同时带来了像差,可看作"大尺度光学系统",图 3.5(a)是传统的单孔径光学设计。多孔径镜头阵列由较小的光学元件构成,可以加工成复杂的表面,对有一定像差的像进行分视场成像,校正各自视场的像差。在理论上能够达到更高的极限分辨率,可视为"小尺度光学系统",其成像过程中几何像差影响较小,且制造复杂表面透镜也比大尺度透镜更加容易,图 3.5(b)是多孔径阵列设计。多尺度光学系统设计如图 3.5(c)所示,整个过程进行了两次成像,即物镜系统得到的中间像面以及多孔径镜头阵列分视场成像得到的最终像面。多孔径阵列的使用是多尺度光学设计的主要特征,其将大量的成像任务和光学处理要求交给了多孔径阵列来实现。多尺度理论将宽视

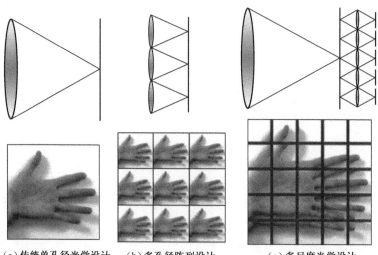

(a)传统单孔径光学设计　(b)多孔径阵列设计　(c)多尺度光学设计

图 3.5　各种光学设计

场和高分辨率分成两个模块实现:前端的成像物镜用于获得大的成像视场;后端的多孔径镜头阵列通过处理提高系统的成像分辨率。因此,多尺度系统集成了两者的优势,为宽视场和高分辨率的对立问题提供了很好的解决方案[128-129]。

基于同心球透镜的多尺度成像系统的核心元件是同心球透镜物镜,其要求所有的光学表面都共用同一个曲率中心。这样的物镜系统具有一个明显的特点,即光束穿过同心球透镜基本上是关于视场对称的,有利于实现大视场成像。系统所成的像位于一个球形像面,而非平面。由于球对称性的存在,同心球透镜没有轴外像差,同样也没有统一的光轴。同心球透镜存在的像差仅有球差和轴上色差以及两者相结合的色球差。

综上,同心多尺度成像系统同心光学设计能够拓展视场,而多尺度结构结合计算成像理论能够校正几何像差,提升成像系统的空间分辨能力。同心多尺度成像系统将成像过程分成主透镜成像和微型次级相机成像两个阶段,最后通过拼接次级相机所捕获的子图像,获得宽视场高分辨率图像。同心多尺度成像系统对主透镜和次级相机的要求不高,使该系统的复杂度和成本远低于性能相近的其他光学系统。

3.2.2　系统组成和成像原理

航空光电载荷工作环境复杂,其成像质量受大气条件、载机飞行及姿态变化、环境温度和压力及景物特征等多种因素影响。因此,光电载荷除具备成像及图像处理能力外,还需具备调焦、调光、运动补偿及温度控制等功能。根据载荷功能要求,同心多尺度成像系统一般由光、机、电、热等分系统组成。光学分系统是系统设计的核心。如前所述,同心多尺度成像系统的光学分系统主要由主镜、微透镜阵列和探测器阵列等组成。机械分系统用于完成光学系统的支撑,并具有调焦、稳定平台等组件,协同电子学分系统共同实现焦面调整、指向及运动补偿等功能;电子学分系统包括主控及图像处理等单元,其中主控单元用于完成与载机信息处理器和载荷内部其他单元的信息交互、内部工作参数计算、工作流程控制及实现调光、调焦等功能;图像处理单元完成图像接收、成像信息同步注释等;热控分系统主要用于保证系统正常工作所需的工作环境,对于多尺度成像系统,主要考虑散热措施。

多尺度光学成像原理如图3.6所示。

多尺度光学成像系统包括主、次两级。主镜置于系统前端,用于收集光能,获得宽视场的粗糙一次像。主镜一般采用同心球形结构,以尽可能地校正系统的球差和色差,从而减轻次级光学系统校正像差的压力。微透镜阵列位于主镜后端,作为次级光学系统,将主光学系统的宽视场均分为多个子视场,并进一步校正主光学系统的残余像差,获得具有一定重叠的多幅子图像,通过多个子视场的叠加实现宽

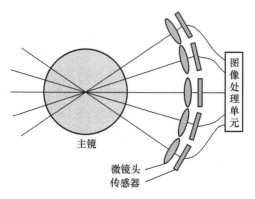

图 3.6　多尺度光学成像原理

视场,从而克服了传统宽视场光学系统难以实现高分辨率成像的缺点[129-130]。微透镜阵列中的每一个微透镜与探测器阵列中的每一个探测器一一对应,均匀分布在主透镜的同一侧一次像面后;不同视场的光线从物方入射主镜进行粗糙的模糊一次成像,再经过微透镜阵列消像差和视场分割后,形成清晰的多通道图像并送至各个微透镜对应的探测器,探测器阵列将光信号转换成电信号后传输至图像处理单元进行多通道小视场图像的并行处理及拼接,获得一幅完整的大视场图像[131]。

同心多尺度成像系统有以下优点。

(1) 系统将光能收集和光场处理两个部分的功能独立设计,整个系统集成了两端的优势,即前端镜头的光能收集能力、角分辨能力和后端多孔径阵列的光场处理能力,通过局部像差校正的方法降低系统设计复杂度。

(2) 主镜一般采用球形光学系统,没有严格定义的光轴,因此没有诸如纵向色差、畸变、慧差等轴外像差,只有轴向色差、球差和场曲等像差。系统的像差与视场角无关,即视场中所有点的像差均相同,可利用相同的次级光学系统校正视场中不同位置的残余像差,简化了次级光学系统的设计难度。同时,与大透镜相比,小透镜元件的加工难度及成本低,系统复杂度和研制成本明显降低。

(3) 主成像光学系统具有旋转对称性,且次级光学系统中透镜阵列完全相同,故全视场具有一致的分辨率。

综上所述,同心多尺度成像系统组成同常规大视场高分辨率成像系统基本一致,其光学设计是系统设计的核心。此外,小巧的调焦系统设计是关键。

3.2.3　典型同心多尺度成像系统

如前所述,杜克大学 Brady 团队最早提出了多尺度设计理论。在美国国防部高级研究计划局(DARPA)资助下,Brady团队对多尺度成像系统进行了深入研究,先后研制了多尺度可见光大视场高分辨率成像系统 AWARE-2(advanced wide-field-of-view architecture for image reconstruction and exploitation,AWARE)、AWARE-10、AWARE-40。

AWARE-2 是一个同心多尺度 10 亿像素瞬态成像系统,其光学部分安装在一个 0.75m×0.75m×0.5m 的外框架中,由一个双层同心球透镜和 98 个微透镜阵列组成。每个微透镜对应一个 CMOS 传感器。传感器由 Aptina 公司生产,像元尺寸为 1.4 μm、像素规模为 4384×3288。图 3.7 所示为 AWARE-2 的光学系统示意图,同心物镜系统由位于球心的冕牌玻璃(低折射率,高阿贝常数)构成的球形透镜和包围在外壳的火石玻璃(高折射率,低阿贝常数)构成的弯月形透镜组成,其焦距为 70mm,F 数为 3.5。微相机光学系统的有效焦距为 11.7mm,F 数为 2.17[110,132]。系统总焦距为 34.2mm,F 数为 2.1,视场角为 120°×40°,像元分辨率为 40.9μrad。

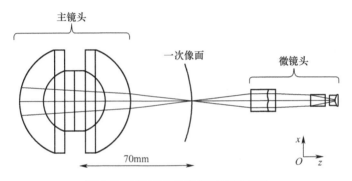

图 3.7　AWARE-2 光学系统示意图

AWARE-2 成像系统样机实物及三维渲染图如图 3.8 所示。球形同心物镜被微镜头组成的多孔径阵列环绕。AWARE-2 的外观看上去就如同一个台式计算机电源,光学系统的体积占相机总体积的 3%左右,电子处理和通信设备占体积的很大一部分。曝光时间仅 1/10s,但因数据量巨大,增大了数据传输和处理的难度,因此系统帧频不高,仅为 10 帧/s。

AWARE-2 成像系统对 800m 外目标进行了成像试验,所得 98 幅子图拼接成的全视场图像及局部放大图如图 3.9 所示。

AWARE-10 也是一个同心多尺度成像系统,是 AWARE-2 系统的增强版,其前级系统为一个双层同心球透镜,次级系统为 382 个微镜头组成的中继成像阵列,整体系统的组合焦距为 53.21mm,F 数为 3.2,视场角为 100°×60°,每个次级微相机配备的探测器与 AWARE-2 相同,像素规模达到 1400 万,总像素可达 20 亿,像元分辨率为 26.3μrad。对海上 4~6km 内 10m 的目标具有 70%的可辨别精度[133]。

图 3.8　AWARE-2 成像系统样机实物及三维渲染图

图 3.9　AWARE-2 成像系统成像试验所得图像

　　AWARE-10 由多尺度光学层、光电读出层和图像显示与交互软件层这样的一个三层系统架构组成。这三层共同构成了一个无缝工具，可以动态查看和探索千兆像素的视频场景，以寻找特征目标和潜在威胁。不考虑外部热交换器和用于图像拼接及显示的图形处理单元（GPU），相机光学和电子设备尺寸为 660mm×610mm×432mm，质量不超过 45kg。系统光学部分的体积和质量分别在 0.1m³ 和 20kg 以内。该相机的单路光学系统布局及其三维渲染图分别如图 3.10 和图 3.11 所示，其中球形部分是 AWARE-10 的光学系统物镜，圆柱体是微镜头阵列。微镜头阵列由 5 组共 7 片镜片组成，最靠近传感器的两个镜片可以移动以实现调焦。

　　光电读出层的主要部件是传感器模块，传感器模块的轮廓受到 MT9F002 4 传感器封装的限制，也进一步限制了微镜头的尺寸和封装，后续传感器封装和裸片尺寸的减小可减少微镜头的尺寸并增加图像重叠。每个传感器模块都有一根柔性电缆，用于连接电源和内部信号、进行调焦电机和传感器数字控制，传输到 G2 控制

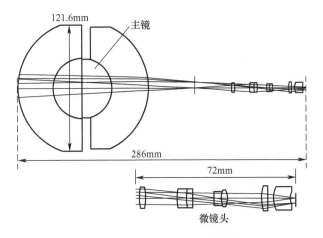

图 3.10　AWARE-10 光学系统

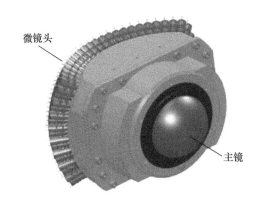

图 3.11　AWARE-10 三维渲染图

器的高速视频信号。G2 控制器使用 Altera 公司的现场可编程门阵列（FPGA），连续读取和缓存来自传感器的图像数据,每个 G2 控制器可处理 8 个传感器模块数据。每 4 个 G2 控制器封装在一个外壳中,通过 SERDES 链路连接到 G1 控制器,G1 控制器采用千兆以太网接口,与外部计算机进行连接,传递控制和图像数据。图 3.12 展示了包含微镜头阵列、G1 和 G2 模块的 AWARE-10 内部照片。由于元件密度高,G2 和圆顶结构件连接到一个封闭的循环水回路,采用水冷散热的方式与外部空气进行热交换。

　　图像显示功能由一台带有 GPU 的计算机实现。通过编写自定义软件库获取图像数据,以交互方式进行显示,并将图像拼接在一起。可根据操作员请求的视觉窗口或分辨率进行显示及控制。用户界面可显示某一微镜头成像区域的放大视图,其右上角显示整个区域的缩略图。单击并拖动鼠标可移动虚拟视点,根据虚拟

图 3.12　包含微镜头阵列、G1 和 G2 模块的 AWARE-10 内部照片

视点自动确定需控制的微镜头阵列及其分辨率,检索其输出的图像数据,并将数据在显示器上显示,使微镜头阵列对操作员而言就像单个高分辨率仪器一样。操作员可通过按键从数据中生成即时屏幕截图或拼接全景图。

　　AWARE-40 是 AWARE 相机系列的最新产品。整个系统的单个成像通道组合焦距为 130mm,F 数为 3.6,视场角为 36°,像元分辨率为 10.8μrad,目前可实现 36 亿像素成像。该系统的样机结构如图 3.13 所示。与 AWARE-2 和 AWARE-10 不同的是,AWARE-40 的前端物镜不再采用同心球透镜系统,这是因为当球透镜的焦距超过 150mm 时,很少有足够大的玻璃毛坯可以加工为同心球物镜的元件,即使有足够大的玻璃毛坯,成本也非常高。为了增加前级系统物镜的焦距,AWARE-40 前级系统采用了一个非同心的双高斯物镜,保持近球形焦面,次级系统为 262 个微相机组成的中继成像阵列,每个次级中继相机配备的探测器与 A-WARE-2 相同。与同心球物镜相似的是,非同心球物镜也成像在球面上,但该中间像不与任何光学表面同心,微相机也必须根据各自光轴与像面曲率中心的交点进行排布。此外,非同心物镜将会产生与视场相关的像差,因此,在优化设计时必须保证微相机可以校正所有视场位置的像差以确保全视场内高质量成像,这极大地增加了光学设计的难度[110,130]。

　　杜克大学的研究人员发现,当微相机集成的探测器像元数在 100 万~1500 万时,微相机的孔径直径在 3~12mm 范围比较合适。这种设计最主要的优点是像素扩展的灵活性,换句话说,对 20 亿、100 亿和 100 亿的成像系统,只需要改变微相机的数目即可,而不需在同心物镜系统和微相机设计上做改变,极大地降低了设计和加工的难度。

　　需要说明的是,尽管多尺度光学系统同时具有大视场和高分辨率的优点,但也需要面临一系列独特的挑战。首先,相邻的中继光学器件所组成的视场间需要保证一定的重叠,才能将每个微镜头所成的子图像拼接成一幅无缝隙的图像。相邻

图 3.13　AWARE-40 原型样机

子图像之间的重叠使每个微镜头的尺寸空间更为紧张,为了保持一定的光圈大小,需将主镜头与微镜头分开一定距离,这也增加了光学系统的纵向尺寸。其次,在每个子视场的重叠区域,来自同心物镜的光线被分到两个或 3 个相邻的子视场中,在相邻光学视场之间共享能量,导致亮度降低或形成渐晕现象,控制渐晕保证边缘视场的成像信噪比是需要重点关注的问题。

借鉴并行相机的设计思想,Wubin Pang 和 David J. Brady[134] 提出了一种并行排列的多尺度光学系统设计思路,其组成原理及成像视场示意图如图 3.14 所示。

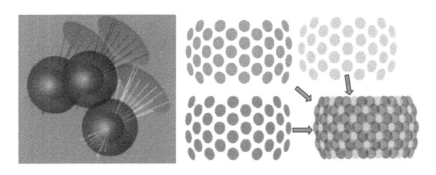

图 3.14　3 个并联多尺度光学系统组成原理及成像视场示意图

为避免在每个多尺度相机内满足相邻视场重叠的问题,通过采用多个多尺度相机并行排列的形式来填充子视场之间的间隙。ARGUS-IS 监视系统[135] 是采用并行多镜头拼接的典型示例。通过这种排列形式,可以避免相邻视场之间的重叠需求,进而也避免了相邻光学系统之间因能量共享而导致的渐晕现象。同时,因不需考虑相邻视场之间的重叠问题,也为每个微镜头阵列获得了额外的空间。并行同心多尺度光学系统为减少体积的同时提升光学系统成像质量提供了一种新的思路。

3.2.4 调焦原理及典型调焦方法

在多尺度成像系统的研究方面,最初侧重于多尺度设计对几何像差和场曲的改善。随着多尺度光学理论及应用逐渐趋于成熟,研究方向开始转入更多方面,包括图像拼接、渐晕处理、海量图像传输等图像处理方面,以及实现更准确的调焦系统设计。

从几何光学角度,光学成像系统可视为一个理想成像透镜,示意图如图 3.15 所示[136]。

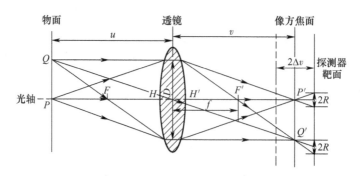

图 3.15　理想成像系统示意图

根据高斯成像公式,理想透镜的成像关系为

$$\frac{1}{u} + \frac{1}{v} = \frac{1}{f} \tag{3.3}$$

式中:u 为物距;v 为像距;f 为理想透镜的焦距。

从式(3.3)可以看出,成像物距的变化会导致像面位置变化,当像面位置与探测器位置发生偏离时,则成像会偏离理想焦平面位置,在理想焦平面的前面或后面成像。此时探测器所接收到的像是一个弥散斑,且弥散斑与光学镜头的透光孔径形状相同。一般情况下,光学镜头孔径为圆形,则景物平面上理想的点光源经过光学系统后所成的像是一个模糊圆。此外,由于压力、温度等环境条件变化也会导致像面位置偏离探测器位置,产生离焦,进而影响图像质量。为保证成像质量,提高光学系统的成像范围,实现光学系统对不同距离物体的清晰成像,必须对光学系统进行调焦,使探测器位置与最佳像面位置重合,获得最佳分辨率图像[133,137]。因此,调焦是保证光学系统成像质量的重要环节。

常见的航空光电遥感器调焦方法主要包括移动光学镜头、移动探测器或转动反射镜等几种方式,如表 3.2 所列[138]。

表 3.2 航空光电遥感器常用调焦方法

调焦方式	方法描述	适用范围
移动光学镜头	探测器位置固定,通过移动光学镜头实现光学系统像面位置与探测器位置重合,其焦距在一定范围内变化而像面位置保持不变,始终与探测器位置重合,该方法包括光学系统整体移动、光学镜头前组移动、光学镜头中后组移动等几种方式,当仅需要移动单个镜头组时,负载更轻,具有轻便、快捷等优点	主要应用于民用光电载荷、小型和普及型光电载荷
移动探测器	通过移动探测器进行调焦,使探测器位置与像面位置重合。该方法无须改变光学系统内部结构,原理简单	用于少数大型光电载荷和小型光电载荷
转动反射镜	在镜头后截距内放置一块反射镜改变光路方向,通过转动反射镜改变光程的方法进行调焦。该方法需增加反射镜及相应的支撑结构,设计复杂	常用于镜头后截距较长、调焦精度要求较高的长焦距光电载荷

航空光电遥感器选择何种调焦方式,需根据遥感器类型、光学系统、工作环境、焦深大小、用途等特点进行选择。考虑到光学系统焦距的变化都是基于光轴方向的焦距变化,对于同心多尺度成像系统,有多个光轴经过前端同心物镜,而后端每个微镜头具有唯一的光轴,因此每个微镜头与同心物镜组合形成独立的成像通道。基于这种设计理念,同心多尺度光学系统的调焦模块可设计在后端微镜头阵列中。通过控制不同视场位置的微镜头进行调焦,实现对不同视场位置的物方目标清晰成像。

对于微镜头中设置的调焦方式,AWARE 系列相机进行了多种调焦方法的尝试,包括移动探测器[139]和移动光学镜头,除采用手动或机械调焦手段外,还采用可电控调焦透镜进行了试验。图 3.16 展示了 AWARE-2 通过移动探测器进行调焦的方式,通过手动旋转销钉或通过电机控制沿光轴位置移动探测器,最终可实现 30m 到无穷远距离的清晰成像。

考虑到移动探测器容易造成电子元器件的机械应变并降低微镜头的耐用性,AWARE-10 在微镜头阵列中加入了可调焦镜组。图 3.17 所示为 AWARE-10 微镜头光学设计及调焦机构分解图。如图 3.17(a)所示,将最靠近探测器的镜组设置为调焦镜组,工作过程中调焦镜组可

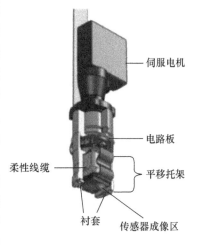

伺服电机

电路板

柔性线缆

平移托架

衬套

传感器成像区

图 3.16　AWARE-2 通过移动探测器进行调焦

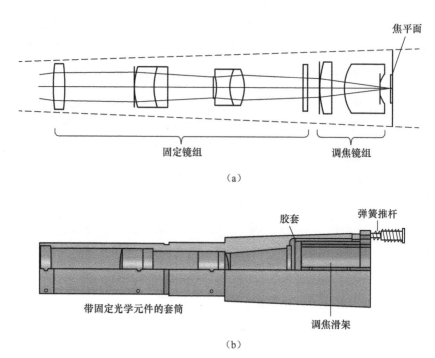

图 3.17 AWARE-10 微镜头光学设计及微镜头组件

进行动态平移从而对准焦平面,降低了微镜头装配的复杂度,但也增加了对镜组进行平移的机械制动器的精度要求。AWARE-10 最终能够实现至少 $200\mu m$ 的调焦行程内不大于 $5\mu m$ 的调焦精度,可实现 15m 到无穷远距离的清晰成像[140]。图 3.17(b)展示了带有调焦滑架的微镜头组件。调焦滑架内包含调焦组件,滑架光轴与其外表面的光轴紧密对齐,滑架滑入套筒,通过套筒后部伸出的弹簧推杆实现沿光轴方向的平移从而完成调焦,控制推杆进行平移的是 New Scale 公司生产的压电电动机,其分辨率可达到 $0.5\mu m$。这种调焦方法具有全封闭、易于组装和结构坚固等优点。

考虑到多尺度成像系统一般具有数十个甚至上百个小相机,若采用上述机械调焦方法,在微镜头阵列中或微镜头后面占用较大空间,限制了光学设计的尺寸空间,导致系统复杂性、体积和成本都将大幅增加,且放置大量的机械式调焦装置也降低了产品的可靠性。因此,需探索更加紧凑且灵活可靠的调焦方案。与普通的固态透镜相比,可电控调焦的特殊透镜具有无需机械控制装置、质量轻、体积小、响应速度快、焦距可变等特点。可电控调焦透镜主要分为液晶透镜、液体透镜及可变形反射镜三种,其中液晶透镜重量最轻、体积最小、响应最快。将可电控调焦的液晶透镜应用于同心多尺度光学系统的次级中继相机,具有紧凑、灵活、小巧的调焦特点,降低了系统的复杂度和调焦的工作量[130]。AWARE-2 针对基于液晶透镜的调焦方法进行了试验,实现物距范围 2m~∞ 的清晰成像[141]。AWARE-2 中采用的调焦液晶透镜 VF5830 如图 3.18 所示。

图 3.18　AWARE-2 采用的带 USB 控制器的液晶透镜

　　在微透镜中移动探测器、镜组进行调焦的方式,尽管已经考虑到系统可靠性等因素,并进行了小型化和灵活性等方面的改进和试验验证,但在每个微透镜中进行独立调焦仍然存在成本、可靠性和空间约束等难题。简化系统设计最理想的方式是单独移动主镜。在同心光学系统中,由于成像视场大,无法通过控制主镜的方式沿各个光轴进行移动,因此,能否通过平移主镜的方式进行调焦是值得研究的问题。

　　图 3.19 所示为同心透镜的成像光路图。

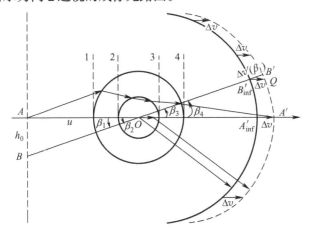

图 3.19　同心透镜的成像光路图

　　透镜焦距为 f,当物距从无穷远处切换到对物距为 u 的轴上物体成像时,根据

式(3.3)可得到像平面的移动距离为

$$\Delta v = \frac{f^2}{u - f} \tag{3.4}$$

当 $u \gg f$ 时,式(3.4)可简化为

$$\Delta v \approx \frac{f^2}{u} \tag{3.5}$$

对于轴外物点 B,主光线的入射角为 β_1,则物距 OB 为 $u/\cos\beta_1$,设像平面的移动距离为 $\Delta v'$,则

$$\Delta v'(\beta_1) = f^2 \frac{\cos\beta_1}{u} = \Delta v \cos\beta_1 \tag{3.6}$$

$$\overline{B'_{\inf} Q} = \frac{\Delta v'(\beta_1)}{\cos\beta_1} = \frac{\Delta v \cos\beta_1}{\cos\beta_1} = \Delta v \tag{3.7}$$

从式(3.4)至式(3.7)的推导过程可以看出,从无穷远焦平面的像平面沿轴向平移距离 Δv,即为物距为 u 的物体的像平面。分析表明,对于任意距离(大于某一值)的物体,虽然焦平面是高度弯曲的球面,但是同心透镜系统可通过轴向平移而对整个视场中的平面物体实现准确调焦。这种方式简化了同心多尺度调焦系统设计[142]。

本节针对同心多尺度光学系统的调焦问题,分别介绍了基于微透镜移动的调焦方法、基于液晶透镜电控调焦的方法以及平移主镜的方法,为同心多尺度光学系统的调焦系统设计提供了很好的思路。

3.2.5 成像试验

由前述已知,相比传统多尺度光学系统,多个并行排列多尺度光学系统的设计构型体积更小,又可避免相邻子视场间出现渐晕现象。参考该设计思想,作者团队设计了一种"品"字形排列的光学系统架构:系统由 3 个并行排列的同心多尺度光学子系统组成,每个子系统采用同心球透镜+微镜头阵列的设计形式。相比采用单个球透镜的设计方案,每个球透镜系统的镜片数量少、重量轻,且可以极大降低前端球透镜主镜组的尺寸和加工难度。

主镜组光学传递函数(MTF)及点列图如图 3.20 所示。微镜头 MTF 及点列图如图 3.21 所示。系统主镜头及其胶合试验和装调过程如图 3.22 所示。

考虑到像面尺寸限制以及装调的便捷性,探测器采用刚柔板的形式,即在尺寸空间受限区域采用小尺寸电路板,用于处理电源和时钟信号,LVDS 信号通过柔性连接板输出到后端,在尺寸空间允许处对 LVDS 信号进行处理,并转换为光纤接口进行输出。探测器阵列及其驱动与处理模块如图 3.23 所示。

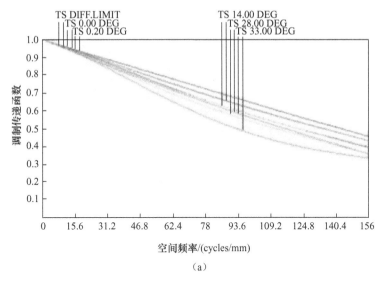

（a）

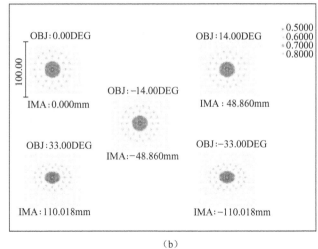

（b）

图 3.20 主镜组的 MTF 及点列图

系统采用平行移动主镜的方式进行调焦,分别为每个同心球透镜设计了独立的调焦机构。在进行微镜头视场角、整机光学系统传递函数及探测器平行标定后,系统进行了实验室内静、动态分辨率测试,其示意图如图 3.24 所示。

试验现场如图 3.25 所示,系统仅用于进行原理性验证,因此仅放置了 6 个探测器,每个主镜头上放置两个。

最终获得的成像靶标图如图 3.26 所示,静态成像分辨率达到极限分辨率。

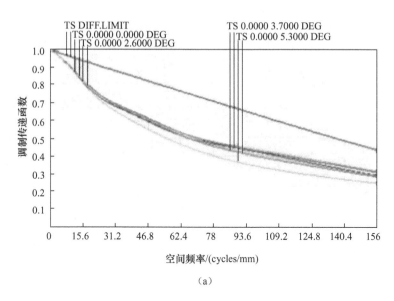

（a）

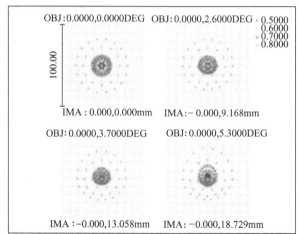

（b）

图 3.21　微镜头 MTF 及点列图

图 3.22　主镜头及其胶合试验和装调过程

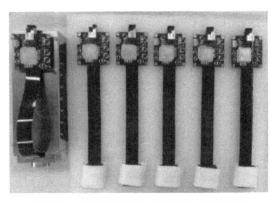

图 3.23　探测器阵列及其驱动与处理模块

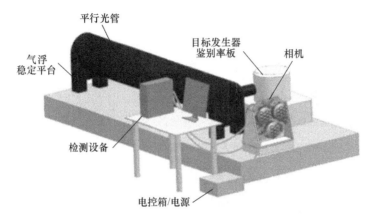

图 3.24　实验室内静、动态分辨率测试示意图

图 3.25　实验室内静、动态试验现场

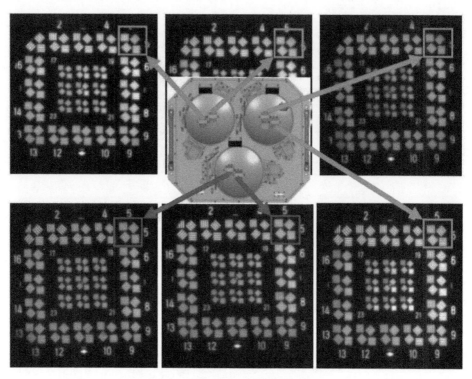

图 3.26　实验室内获取的靶标图

系统对距离 100～5000m 的目标进行外景成像实验,6 个探测器拼接图像无缝隙,达到预期效果,外景成像图如图 3.27 所示。

图 3.27　外景成像图

3.3 面阵动态多幅扫描成像系统

3.3.1 面阵多幅宽覆盖成像原理

从时效性和经济性等角度考虑,航空光电遥感器普遍追求大幅宽性能。但随着对分辨率性能的要求越来越高,系统焦距也越来越长,其较小的瞬时视场越来越难以满足宽覆盖的要求。对于具有小视场光学系统的航空光电遥感器,若要实现大区域覆盖成像,需设计运动机构,通过机构运动转换视场实现大范围成像。无论是 20 世纪发展的 KS-146、KA-112A 等胶片式相机,还是 20 世纪 90 年代开始迅速发展的 CA-260、CA-261、CA-265、CA-270、CA-295、"全球鹰"相机等以面阵 CCD 和 CMOS 传感器为核心的数字式航空光学成像设备,为提高覆盖宽度,都普遍采用面阵动态多幅成像技术。

面阵动态多幅成像是指航空遥感器借助运动机构实现瞬时视场的转移,将光学系统瞬时视场运动到多个成像位置,并进行多次面阵凝视成像。多次凝视成像之间保持一定的视场重叠率,由此以较小瞬时视场实现较大幅宽的目的。实际应用中,通常由运动机构带动光学系统进行横向转动,通过多幅顺序横向凝视实现横向宽覆盖,同时保证每行总成像时间与飞机飞行速度、高度和成像倾角等参数匹配,以保证纵向视场的重叠率,从而达到无缝覆盖的目的。面阵动态多幅成像示意如图 3.28 所示。

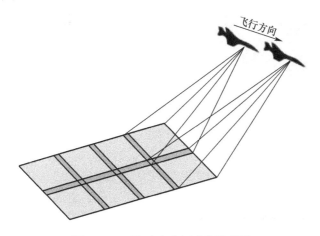

图 3.28　面阵动态多幅成像示意图

如何选择光学系统瞬时视场的运动方式是面阵多幅成像系统设计之初需重点考虑的问题。光学系统瞬时视场的运动方式一般有位置步进式和速度连续扫描式两种。位置步进式与以往画幅式成像方法类似，上述 KS-146、CA-260、CA-261、CA-265、CA-270、CA-295 等航空光电遥感器都属于该成像方式；速度连续扫描式与全景式成像方法类似，如 KA-112A、"全球鹰"搭载的 ISS 传感器等则属于该成像方式。上述两种瞬时视场运动方式各有优、缺点，需权衡实际的性能需求及工程实现难度进行选择。

1. 光学系统瞬时视场的运动方式

1）位置步进式

位置步进式即伺服机构带动光学系统以位置方式运动，也称为点头式步进。在考虑重叠率的情况下，每次运动都将视轴移动一个瞬时视场角。按照指定帧周期时序步进到达指定角位置后即保持稳定，在稳定段内实现曝光成像。完成一次瞬时视场曝光后，伺服机构运动至下一成像视场位置。完成一行步进成像后，伺服机构运动至下一行拍照的起始位置，重复开始下一行成像。

因采用位置方式运动，位置步进成像方式能够对每帧的成像位置和重叠率进行精确规划与指定，避免遗漏目标。但在位置工作方式下，伺服电机处于快速启停工作状态，对电机加速度要求高，特别是对较高的成像帧频和较大惯量的运动机构，不仅对电机的力矩需求大，频繁加速也会产生很大的功耗。再者对伺服系统的控制性能提出了极高的要求，即在满足曝光时刻视轴定位精度的前提下，对系统位置响应的动态和稳态性能要求都更高，表现在步进过程更快的响应速度和曝光期间更小的残余速度。因此，位置步进式一般用于成像帧频要求较低和转动惯量较小的轻小型光电载荷设计。

2）速度连续扫描式

速度连续扫描式即伺服机构带动光学系统相对惯性空间以匀速方式运动，也称连续扫描式。在连续扫描过程中，视轴每运动一个瞬时视场角就完成一次曝光。与位置步进式相比，速度连续扫描式在曝光过程中光学系统保持连续扫描运动而不会停止，因此必须保证曝光过程中的视轴稳定；否则会造成大的运动像移模糊。

速度连续扫描成像方式下，每一行扫描过程中视轴相对惯性空间的速率恒定，优点是对伺服机构加速度要求较低，只需加速并达到速度稳定后即可实现一个条带的成像，无频繁加减速动作，因此对电机力矩要求低，更适合较高的成像帧频和大惯量扫描机构。但速度扫描式难以兼顾精确的位置指向，且帧间重叠率易受载机姿态的影响，难以实现精确重叠。

表 3.3 给出了位置步进式和速度连续扫描式面阵多幅成像系统的性能对比。

2. 提高面阵多幅成像覆盖能力和图像质量的关键因素

为提高面阵多幅成像的覆盖能力和图像质量，图像帧间和行间重叠率、高精度像移补偿是两个关键因素。

表 3.3　位置步进式和速度连续扫描式成像系统性能对比

序号	指标	位置步进式	速度连续扫描式
1	伺服性能	对运动机构位置伺服的快速性能要求高,要求积分期间速度残差尽可能小	对伺服的稳速精度要求较高
2	指向精度	每帧均实现准确指向,帧间重叠率精确,抗扰动能力强	指向精度易受飞机姿态扰动和稳速度影响,抗扰动能力较弱
3	可靠性	伺服电机频繁启停,易受损,降低性能	对伺服电机性能影响小,可长时间工作
4	力矩	对力矩要求高,进一步增大了电机尺寸和重量	对力矩要求较低,易于实现小型化、轻量化
5	加速度	高帧频时对电机加速度要求极高	只有扫描回程和速度启动时需要较大加速度
6	功耗	伺服电机频繁启停导致大功耗	大部分时间工作于匀速扫描方式,功耗较低

1）重叠率保证

从航空遥感器的使用成本和效率角度看,关键场景遗漏将会导致重访需求,由此需要付出较大代价,这种情况往往是不能接受的。保证图像间的重叠率就是为了在成像过程中不产生缝隙、不遗漏目标,使一次航空成像的结果能够拼接成完整无缝的区域图像。航空光学成像系统中通常定义的重叠率是指视场角重叠率,以占横向和纵向视场角的百分比来表示。一般根据视场角大小确定重叠率范围,大视场角可以采用较小的重叠率;反之,小视场角需要较大的重叠率才能保证最终重叠效果。根据经验,目前航空光学遥感成像的重叠率一般在 10%~30% 之间。

2）快速高精度像移补偿

航空光学遥感器在拍照时,振动、飞机飞行及遥感器自身机构运动等因素会使被摄影像与感光介质间存在相对运动,因而导致成像模糊及拖尾效应,也就是像移。按产生原因可将像移分为以下几类:飞机前向飞行引起的前向像移;飞机姿态变化带来的姿态像移;飞机机体振动及空气湍流导致的振动像移;光学系统扫描运动产生的扫描像移等[143]。像移会对航空成像质量造成明显影响,降低图像分辨率。因此,在进行航空遥感器设计时必须根据对图像的实际需求出发,对实际曝光时产生的像移量进行分析计算。一般而言,如果像移量达到 1 个像元甚至 0.5 个像元,就必须进行像移补偿。特别是从 20 世纪 90 年代后期开始,航空遥感器的发展越来越向长焦距、高分辨率、高帧频、小像元等方向发展,角分辨率越来越高,瞬时视场越来越小,光学系统扫描运动速度越来越快,从而对像移补偿的带宽和精度要求也随之越来越高。

3.3.2 面阵多幅成像系统中的重叠率设计

航空遥感器设计过程中的重叠率分析设计是一项重要内容,其目的是保证在所规划的任务工况、飞机飞行参数范围内对地面区域的无缝覆盖成像。对于采用面阵多幅成像原理的遥感器,不仅要考虑一个扫描条带内帧与帧之间的横向重叠率,也要考虑沿载机飞行方向的条带与条带之间的纵向重叠率。重叠率的选择确定需要综合考虑多方面因素,包括成像帧频、扫描速度、瞬时视场角、飞行速度与高度、飞机姿态角、成像距离、伺服系统稳定精度等。瞬时视场角确定后,飞行速高比越大、要求的覆盖范围越大,则越难以实现大的重叠率。在纵向重叠率确定的前提下,飞行速高比越大,则可用的横向行扫描成像周期越短,而大覆盖范围又需要大的扫描角度范围,在行扫描成像周期和扫描角度约束下,重叠率也就受到限制了。因此,重叠率的选择应综合考虑多种因素影响。

飞行高度一定时,成像覆盖范围由成像倾角和角度覆盖范围决定,而角度覆盖范围与行成像周期密切相关。行成像周期 T_L(单位:s)由下式确定,即

$$T_L = \frac{3.6\pi H \theta_{zx}(1 - \rho_{zx})}{180v|\sin\gamma|} \quad (3.8)$$

式中:H 为飞行高度(m);θ_{zx} 为纵向视场角(°);ρ_{zx} 为纵向重叠率;v 为飞行速度(km/h);γ 为成像倾角(°),水平时为 0°。

从式(3.8)可以看出,其他参数确定后,纵向重叠率 ρ_{zx} 越大,则行成像周期 T_L 越短,越不利于实现宽覆盖。

不论采用位置步进式还是速度连续扫描式多幅成像系统,其等效横向覆盖角速度近似表达式为

$$v_s = \theta_{hx}(1 - \rho_{hx}) \cdot f_{ps} \quad (3.9)$$

式中:θ_{hx} 为横向视场角(°);ρ_{hx} 为横向重叠率;f_{ps} 为成像帧频(Hz)。

式(3.9)表明,在横向视场角和成像帧频确定的前提下,横向重叠率越大,则等效覆盖角速度越小。

地面覆盖宽度由等效横向角度覆盖范围决定,而等效横向覆盖角度范围为行成像周期与等效横向覆盖角速度之积。通过上述分析可知,纵向重叠率越小,则行成像周期越长;横向重叠率越小,则等效横向覆盖角速度越大。因此,在其他参数确定后,横向、纵向重叠率越小,角度覆盖范围越大,从而地面覆盖宽度越宽。

由上述已知,面阵多幅成像系统的重叠率一般在 10%～30% 之间选取,同时需要考虑绝对重叠角度。大于 0.2° 的重叠角是比较安全合理的,既能保证有效的重叠,又能实现尽可能长的行成像周期,从而达到宽覆盖的目的。

航空遥感器在成像过程中的重叠率难以保持在设计值,实际重叠率会受飞机

飞行高度、速度、姿态等参数变化带来的扰动影响而产生波动。因此,重叠率的设计值应能承受飞机参数变化的影响。同时,可在遥感器成像过程中对重叠率进行实时分析、补偿和修正[144],主要从以下几点考虑。

(1)为有效抑制载机高度变化对重叠率的影响,可实时采集载机当前位置及高度、载机速度、视轴指向等信息,实时估算出保证图像重叠率的下一条起始拍照时刻,据此对行成像周期进行调整。

(2)对于飞行速度变化对重叠率的影响,可依据预期重叠率计算实时速高比积分,求解相邻条带行成像周期,通过调整行成像周期来调整相邻条带间飞机的飞行距离,进而消除载机速度和相对目标高度的影响,拍照过程中无须限制相机恒速、恒高飞行。

(3)为抑制飞机姿态对重叠率的影响,可先采用直接地理定位的方法先确定目标位置,再将目标位置解算到平面直角坐标系,通过坐标变换分析计算遥感器横向和纵向指向的补偿量,进而调整遥感器沿飞机横向和纵向的指向角度,实现对地面重叠区域进行补偿修正。

3.3.3 快速反射镜像移补偿技术

航空遥感器在执行摄影任务时必须解决像移带来的图像模糊问题。采用面阵多幅动态成像技术的航空遥感器工作时产生的像移按方向一般可分为两类:①飞机前向飞行导致的前向像移;②遥感器在进行横向多幅成像时由于扫描机构或载机姿态运动带动光学系统进行视场运动而导致的横向运动像移。尺寸、重量较大的遥感器在设计时往往采用较大的折转反射镜来进行前向像移补偿,反射镜转轴与飞机横轴方向一致,在一个条带的多幅成像过程中,根据飞机飞行高度、速度和成像倾角计算出的角速度作为反射镜参考输入,使其围绕转轴运动,实现对飞机飞行产生像移的补偿。而横向像移在位置步进式成像系统中由扫描机构采用位置/速度切换的方式实现补偿,其中位置方式完成瞬时视场步进运动,速度方式实现像移补偿。随着航空光学成像技术发展对帧频和角分辨率等性能要求越来越高,无论是位置步进式还是速度连续扫描式的成像系统,对高带宽、高精度像移补偿技术的需求也越来越迫切。

快速反射镜(fast steering mirror,FSM)是一种在光源和接收器之间进行光束指向控制的反射镜器件,其以高带宽、高精度等优点在航空、航天、车载等领域应用越来越广泛。大范围的应用也驱动该技术向更高的性能发展,带宽达数百到数千赫兹,稳定精度从微弧度级到纳弧度级[145]。FSM视轴指向技术结合了高精度角度或线位移测量技术、柔性支撑技术、微位移驱动技术、先进控制方法等多种先进技术,相比于传统光束指向机构,其在指向控制精度、控制带宽、角度分辨率等方面具有显著优点。近些年来,FSM 在航空遥感中被广泛用于像移补偿,与大惯量机架结构的主系统共同构成复合轴精密跟踪等,本质上是用于对准和稳定光束,在曝光期间保持视轴稳定。

下面对 FSM 技术中的支撑形式、执行元件、位移检测传感器、执行元件及测量元件布局形式、双轴 FSM 视轴指向的耦合与像旋问题等进行阐述。

1. FSM 的支撑形式

FSM 的支撑结构用来连接反射镜体和基座。常用的 FSM 支撑结构形式有柔性支撑式、框架式和刚性支撑式三种。其中柔性支撑式通过柔性组件实现镜体与基座的连接,包括柔性轴、柔性环和柔性铰链等形式;框架式包括单轴框架式(应用于一维 FSM)和内外框架式(应用于二维 FSM),单轴框架式指反射镜通过轴承与基座连接,内外框架式指外框架通过轴承与基座连接,内框架通过轴承安装于外框架,反射镜位于内框架,内外框架轴系垂直;刚性支撑式通过刚性球面副实现反射镜与基座的连接。三种支撑结构形式的优、缺点如表 3.4 所列。其中,柔性支撑式(特别是柔性轴式)以其无摩擦、快响应、高精度等优点被大量应用于航空遥感技术中。

表 3.4　FSM 不同支撑结构形式比较

序号	FSM 支撑形式	优点	缺点
1	柔性支撑式	● 角位移精度高 ● 结构简单 ● 无摩擦 ● 响应速度快	● 结构抗振动冲击能力较低 ● 可能产生微量轴向位移及角位移
2	框架式	● 结构稳定 ● 承载能力强 ● 结构刚度高	● 角位移精度受限 ● 存在转动摩擦 ● 控制精度与带宽较低
3	刚性支撑式	● 结构简单 ● 承载能力强 ● 抗冲击性能好	● 球面副摩擦阻力大 ● 响应速度有限 ● 转动精度低 ● 加工装调难度高

2. FSM 的执行元件

FSM 的执行元件主要有音圈电机及压电陶瓷驱动器。

压电陶瓷利用逆压电效应产生位移,具有高带宽、高分辨率、快响应速度等优点,但其缺点是抗冲击性能差、驱动电压高、行程小、存在迟滞蠕变等非线性因素影响。因此,压电陶瓷驱动的 FSM 适用于行程小、带宽高、工作环境稳定的系统中。

音圈电机利用通电导线在磁场中受到的安培力,输出力大,且与电流成正比。音圈电机动定子间存在安装间隙,允许一定范围的反射镜偏转引起的动定子相对转动,且其位移分辨力高,理论上取决于传感器测量精度。音圈电机驱动的 FSM 优点是精度高、工作行程较大、驱动电压低、易于驱动控制;缺点是受磁场影响,响应频率低于压电陶瓷。音圈电机又分为旋转音圈电机和直线音圈电机两类。音圈电机驱动的 FSM 更适用于大行程、高精度和较恶劣的工作环境。

在航空遥感中,两种技术都得到较多的应用,相对而言,直线音圈电机驱动的 FSM 应用更加广泛。

3. FSM 的位移检测传感器

FSM 在工作过程中,需要对其转动角位移进行精密检测。可用于 FSM 位移检测的传感器类型主要包括电涡流传感器、电容传感器、光电传感器,其中光电传感器包括位敏探测器(position sensitive detector, PSD)和四象限探测器(quadrant detector, QD)。电涡流传感器采用非接触测量方式,具有结构简单、精度高、尺寸小、环境适应性好等优点,在 FSM 系统中可对镜体位置直接测量,且不会对 FSM 产生额外测量阻扰;电容传感器和电涡流传感器类似,也是一种非接触式测量,其凭借测量精度高、响应速度快、探头体积小等突出优点,已被越来越多地应用于 FSM 系统中,但高精度的电容传感器价格昂贵,且存在严重的温度漂移现象,限制了其在航空遥感中的应用;PSD 与四象限探测器类似,都无法直接进行反射镜位置的测量,需加入激光器,激光经反射镜折转后,由探测器接收,间接实现 FSM 系统的位置测量,实现较为复杂,高精度的应用对光路要求高,传感器难以小型化,直接导致 FSM 组件的尺寸较大。考虑到航空遥感应用环境、小型化及精度需求,目前电涡流传感器和光电传感器应用较多,尤以电涡流传感器应用最为广泛。

Kaman 公司的 DIT-5200L 型传感器是一款差分探测微位移传感器,其主要性能参数如表 3.5 所列。

表 3.5　DIT-5200L 型差分探测微位移传感器参数

	零位/mm	0.38	0.64	1.02	—
15N 探头	量程/mm	±0.25	±0.50	±0.90	—
	线性度/%	0.15	0.25	0.50	—
	零位/mm	0.51	1.02	1.52	2.16
20N 探头	行程/mm	±0.25	±0.50	±1.30	±1.90
	线性度/%	0.10	0.15	0.25	0.50
15N 探头或 20N 探头	目标材料	铝(推荐材料)			
	输出电压/V	±10			
	处理电路功耗/W	<1.35			
	频响范围/kHz	0~20			

	目标材料	铝(推荐材料)
15N 探头或 20N 探头	输入电压/V	±15
	输出电阻/Ω	<1
	工作温度/℃	0~+60(处理电路);−52~+105(探头)
	存储温度/℃	−32~+82(处理电路);−52~+105(探头)

在表 3.5 中,零位指传感器输出电压为 0V 时对应的探测器与目标之间的距离,行程是在零位的基础上左右可测的距离范围,其示意图如图 3.29 所示。

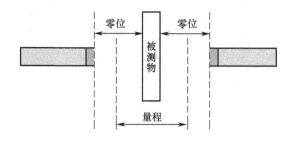

图 3.29　零位与行程示意图

4. FSM 执行元件及测量元件布局形式

航空遥感中用的 FSM 一般是单轴或双轴,受限于空间尺寸、性能需求、传感器类型等,这样就面临在不同的 FSM 系统中执行元件(acutator)和传感器(sensor)如何布局的问题。下面以直线音圈电机驱动和无接触差分传感器(如电涡流传感器或光电传感器)测量位移的 FSM 系统为例,对 FSM 系统中的执行元件和传感器布局形式进行说明[146]。

对于单轴 FSM 而言,至少需要一个音圈电机驱动反射镜实现偏转,但为保证 FSM 工作可靠性和更高的控制精度,并为反射镜提供稳定、平滑、均匀的扭矩,在实际工程中往往采用双电机对称推拉方式来实现对 FSM 的驱动。而差分测量传感器(每个传感器配置两个探测器)也往往与电机同轴安装。单轴 FSM 的电机与传感器布局形式如图 3.30 所示,旋转轴为 y 轴。

基于单轴 FSM 布局特点,对于双轴 FSM 而言,工程应用更多选择采用 4 个音圈电机来实现反射镜的二维偏转运动。其实,采用 3 个音圈电机也能够实现反射镜的二维偏转,不仅能节省一个驱动器及尺寸空间,还可以对微小光束偏差进行修正,但此时两轴运动不正交独立,每个方向的偏转都需要 3 个电机同时运动才能实现,因而轴系解算与控制方法复杂,在实际工程中很少使用。

对于双轴 FSM 的传感器布置,一般有两种形式。第一种是与单轴 FSM 布局

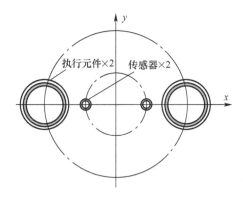

图 3.30　单轴 FSM 的执行电机与传感器布局示意图

相同,每个轴的传感器都与执行元件同轴布置,如图 3.31(a)所示,其特点是测量解算简单,两轴探测器不相互耦合,但反射镜机构的尺寸大。

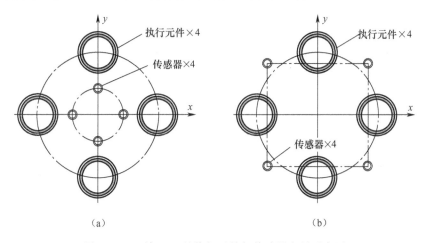

（a）　　　　　　　　　　　（b）

图 3.31　双轴 FSM 的执行元件与传感器布局示意图

第二种是传感器布置在两轴线 4 个执行元件的 45°斜对称线上,如图 3.31(b)所示,其特点是 FSM 系统结构更加小巧紧凑,每个执行元件的运动位移均由两侧的两个传感器测量获取,而每个轴方向的角位移通过两组传感器获取,相当于对测量值起到了平均滤波作用,能起到降低传感器噪声和提高测量精度的效果。同时,相比执行元件与传感器同轴布置的方案,由于探测器距离转轴中心可以更远,因此在所选传感器测量范围相同的情况下,能提高角度分辨率,但角度行程也因此减小。设计时可以根据实际情况在两种布局方案中选取合理方案。

5. 双轴 FSM 视轴指向的耦合与像旋问题

对于双轴 FSM 而言,每轴反射镜的转角会同时影响两个轴的视线指向,即双轴 FSM 的视线指向角在每个轴的分量同时由反射镜的两个转角以及反射镜光线入射角决定。因此,反射镜每个轴的转角和该轴对应的视线指向角之间存在非线性耦合,这种非线性耦合导致的结果也被称为"桶形畸变"。同时,非线性耦合也会导致像旋转,当像旋转很小时可以忽略,但当像旋转达到一定程度时就成为设计必须考虑的问题。

双轴 FSM 光线及坐标系如图 3.32 所示,在固定不动坐标系 xyz 中表示了反射镜,考虑实际应用时更普遍的情况(入射光线往往位于 xz 或 yz 平面内),反射镜镜面初始位置和 yz 平面重合。

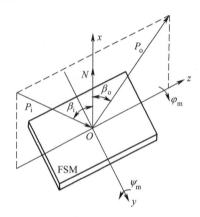

图 3.32　双轴 FSM 光线及坐标系示意图

在图 3.32 中, P_i 为入射光线,位于 xz 平面内; P_o 为出射光线; β_i 和 β_o 分别为光线入射角和出射角; ψ_m 和 φ_m 分别为反射镜绕坐标系 y 轴和 z 轴的转动角; N 为反射法线。

根据反射定律,矢量形式为

$$P_o = P_i - 2(P_i \cdot N)N = \left(\begin{bmatrix} 1 & 0 & 0 \\ 0 & 1 & 0 \\ 0 & 0 & 1 \end{bmatrix} - 2 \begin{bmatrix} N_x \\ N_y \\ N_z \end{bmatrix} \begin{bmatrix} N_x & N_y & N_z \end{bmatrix} \right) \begin{bmatrix} P_{ix} \\ P_{iy} \\ P_{iz} \end{bmatrix} = T \begin{bmatrix} P_{ix} \\ P_{iy} \\ P_{iz} \end{bmatrix}$$

$$(3.10)$$

式中: T 为从入射光线到出射光线的转换矩阵,其形式为

$$T = \begin{bmatrix} 1 - 2N_x^2 & -2N_xN_y & -2N_xN_z \\ -2N_yN_x & 1 - 2N_y^2 & -2N_yN_z \\ -2N_zN_x & -2N_zN_y & 1 - 2N_z^2 \end{bmatrix}$$

$$(3.11)$$

对于入射光线单位矢量,可以表示为 $P_i = (-\cos\beta_i, 0, \sin\beta_i)^T$,当 FSM 仅绕 z 轴旋转 φ_m 角后,反射镜的法线向量 $N = (-\sin\varphi_m, \cos\varphi_m, 0)^T$,当 FSM 仅绕 y 轴旋

转 ψ_m 角后,反射镜的法线向量 $N = (\sin\psi_m, 0, \cos\psi_m)^T$。此外,考虑到反射镜旋转之前,视轴坐标系为反射镜初始坐标系相对于 y 轴旋转了 $-\beta_0$ 角,根据以上反射定律的矢量形式,可计算得到出射光线在视轴坐标系下的坐标向量 P_{LOS}。

当 FSM 仅绕 z 轴旋转 φ_m 角后,出射光线矢量表达式为

$$P_{\mathrm{LOS}} = \begin{bmatrix} 1 - 2\sin^2\varphi_m\cos^2\beta_i \\ \sin(2\varphi_m)\cos\beta_i \\ \sin^2\varphi_m\sin(2\beta_i) \end{bmatrix} \tag{3.12}$$

当 FSM 仅绕 y 轴旋转 ψ_m 角后,出射光线矢量表达式为

$$P_{\mathrm{LOS}} = \begin{bmatrix} \cos(2\psi_m) \\ 0 \\ -\sin(2\psi_m) \end{bmatrix} \tag{3.13}$$

FSM 绕 z 轴旋转 φ_m 角,出射光线除了在 y 轴的旋转量外,还产生了 z 轴分量,该分量即为 FSM 绕 z 轴旋转后产生的沿 z 轴方向的非线性耦合量,其值为 $\sin^2\varphi_m$ $\sin(2\beta_i)$。FSM 绕 y 轴旋转 ψ_m 角,仅在 z 轴产生了旋转分量外,在 y 轴方向未产生耦合量。因此,对于图 3.32 的情形,双轴 FSM 的非线性耦合主要由绕 z 轴的旋转产生,且转角越大耦合量越大。

双轴 FSM 在运动指向过程中还会产生像旋转。为求 FSM 旋转时产生的像旋角大小,需在该平面反射镜内反射任何一个在与入射光线正交的物平面内的方向矢量,一般利用垂直线的方向(在物平面内的矢量轨迹)或利用水平线的方向(图 3.32 中和 y 轴方向重合的矢量轨迹)。采用后一种方法计算更加简单。设定入射光线 $P_i = (0,1,0)^T$,同样根据以上计算方法,FSM 绕 z 轴旋转 φ_m 角,可求得出射光线矢量为

$$P_{\mathrm{LOS}} = \begin{bmatrix} -2\sin(2\varphi_m)\cos\beta_i \\ 1 \\ \sin(2\varphi_m)\sin\beta_i \end{bmatrix} \tag{3.14}$$

式(3.14)表明,沿 y 轴入射的光线,在 FSM 绕 z 轴旋转 φ_m 角后的出射光线在视轴坐标系下的向量中 z 方向产生了分量,因此 z 坐标即为像旋量。在光线入射角确定的情况下,绕 z 轴旋转角越大,则像旋量越大。

在航空遥感器的像移补偿中,对于双轴 FSM,一般使入射平行光线位于 xz 平面内(或 xy 平面内),光线入射角一般取 45°。对于双轴 FSM 的指向耦合,需通过解耦运算,获得反射镜转角与视轴指向角之间的关系,进一步提高像移补偿精度。同时,对于双轴 FSM 指向产生的像旋量,一般需要尽可能控制在可接受的范围内,这就需要在设计时尽可能减小 FSM 绕 z 轴的转角。

3.3.4 典型面阵多幅成像系统

自 20 世纪 90 年代开始,国际上的先进航空遥感设备都采用了面阵多幅成像技术来实现宽覆盖,如"全球鹰"无人机搭载的综合传感器系统(ISS)、CA-295、CA-270 等航空光电遥感设备。在进行广域宽覆盖搜索成像时,ISS 采用了速度扫描成像方式,CA-295 和 CA-270 采用了位置步进式成像方式。

ISS 光电传感器工作于中波红外(MWIR)和可见光双波段(CCD),传感器主体为两轴框架结构,其中外框架为滚动轴(即横向扫描轴),内框架为俯仰轴。通过两轴框架的运动使传感器的视轴(line of sight,LOS)指向地面目标位置,同时采用两个双轴快速反射镜实现高带宽、高精度视轴稳定,并可保证曝光时间长达 16ms 以实现高信噪比。ISS 有广域搜索模式、点成像模式、地面定点模式,其广域搜索模式应用了典型的面阵多幅成像技术。ISS 的结构形式和 LOS 指向控制技术的实现很有特点,其核心包括数字伺服回路设计、伺服指令生成算法、视轴地理定位算法,对后来很多航空遥感器的设计具有重要的参考价值。

在进行扫描成像时,ISS 的主要控制回路包括三类[147]。

(1) 低带宽(3Hz)两框架惯性位置控制回路,采样频率为 500Hz,采用感应同步器作为反馈元件,该回路在 LOS 位置切换或一行扫描结束后运动至下一行扫描起始位置时闭合,用于消除由于每个速度扫描条中产生的陀螺漂移误差和累积位置误差造成的 LOS 位置偏差。

(2) 中带宽(30Hz)两框架惯性速度回路,采样频率为 2000Hz,采用惯性测量单元(inertial measurement unit,IMU)作为反馈元件,该回路功能是控制 LOS 扫描速率。

(3) 高带宽(300Hz)FSM 像移补偿回路,采样频率为 6000Hz,采用电涡流传感器(Kaman 接近传感器)作为反馈元件,该回路功能是在传感器积分曝光时进行像移补偿以保持 LOS 的高精度稳定。

ISS 控制系统中单轴 LOS 控制原理框图如图 3.33 所示。ISS 传感器在广域搜索模式下工作时,随着飞机的前向飞行,滚动框架带动视轴进行横向匀速扫描,如前所述,其扫描速度由横向视场角、重叠率和帧频决定。一行扫描过程中的每一帧传感器曝光过程,都需要 FSM 进行反扫(back scan)来实现像移补偿(image motion compensation,IMC),保持曝光过程中 LOS 相对所成像目标稳定。FSM 的反向扫描指令即为视轴相对惯性空间的运动速度,同时由于 ISS 光学系统由前端望远光路和后端成像光路构成,前端望远光路放大倍率为 12 倍,而 FSM 的补偿速度为像运动速度的 1/2。因此,FSM 进行反向扫描像移补偿的速率为滚动框架执行覆盖扫描角速率的 6 倍。

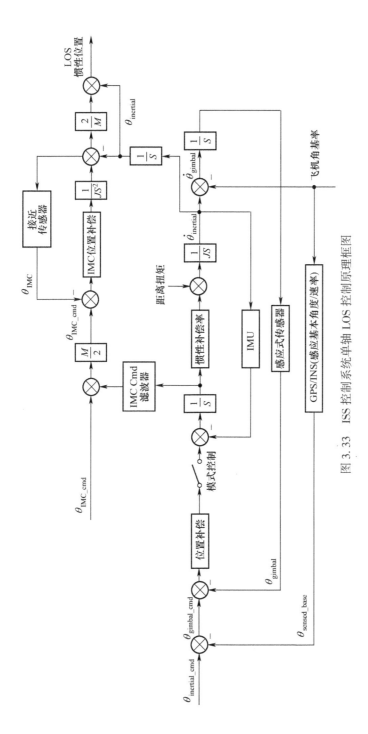

图 3.33 ISS 控制系统单轴 LOS 控制原理框图

图 3.34 所示为传感器 LOS 指向角随时间变化的仿真曲线。

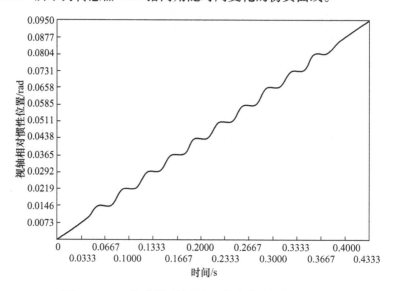

图 3.34　ISS 传感器视轴指向角仿真曲线(帧频 30Hz)

从图 3.34 可以看出,在滚动框架带动视轴进行惯性速率扫描时,FSM 的反向扫描补偿使每帧曝光期间 LOS 保持了稳定,如果没有 FSM 的反向扫描补偿,LOS 指向角随时间变化就近似是一条直线了。在每一帧周期内 FSM 都需进行快速启动、达到稳定跟踪、快速回位 3 个操作,FSM 数字控制回路高达 300Hz 的带宽决定了其回路高采样频率,在数字处理器运算性能限制下采样频率越高,对控制性能的提升越有益。

此外,FSM 控制回路采用 Kaman 接近传感器实现 IMC 功能,该传感器的比例因子误差对 LOS 控制是很关键的。比例因子误差可能导致 LOS 晃动从而导致图像拖影,在曝光过程中,LOS 晃动必须限制在 0.5mrad/s 以下。对 FSM 组件的实验室测试结果表明,在工作温度变化时,传感器的比例因子存在变化滞后。因此,当工作温度超过规定范围时,ISS 采用了飞行中的在线校准技术对接近传感器的比例因子进行修正。

以上描述的"全球鹰"搭载的 ISS 光电载荷在广域搜索模式是采用了典型的基于 FSM 反向扫描像移补偿的速度扫描式面阵多幅成像技术,而 CA-295 和 CA-270 则是位置步进式面阵多幅成像系统的典型代表。CA-295 和 CA-270 工作原理几乎完全相同,都采用了中波红外和可见光双波段成像,其区别主要在于 CA-295 焦距较长(可见光焦距约 1270mm/2540mm,红外焦距约 1270mm),应用于高空成像,而 CA-270 焦距较短(约 300mm),主要应用于中低空成像。从帧频看,CA-295 帧频为 2.5Hz,CA-270 帧频为 4Hz。从重叠率看,CA-295 设计了两种重叠率来满足不同需求,其中10%重叠率用来实现连续覆盖,55%重叠率用来实现立体覆盖[148]。

3.3.5 基于快速反射镜的面阵多幅成像系统控制

基于面阵多幅成像原理的航空遥感设备组成包括光学系统、结构系统、电控系统、软件系统、热控系统等,每个系统又由许多子系统组成。FSM相关技术的发展和广泛应用促进了航空遥感的光机与控制系统一体化设计技术的进步。FSM具有高带宽、高精度、小惯量等特点,自身就是光、机、电高度集成的组件,在民用、航空、航天等很多领域被广泛应用于视轴指向与稳定、像面扫描等场景。下面以基于FSM的面阵多幅成像系统的控制实现为例,对系统的工作原理及具体控制执行过程进行描述。

典型的基于FSM的面阵多幅成像系统主要由两部分组成,即视场运动机构和像移补偿机构。其中,视场运动机构指带动光学系统瞬时视场运动的机构,即扫描机构;像移补偿机构指在视场运动至特定位置开始对目标曝光成像期间起稳定遥感器视轴与被摄目标相对位置的机构,即FSM机构。位置步进式和速度连续扫描式成像系统原理基本相同,其区别如下:位置步进式系统的扫描机构运动形式为"点头式",即骤起骤停式,"起"即为从一个视场运动至下一个视场,"停"即开始曝光成像,扫描机构在曝光期间尽可能保持位置稳定;速度连续扫描式系统的扫描机构运动形式为"连续式",扫描机构在一个条带的扫描起始角和结束角之间相对惯性空间稳定匀速运动,中间不停止运动,每运动至一个新的成像位置即开始曝光成像,并由FSM补偿视轴相对目标景物的运动。

典型的位置步进式和速度连续扫描式面阵多幅成像系统控制原理分别如图3.35和图3.36所示。

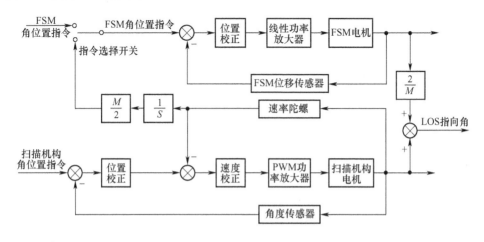

图 3.35　典型位置步进式成像系统控制原理

105

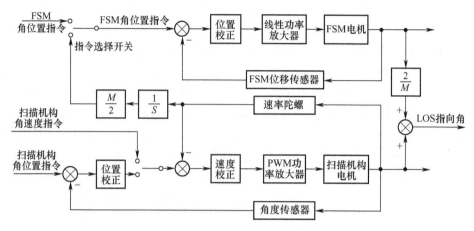

图 3.36　典型速度连续扫描式成像系统控制原理

图中 M 为光学系统望远光路的放大倍率。扫描机构电机一般选用有刷或无刷永磁直流力矩电机,FSM 电机选用音圈电机。从功率驱动形式看,扫描机构电机基本都采用 PWM 功率驱动方式,FSM 的音圈电机为实现高控制性能一般采用线性驱动方式。从反馈元件看,扫描机构的角度传感器一般采用光电编码器或感应同步器等,FSM 则选用基于电涡流原理的位移传感器。从图 3.35 和图 3.36 中可以看出,扫描机构的两种运动方式在控制实现上的区别在于,位置步进式的控制回路由速度内环和位置外环构成,有时还会加上电流环,在一个条带扫描期间和扫描结束后运动至下一个条带起始位置的过程始终工作于位置回路闭合方式,但速度连续扫描方式需要根据工作流程在位置回路和速度回路闭合间进行切换,主要体现在执行条带扫描时切换为速度回路闭合,条带扫描结束需要运动至下一个条带起始位置时需要切换到位置闭合方式。

位置步进式和速度连续扫描式两种实现方式的 FSM 工作原理相同。FSM 始终工作于位置回路闭合方式,但角位置指令根据工作时序分为两类:一是像移补偿时通过陀螺敏感到的惯性角速度的积分值;二是补偿结束后 FSM 复位时的指令角。

基于 FSM 的面阵多幅成像系统实际上是运用了复合轴控制的思想。主系统为扫描机构,带动光学系统瞬时视场进行运动,子系统为 FSM 机构,在视场运动后的探测器积分过程中进行与扫描机构带动的视轴运动方向的反向运动实现像移补偿。当两个系统的运动速度完全匹配时,则遥感器在积分过程中视轴保持目标指向相对静止,从而达到凝视成像的目的[149]。基于 FSM 的面阵多幅成像原理的两种扫描方式的时序示意图如图 3.37 所示。

对于位置步进式,扫描机构的瞬时视场运动角位置曲线方式是台阶式逐视场

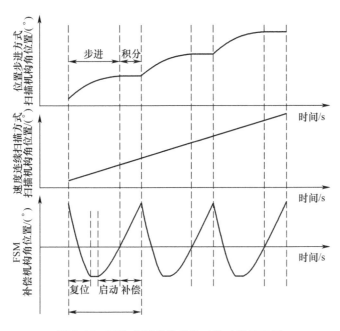

图 3.37　面阵多幅成像系统工作时序示意图

步进的,每帧视场步进到达指定位置后有一段驻留时间用于探测器积分,因此在积分开始前扫描机构的位置需要基本稳定,角速度趋近于零。理论上角速度为零时可以不需要 FSM 进行像移补偿,但高帧频工作时,很难实现扫描机构的绝对稳定,位置稳定是相对的,残余速度难以避免,同时探测器积分过程中还会受到飞机姿态等扰动的影响。因此,对位置步进式成像系统,像移补偿设计也是很有必要的。此外,对扫描机构而言,位置步进的实际指令角是相对飞机机体的,因此指令角不仅仅与瞬时视场角、成像帧频和重叠率有关,还需根据飞机姿态信息进行实时解算,以确保精确指向及重叠率。对于速度扫描式,扫描机构以相对惯性空间进行恒速运动,其瞬时视场运动角位置曲线是线性的,整个扫描条带不停止运动,此时必然需要 FSM 进行像移补偿。

　　FSM 的运动周期与帧频严格匹配,在探测器积分开始时需达到稳定补偿速度。在进行光学系统设计时,FSM 必须设置于合适位置且位于平行光路中。基于 FSM 的面阵多幅成像系统一般将光学系统设计为前端望远光路和后端成像光路,FSM 机构一般位于前置望远光路的出瞳处最合理。FSM 工作所需的行程大小由像移速度、积分时间、补偿达到稳定所需的角度等多种因素综合决定。在执行补偿动作时,FSM 的指令角由视轴相对惯性空间的角速度积分产生,因此 FSM 本质上补偿的是视轴的位置变化,而且需保证探测器积分起始时刻时 FSM 尽可能位于零位,从而保证视轴的准确性;在每一帧探测器积分结束后,FSM 需快速复位到补偿初始位置,为下一帧补偿做好准备。FSM 在工作过程中执行的是启动、稳定补偿、复位这样一个循环的工作流程。

为保证基于 FSM 的面阵多幅成像系统的性能,扫描机构和 FSM 的控制性能至关重要。对于扫描机构而言,位置控制的快速性、焦平面积分时的位置精度、速度扫描时的稳速精度及抗干扰性能等是需要重点关注的。对 FSM 机构而言,复位的快速性、启动达到稳定的快速性、探测器积分期间的实际视轴指向角与补偿指令角的误差变化量决定了像移补偿的性能。

对于速度连续扫描方式而言,追求的是尽可能高的稳速精度和一个条带扫描结束后尽可能快的回程速度。而位置步进式则是根据实时计算得到的指向角步进运动,在到达指定位置后进行凝视成像的一种方式,这种方式在满足凝视时刻视轴定位精度的前提下对系统位置响应的动态和稳态性能提出了更高的要求,即步进过程更快的响应速度和凝视期间更小的残余速度,以满足帧频及图像清晰度要求,其优点是不易受载体姿态影响、指向精确。在帧频较高的情况下,传统比例-积分-微分(PID)控制器往往难以满足成像系统的要求。文献[150]以一种工作于位置步进式的成像机构为研究对象,进行位置控制时,在速度内环反馈通道采用自抗扰控制技术设计扩张状态观测器,通过观测器估计的扰动值生成扰动补偿量,与前向通道的控制量组合,实现了基于扩张状态观测器的控制器设计。在此基础上,根据观测器产生的加速度估计值,采用加速度补偿策略,进一步改善了快速步进/凝视成像机构的动态和稳态特性。扩张状态观测器是自抗扰控制技术的核心组成部分,其特点是不依赖于被控对象数学模型,仅仅根据被控对象的输入输出信号即可估计出被控对象内部和外部的扰动总和,进而通过对总扰动估计值进行补偿以实现控制目标,是针对 PID 控制缺陷的有效补充和完善[151]。

控制的目标是抑制甚至消除扰动对被控对象输出的影响。若系统满足可观测性,可通过系统输入和输出信号对扰动进行观测。基于此思想,韩京清研究员[152]提出了扩张状态观测器(extended state observer,ESO)的概念,将对系统输出有影响的扰动(包含内扰和外扰)扩张为一个新的状态变量,并建立了能观测该扰动状态的观测器。图 3.38 所示为一个 n 阶系统的 ESO 一般形式结构。

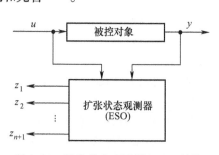

图 3.38　扩张状态观测器(ESO)结构

当 ESO 的增益矩阵取为非线性时,称为非线性状态观测器(nonlinear ESO,NLESO),当 ESO 的增益矩阵取为线性时,称为线性状态观测器(linear ESO,LESO)。由于 NLESO 参数较多、整定复杂,近年来 LESO 在工程中应用更为广泛。

特别是带宽参数化的 LESO 设计方法[153]，其设计思想化繁为简，需整定参数少，在很多领域实现了成功应用。

根据 LESO 的一般形式及带宽参数化设计思想，以一个用于面阵多幅成像系统的扫描机构作为被控对象设计 LESO。该机构采用直流永磁力矩电机直接进行驱动，是一个典型的 2 阶系统。引入扩张状态后，被控对象状态空间表达式可写为以下 3 阶微分方程形式，即

$$\begin{cases} \dot{x}_1 = x_2 \\ \dot{x}_2 = x_3 + b_0 u \\ \dot{x}_3 = \dot{f} \\ y = x_1 \end{cases} \tag{3.15}$$

式中：x_3 作为被控对象扩张后的新状态，且 $x_3 = f$，即为对象的内外扰动总和。因此，将 2 阶对象扩张为 3 阶后，可以采用基于状态空间模型的 3 阶状态观测器对对象状态进行估计。

将状态空间式(3.15)改写为矩阵形式，即

$$\begin{cases} \dot{X} = AX + Bu + E\dot{f} \\ y = CX \end{cases} \tag{3.16}$$

式中：$X = \begin{pmatrix} x_1 \\ x_2 \\ x_3 \end{pmatrix}$；$A = \begin{pmatrix} 0 & 1 & 0 \\ 0 & 0 & 1 \\ 0 & 0 & 0 \end{pmatrix}$；$B = \begin{pmatrix} 0 \\ b_0 \\ 0 \end{pmatrix}$；$C = \begin{pmatrix} 1 & 0 & 0 \end{pmatrix}$；$E = \begin{pmatrix} 0 \\ 0 \\ 1 \end{pmatrix}$。

根据现代控制理论中的状态观测器设计方法，扩张后的对象对应的状态观测器可设计为以下形式，即

$$\begin{cases} \dot{Z} = AZ + Bu + L(y - \hat{y}) \\ \hat{y} = CZ \end{cases} \tag{3.17}$$

式中：L 为观测器增益向量，$L = \begin{pmatrix} \beta_1 \\ \beta_2 \\ \beta_3 \end{pmatrix}$。

由式(3.16)和式(3.17)可知，误差传递矩阵表达式为

$$A_e = A - LC = \begin{pmatrix} -\beta_1 & 1 & 0 \\ -\beta_2 & 0 & 1 \\ -\beta_3 & 0 & 0 \end{pmatrix} \tag{3.18}$$

其特征方程为

$$\lambda(s) = s^3 + \beta_1 s^2 + \beta_2 s + \beta_3 \tag{3.19}$$

扩张状态观测器带宽参数化设计方法核心思想是以观测器带宽值的相反数

$-\omega_\mathrm{o}$作为其特征根进行极点配置,使所有观测器增益向量参数为其带宽值 ω_o 的函数,从而简化观测器参数整定。这种设计方法可以扩展至任意阶的 LESO 设计。根据该方法,对于该成像机构对象,需将其 LESO 的三重极点配置在 $-\omega_\mathrm{o}$ 处。此时,期望的特征方程表达式为

$$\lambda(s) = (s + \omega_\mathrm{o})^3 = s^3 + 3\omega_\mathrm{o}s^2 + 3\omega_\mathrm{o}^2 s + \omega_\mathrm{o}^3 \tag{3.20}$$

通过比较两式系数,可得到观测器增益向量为

$$L = \begin{pmatrix} \beta_1 \\ \beta_2 \\ \beta_3 \end{pmatrix} = \begin{pmatrix} 3\omega_\mathrm{o} \\ 3\omega_\mathrm{o}^2 \\ \omega_\mathrm{o}^3 \end{pmatrix} \tag{3.21}$$

根据式(3.17)进行计算,系统的线性扩张状态观测器 LESO 可写为

$$\begin{pmatrix} \dot{z}_1 \\ \dot{z}_2 \\ \dot{z}_3 \end{pmatrix} = (A - LC)\begin{pmatrix} z_1 \\ z_2 \\ z_3 \end{pmatrix} + (B \quad L)\begin{pmatrix} u \\ y \end{pmatrix} = \begin{pmatrix} -3\omega_\mathrm{o} & 1 & 0 \\ -3\omega_\mathrm{o}^2 & 0 & 1 \\ -\omega_\mathrm{o}^3 & 0 & 0 \end{pmatrix} Z + \begin{pmatrix} 0 & 3\omega_\mathrm{o} \\ b_0 & 3\omega_\mathrm{o}^2 \\ 0 & \omega_\mathrm{o}^3 \end{pmatrix}\begin{pmatrix} u \\ y \end{pmatrix}$$

$$\tag{3.22}$$

式(3.22)的 3 个观测器变量中, z_1 是 y 的估计值, z_2 是 $\dot{y}$ 的估计值, z_3 是 f 的估计值,也即系统扰动总和的估计。可以看出,这种方法实际上首先将被控对象简化为两个积分环节串联的对象,将观测器增益参数处理为与其带宽相关的函数,观测器可调参数由 3 个减少为 1 个,降低了参数整定的难度。

扫描成像机构采用双环串联数字控制,内环为速度环,外环为位置环,通过外环角度误差生成速度参考输入,采样频率为 1kHz,采用 DSP 处理器实现控制。基于 LESO 的控制原理如图 3.39 所示。

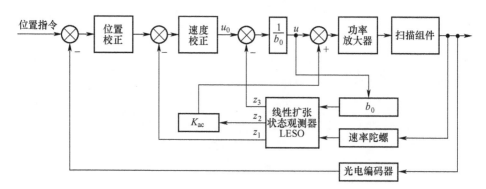

图 3.39　扫描成像机构控制原理

位置外环根据位置指令与光电编码器反馈角度生成偏差信号,通过位置校正后给出速度参考输入量,控制律一般采用比例控制即可。若断开位置外环以外部

110

速度作为指令输入,则为速度扫描方式,其扫描速度是相对于惯性空间的。前文已将成像机构模型简化为两个积分器串联的系统,对于这样的系统,通过对其速度内环理想闭环传递函数进行分析,速度校正环节可以采用 PD 控制。速度内环反馈通道采用了扩展状态观测器。根据 LESO 设计结果,以 LESO 对速度的估计值 z_1 作为速度负反馈。实际测试结果表明,用观测器估计值作为速度反馈比直接采用陀螺输出值作为速度反馈更有利于提高系统性能,主要原因在于陀螺输出数据噪声较大,一般的惯性滤波器会给系统带来滞后,从而降低性能。而观测器能够消除由简单差分运算带来的相位滞后,在不损失相位的情况下能够对输出值起到滤波的效果。图 3.40 给出了成像机构稳定在零位时的陀螺输出角速度和 LESO 观测角速度。可以看出,LESO 观测角速度噪声减少,对陀螺直接输出值进行了一定程度的滤波。

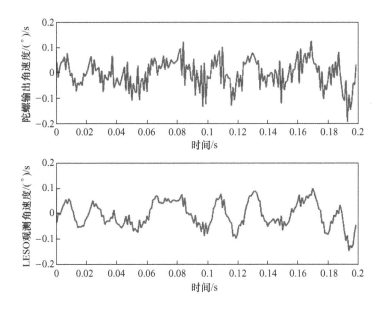

图 3.40　陀螺输出与 LESO 观测角速度对比

控制器结构中还引入了加速度和扰动补偿量。其中加速度和扰动均是 LESO 的估计结果。特别是扰动补偿环节,具有消除系统稳态误差、提高系统抗干扰能力的效果,在某种意义上与积分环节效果相似,但没有传统积分环节的明显缺点。此外,高帧频工作的位置步进式扫描机构帧周期短,对阶跃响应过渡过程时间限制较为苛刻。因此,扫描机构的位置步进运动过程超调量应尽可能小甚至实现无超调。文献[152]中的非线性跟踪微分器(tracking differentiator,TD)对于消除系统超调能起到很好的效果。这种基于最优控制思想的微分器能以设定的加速度快速跟踪输入信号,相当于对输入信号进行了一个非线性规划,避免了阶跃响应初始阶段的大误差导致的大超调。扫描机构在0°~5°之间以1°步进角12.5Hz帧频进行快速运动,其角位置曲线如图3.41所示。

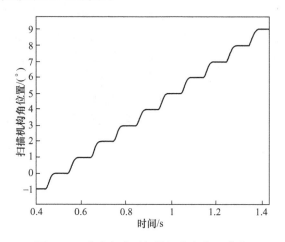

图3.41　步进方式下扫描机构角位置曲线

系统控制性能可实现在探测器积分开始时刻达到0.01°角位置精度,但速度并未稳定到零,而是以0.5(°)/s~0.7(°)/s的残余速度继续运动,而这一部分残余速度就需要FSM进行补偿。

含有柔性转轴的FSM系统阻尼较小,一般为欠阻尼系统,可以等效为弹簧-质量块模型进行描述,其阻尼的具体大小与所选柔性轴的参数相关。当FSM偏离平衡位置时,结构中的柔性轴就会产生弹性力矩。通常情况下,由于FSM采用了柔性轴,忽略电气时间常数,系统模型可简化为一个典型2阶欠阻尼环节,其开环传递函数表达如下:

$$G_p(s) = \frac{K\omega_n^2}{s^2 + 2\zeta\omega_n s + \omega_n^2} \tag{3.23}$$

式中:K 为开环增益;ζ 为阻尼;ω_n 为自然频率。

图3.42所示为一个典型的一维FSM实物,采用柔性转轴、两只音圈电机推拉式驱动、电涡流传感器作为反馈,设计角运动行程为±1°。

对于FSM的系统模型,一般可以通过开环阶跃响应方式或正弦扫频方式获得。前者通过开环阶跃响应曲线获得开环增益、峰值

图3.42　FSM实物

时间、超调量,再根据 2 阶欠阻尼系统峰值时间、超调量与阻尼、自然频率的近似关系,从而求得 FSM 系统的阻尼与自然频率;后者通过对 FSM 机构进行正弦扫频,一般输入为电机控制电压,输出为位置信号(角度或电压),再根据扫描结果对 FSM 的开环模型进行拟合。图 3.43 显示了对一个 FSM 机构进行扫频后的模型拟合结果,扫频时输入信号为电机控制电压,输出信号为位置传感器的模拟电压。

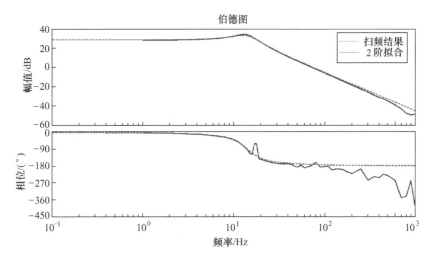

图 3.43　FSM 机构扫频结果与 2 阶拟合结果示例

扫频结果显示,该 FSM 机构在约 13Hz 频率处有一个谐振峰,表明该系统的阻尼系数应是小于 0.5 的。从图中也可以看出,该对象的相频曲线在较高波段(约 150Hz 开始)滞后进一步增大,因此也可以将 FSM 的开环模型近似为一个 3 阶模型,等效于在式(3.23)的基础上再串联了一个惯性环节。根据式(3.23),按 2 阶模型拟合的 FSM 的开环传递函数参数为 $K = 27.2$,谐振频率 $\omega_n = 88.9\mathrm{rad/s}$,阻尼系数 $\zeta = 0.31$。如果按 3 阶模型,则等效在 2 阶模型基础上串联了一个时间常数为 $T_s = 0.001\mathrm{s}$ 的惯性环节。

FSM 机构的控制结构一般采用位置单回路控制,有文献也对增加速度回路进行了研究,增加速度回路可以等效为增大了阻尼,从而减小或消除系统的谐振峰。FSM 机构的控制结构如图 3.44 所示,bs 即为速度反馈。

引入速度反馈后,FSM 的开环模型变为

$$G_p(s) = \frac{K\omega_n^2}{s^2 + 2(\zeta + \frac{K\omega_n b}{2})\omega_n s + \omega_n^2} \tag{3.24}$$

从式(3.24)可以看出,引入速度反馈相当于增大了系统阻尼,通过调整速度反馈系数 b 可以调整阻尼系数。仿真结果表明,增加速度反馈能起到降低超调、改

113

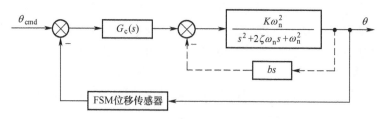

图 3.44　FSM 机构控制结构框图

善过渡过程性能的优点。但实际工程中，由于 FSM 机构中没有直接测速的元件，其可靠速度信号的获取比较困难，速度估计方法引入的噪声和滞后也会损害系统性能，降低系统带宽。为保证 FSM 的带宽性能，其控制环节一般采用超前环节和积分环节串联的形式，积分环节的目的是为消除误差，一般两个超前时间常数明显大于两个滞后时间常数，表达如下：

$$G_c(s) = \frac{K_c(\tau_1 s + 1)(\tau_2 s + 1)}{s(T_1 s + 1)(T_2 s + 1)} \tag{3.25}$$

但串联一个积分环节仅能实现 FSM 对阶跃输入的无差跟踪。如果成像系统采用速度扫描方式，则 FSM 的输入信号为匀速度的积分，是一个斜坡输入信号，因此这种控制环节对斜坡输入必然存在稳态误差。但一个积分环节已经对 FSM 的带宽产生影响，系统往往无法承受再增加一个积分环节来实现对斜坡输入的无差跟踪。实际上，FSM 对输入信号跟踪的斜率的稳定性对像移补偿更重要，但稳态误差会导致目标在图像中的位置。某 FSM 机构采用积分和超前控制的阶跃响应位置曲线和误差曲线如图 3.45 所示。

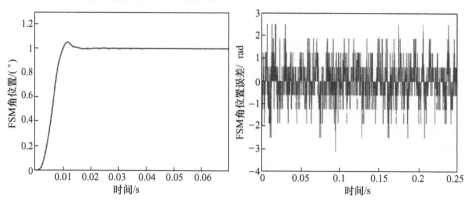

图 3.45　FSM 的 1°阶跃响应位置曲线和误差曲线如图

图 3.45 中 FSM 的数字控制采样频率高达 8kHz，在稳定状态的位置精度小于 1μrad（σ 值），阶跃响应速度为毫秒级，带宽超过 200Hz。FSM 机构的控制闭环带

宽一般大于200Hz,甚至高达数百到1kHz,采样周期的滞后也会影响FSM性能,这就决定了数字控制回路的高采样带宽。一般对于带宽需求大于200Hz的FSM系统,控制回路采样带宽建议最低为4kHz,在数字信号处理器性能范围内选择尽可能高的采样带宽有助于提高系统性能。

3.4 线阵像面扫描拼接成像系统

3.4.1 系统组成

本节围绕着一款高分辨率轻型可见光光电遥感器展开。该光电遥感器主要由光学分系统、结构分系统和相机控制分系统等组成。光学分系统由镜头、反射镜组成;相机结构分系统由位角组件、镜头组件、焦平面组件、调焦组件、俯角组件及热控组件组成;相机控制分系统由相机电源、相机控制器、IMU组件、热控单元、调焦控制器、俯角控制器、位角控制器、凝视监视控制器(即像面扫描控制器)、凝视跟踪控制器、监视图像处理器、跟踪图像处理器等组成。系统组成框图如图3.46所示。

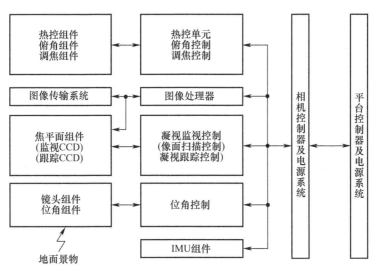

图 3.46　光电遥感器组成框图

光电遥感器工作原理示意图如图3.47所示。光轴与浮空平台飞行方向平行,反射镜将光轴折转90°后指向地面景物。地面上一条带状区域被成像后,改变俯角组件中的反射镜转角,即改变了光轴的俯角,实现相邻带状区域成像。通过对俯

115

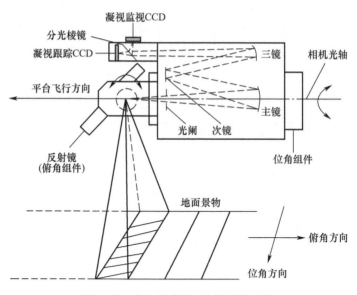

图 3.47　光电遥感器工作原理示意图

角的控制可实现对俯角方向±32°区域范围内成像。位角组件可将机身(含俯角组件和镜头组件)绕光轴整体转动一定角度,对位角方向上相邻带状区域成像,实现位角方向±45°范围内成像。

本节主要论述凝视监视焦平面组件的结构分析与稳速控制问题。在凝视监视像面上等间隔分布若干只线阵 TDI CCD 传感器,凝视监视电机通过精密导轨带动多条线阵 CCD 在像面上同时移动,实现对扫描区域成像。凝视监视 CCD 的主要技术指标如表 3.6 所列。

表 3.6　凝视监视 CCD 技术指标

序号	项目名称	参数
1	像元数	7544×200
2	像元尺寸	8μm×8μm
3	最高行转移频率	25kHz
4	TDI 方向	双向

凝视监视像面组成框图如图 3.48 所示。传动机构选用等径凸轮。凝视监视电机带动凸轮做等速旋转运动,设计凸轮轮廓曲线使 CCD 在像面区域做往复直线运动,电机轴与凸轮旋转轴同轴安装,且轴上安装有光电编码器,该光电编码器将输出凸轮转角,经差分运算可获得凸轮转速,用作凸轮稳速控制系统的反馈信号。

像面扫描精度越高,CCD 曝光越均匀,得到的图像质量越高。但凸轮结构的

116

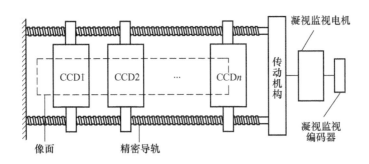

图 3.48　凝视监视 CCD 部件组成框图

特殊性造成电机轴上负载力矩是周期性变化的。同时,该光电遥感器具有俯角/位角扩大监视工作模式。当位角变化时,凸轮及从动件重力产生的电机轴上负载力矩不同,从而造成电机轴上周期性负载力矩也不同。而航空光电遥感器安装在浮空平台上,浮空平台姿态角的变化也将对电机轴上负载力矩产生影响。因而,如何保证非平衡负载系统的稳速精度将是决定航空光电遥感器成像质量的关键因素之一,也是本节讨论的重点。

为给出浮空平台姿态角和相机俯角、位角的定义,需建立 3 个坐标系,即浮空平台铅垂地面坐标系($OX_eY_eZ_e$)、浮空平台坐标系($OX_pY_pZ_p$)和相机坐标系($OX_cY_cZ_c$)。浮空平台铅垂地面坐标系采用"东北天"(ENU)坐标系:原点与浮空平台质心重合,X_e 为地球自转的切线方向,Y_e 为地理指北针方向,Z_e 沿当地铅垂线向上;浮空平台坐标系原点也选取为浮空平台质心位置,X_p 轴沿载体横轴向右,Y_p 轴沿载体纵轴向前,Z_p 轴沿载体竖轴向上。

依据浮空平台铅垂地面坐标系与浮空平台坐标系之间的关系,给出浮空平台姿态角定义:浮空平台绕 Z_p 轴旋转,Y_p 轴在 OX_eY_e 平面上的投影与 Y_e 之间的夹角为偏流角 ζ,以逆时针方向计算,定义域为$[0°,360°]$;浮空平台绕 X_p 轴旋转,Y_p 轴与 OX_eY_e 平面的夹角为俯仰角 ψ,以 OX_eY_e 平面为基准,向上为正,定义域为$[-90°,+90°]$;浮空平台绕 Y_p 轴相对于铅垂平面的转角为横滚角 θ,从铅垂平面算起,右倾为正,定义域为$[-180°,+180°]$。从浮空平台铅垂地面坐标系 $OX_eY_eZ_e$ 旋转到浮空平台坐标系 $OX_pY_pZ_p$ 需经过以下顺序:浮空平台铅垂地面坐标系首先绕 Z_e 轴沿逆时针方向旋转 ζ;再绕 X'_e 沿逆时针方向旋转 ψ,最后绕 Y_p 沿逆时针方向旋转 θ,如图 3.49 所示。

浮空平台铅垂地面坐标系中(x_e,y_e,z_e)点与其在浮空平台坐标系对应坐标(x_p,y_p,z_p)之间的关系为

$$(x_p,y_p,z_p)^{\mathrm{T}} = \boldsymbol{C}_E^P(x_e,y_e,z_e)^{\mathrm{T}} \tag{3.26}$$

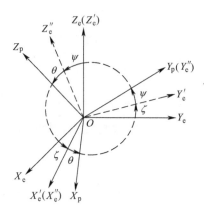

图 3.49　浮空平台铅垂地面坐标系与浮空平台坐标系关系

其姿态转换矩阵 $\boldsymbol{C}_{\mathrm{E}}^{\mathrm{P}}$ 为

$$
\begin{aligned}
\boldsymbol{C}_{\mathrm{E}}^{\mathrm{P}} &= \begin{pmatrix} \cos\theta & 0 & -\sin\theta \\ 0 & 1 & 0 \\ \sin\theta & 0 & \cos\theta \end{pmatrix} \begin{pmatrix} 1 & 0 & 0 \\ 0 & \cos\psi & \sin\psi \\ 0 & -\sin\psi & \cos\psi \end{pmatrix} \begin{pmatrix} \cos\zeta & \sin\zeta & 0 \\ -\sin\zeta & \cos\zeta & 0 \\ 0 & 0 & 1 \end{pmatrix} \\
&= \begin{pmatrix} \cos\theta\cos\zeta - \sin\theta\sin\psi\sin\zeta & \cos\theta\sin\zeta + \sin\theta\sin\psi\cos\zeta & -\sin\theta\cos\psi \\ -\cos\psi\sin\zeta & \cos\psi\cos\zeta & \sin\psi \\ \sin\theta\cos\zeta + \cos\theta\sin\psi\sin\zeta & \sin\theta\sin\zeta - \cos\theta\sin\psi\cos\zeta & \cos\theta\cos\psi \end{pmatrix}
\end{aligned}
$$

$$(3.27)$$

　　浮空平台坐标系经以下旋转过程变换到相机坐标系:首先,浮空平台坐标系绕 X_{p} 轴沿逆时针方向旋转 α,再绕 Y_{p}' 沿逆时针方向旋转 β。整个旋转变换过程如图 3.50 所示。

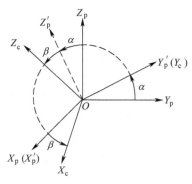

图 3.50　浮空平台坐标系到相机坐标系的旋转变换过程

　　角度 α、β 分别为相机俯角、位角,且在上述旋转方向上,α、β 的取值均为正值。浮空平台坐标系中一点 $(x_{\mathrm{p}}, y_{\mathrm{p}}, z_{\mathrm{p}})$ 与其在相机坐标系中对应坐标 $(x_{\mathrm{c}}, y_{\mathrm{c}}, z_{\mathrm{c}})$ 之间

的关系为

$$(x_c, y_c, z_c)^T = \boldsymbol{C}_P^C (x_p, y_p, z_p)^T \qquad (3.28)$$

其姿态变换矩阵 $\boldsymbol{C}_P^C$ 为

$$\boldsymbol{C}_P^C = \begin{pmatrix} \cos\beta & 0 & -\sin\beta \\ 0 & 1 & 0 \\ \sin\beta & 0 & \cos\beta \end{pmatrix} \begin{pmatrix} 1 & 0 & 0 \\ 0 & \cos\alpha & \sin\alpha \\ 0 & -\sin\alpha & \cos\alpha \end{pmatrix} = \begin{pmatrix} \cos\beta & \sin\alpha\sin\beta & -\cos\alpha\sin\beta \\ 0 & \cos\alpha & \sin\alpha \\ \sin\beta & -\sin\alpha\cos\beta & \cos\alpha\cos\beta \end{pmatrix}$$

$$(3.29)$$

浮空平台铅垂地面坐标系 $OX_eY_eZ_e$ 中点 (x_e, y_e, z_e) 在相机坐标系中对应坐标 (x_c, y_c, z_c) 之间的关系为

$$(x_c, y_c, z_c)^T = \boldsymbol{C}_E^C (x_e, y_e, z_e)^T = \boldsymbol{C}_P^C \cdot \boldsymbol{C}_E^P (x_e, y_e, z_e)^T \qquad (3.30)$$

3.4.2　结构分析

凸轮机构是由凸轮、从动件、机架 3 个构件组成的高副机构[143],具有变化的向径或凹槽,通常做等速转动或移动,与从动件接触方式为点接触或线接触。从动件的运动方式由凸轮廓线决定,通过设计适当的凸轮廓线可以使从动件实现复杂的运动。凸轮机构具有结构简单、紧凑、运动可靠等优点而广泛应用于各种机构中,但由于与从动件是点接触或线接触,接触应力大,易磨损,多应用于载荷较小的运动控制或传递动力不大的场合。

像面扫描系统中,凸轮与电机同轴安装,且轴上安装有光电编码器。电机带动凸轮做旋转运动,通过滚子带动线阵 TDI CCD 组件做往复直线运动,实现 CCD 的推扫成像。依据凸轮结构定义,CCD 组件及滑块为凸轮从动件。像面扫描系统机械结构及凸轮部件结构示意图如图 3.51 所示。

以图 3.51 中位置为 0°,凸轮转角以凸轮沿逆时针方向旋转为正方向,依据凸轮设计,从动件位移 s、类速度 v、类加速度 a 与凸轮转角 φ 之间的关系式分别为

$$s(\varphi) = \begin{cases} \dfrac{h}{2+3\pi}[1 - \cos(4\varphi)] & \left(0 < \varphi \leqslant \dfrac{\pi}{8}\right) \\[2mm] \dfrac{h}{4+6\pi}(8\varphi - \pi + 2) & \left(\dfrac{\pi}{8} < \varphi \leqslant \dfrac{7\pi}{8}\right) \\[2mm] h - \dfrac{h}{2+3\pi}[1 - \cos(4\varphi)] & \left(\dfrac{7\pi}{8} < \varphi \leqslant \dfrac{9\pi}{8}\right) \\[2mm] h - \dfrac{h}{4+6\pi}(8\varphi - 9\pi + 2) & \left(\dfrac{9\pi}{8} < \varphi \leqslant \dfrac{15\pi}{8}\right) \\[2mm] \dfrac{h}{2+3\pi}[1 - \cos(4\varphi)] & \left(\dfrac{15\pi}{8} < \varphi \leqslant 2\pi\right) \end{cases} \qquad (3.31)$$

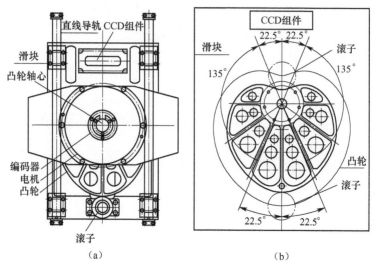

图 3.51　像面扫描系统机械结构和凸轮部件结构示意图

$$v(\varphi) = \begin{cases} \dfrac{4h}{2+3\pi}\sin(4\varphi) & \left(0 < \varphi \leqslant \dfrac{\pi}{8}\right) \\[2ex] \dfrac{4h}{2+3\pi} & \left(\dfrac{\pi}{8} < \varphi \leqslant \dfrac{7\pi}{8}\right) \\[2ex] -\dfrac{4h}{2+3\pi}\sin(4\varphi) & \left(\dfrac{7\pi}{8} < \varphi \leqslant \dfrac{9\pi}{8}\right) \\[2ex] -\dfrac{4h}{2+3\pi} & \left(\dfrac{9\pi}{8} < \varphi \leqslant \dfrac{15\pi}{8}\right) \\[2ex] \dfrac{4h}{2+3\pi}\sin(4\varphi) & \left(\dfrac{15\pi}{8} < \varphi \leqslant 2\pi\right) \end{cases} \tag{3.32}$$

$$a(\varphi) = \begin{cases} \dfrac{16h}{2+3\pi}\cos(4\varphi) & \left(0 < \varphi \leqslant \dfrac{\pi}{8}\right) \\[2ex] 0 & \left(\dfrac{\pi}{8} < \varphi \leqslant \dfrac{7\pi}{8}\right) \\[2ex] -\dfrac{16h}{2+3\pi}\cos(4\varphi) & \left(\dfrac{7\pi}{8} < \varphi \leqslant \dfrac{9\pi}{8}\right) \\[2ex] 0 & \left(\dfrac{9\pi}{8} < \varphi \leqslant \dfrac{15\pi}{8}\right) \\[2ex] \dfrac{16h}{2+3\pi}\cos(4\varphi) & \left(\dfrac{15\pi}{8} < \varphi \leqslant 2\pi\right) \end{cases} \tag{3.33}$$

式中: h 为凸轮升程,且 $h = (90 + 60/\pi)\,\mathrm{mm}$。

120

凸轮从动件位置、类速度、类加速度与凸轮转角之间的关系曲线如图 3.52 所示。

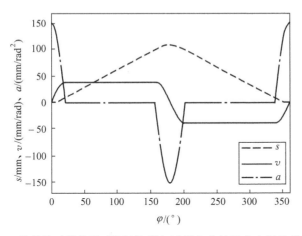

图 3.52　凸轮从动件位置、类速度、类加速度与凸轮转角之间的关系曲线

由图可以看出,如果凸轮转速保持恒定,从动件在一个运动周期内的运动规律分为 6 个阶段,即正向加速段、正向匀速段、正向减速段、反向加速段、反向匀速段、反向减速段。为后续叙述问题方便,将正向加速段、正向减速段、反向加速段和反向减速段称为从动件变速段;将正向匀速段、反向匀速段称为从动件匀速段。凸轮转角 0°~180°对应于凸轮升程段,180°~360°对应于凸轮回程段。凸轮从动件带动线阵 CCD 推扫成像,为使 CCD 曝光均匀,得到高的成像质量,需使 CCD 在从动件匀速运动段进行拍照。工程中,通常采用 TDI CCD 来增加 CCD 像元灵敏度及进行像移补偿。如果采用单向 TDI CCD,则只有在从动件运动方向与 TDI 方向一致时才能进行成像;如果采用双向 TDI CCD,则可在正反方向匀速段进行成像,此时,像面扫描控制系统需向相机控制器提供扫描方向信号。本系统采用了双向 TDI CCD,可在正向匀速段和反向匀速段进行拍照。

依据凸轮从动件位移方程式(3.31)可以得到

$$s(\varphi) + s(\pi + \varphi) = h \quad (0 \leqslant \varphi < \pi) \tag{3.34}$$

式(3.34)证明了该凸轮为等径凸轮。凸轮从动件类速度 v、类加速度 a 与凸轮从动件速度、加速度之间关系的表达式为

$$v = \frac{\mathrm{d}s}{\mathrm{d}\varphi} = \frac{\dfrac{\mathrm{d}s}{\mathrm{d}t}}{\dfrac{\mathrm{d}\varphi}{\mathrm{d}t}} = \frac{\dot{s}}{\varOmega_{\mathrm{M}}} \tag{3.35}$$

$$a = \frac{\mathrm{d}^2 s}{\mathrm{d}\varphi^2} = \frac{\dfrac{\mathrm{d}^2 s}{\mathrm{d}t^2}}{\dfrac{\mathrm{d}^2 \varphi}{\mathrm{d}t^2}} = \frac{\ddot{s}}{\Omega_\mathrm{M}^2} \tag{3.36}$$

式中:Ω_M 为凸轮旋转角速度。

为便于机械装调,同时为后续像面扫描控制系统提供理论依据,在此,结合 TDI CCD 参数及机械结构设计结果,给出线阵 CCD 间距、凸轮最大旋转角速度及对系统稳速精度的要求。

由式(3.31)可知,凸轮从动件在单向匀速段位移 s_0 的计算公式为

$$s_0 = \frac{h}{4 + 6\pi}\left(8 \times \frac{7\pi}{8} - \pi + 2\right) - \frac{h}{4 + 6\pi}\left(8 \times \frac{\pi}{8} - \pi + 2\right) = 90(\mathrm{mm}) \tag{3.37}$$

为保证线阵 CCD 推扫成像区域完整,即各线阵 CCD 成像区域之间不存在间隙,各 CCD 间距不应大于 90mm。考虑到相机姿态变化、相机抖动等因素的影响,实际工程设计选取 CCD 间距为 84mm。

由凝视监视 CCD 最大行转移频率 f_max 和像元尺寸 d_0 可得凝视监视 CCD 最大帧频 F_max、最大扫描线速度 v_max 的计算公式为

$$\begin{cases} F_\mathrm{max} = \dfrac{f_\mathrm{max} d_0}{s_0} = \dfrac{25000 \times 8}{90000} = 2.22\left(\dfrac{1}{\mathrm{s}}\right) \\[3mm] v_\mathrm{max} = d_0 f_\mathrm{max} = 8 \times 25 = 200\left(\dfrac{\mathrm{mm}}{\mathrm{s}}\right) \end{cases} \tag{3.38}$$

由凸轮从动件在匀速段的类速度及凸轮从动件速度、类速度关系式(3.35),可得凸轮的最大旋转角速度为

$$\Omega_\mathrm{Mmax} = \frac{200}{\dfrac{4h}{2 + 3\pi}} = 5.236\left(\frac{\mathrm{rad}}{\mathrm{s}}\right) = 300\left(\frac{°}{\mathrm{s}}\right) \tag{3.39}$$

式(3.39)给出了依据 CCD 最大行转移频率及凸轮设计所得到的凸轮最大旋转角速度。

TDI CCD 工作时,要求行转移速度和 CCD 与目标之间相对速度保持一致,且方向相同。但是在实际工作中,两者通常不能完全匹配,而存在一定误差。设扫描方向上像元尺寸为 d_0,传感器与目标景物之间相对速度(TDICCD 要求的推扫速度理想值)为 v,TDICCD 曝光时间内推扫速度平均误差为 Δv,则在 TDI CCD 成像时所产生的像移量为

$$s = N_\mathrm{CCD}\frac{d_0}{v}\Delta v = N_\mathrm{CCD} d_0 \frac{\Delta v}{v} \tag{3.40}$$

式中:N_{CCD}为 TDI CCD 选用级数。

由此(3.40)可以看出,扫描速度失配将会产生像移 s,且像移量 s 大小与 TDICCD 级数及速度误差乘积成正比。推扫速度失配引起的像移对 MTF 的影响可以用 $\mathrm{MTF}_{\Delta v}$ 表示[156-159],即

$$\mathrm{MTF}_{\Delta v} = \mathrm{sinc}(\pi fs) = \mathrm{sinc}\left(\pi f N_{CCD} d_0 \frac{\Delta v}{v}\right) \tag{3.41}$$

式中:f 为空间频率。

令 Nyquist 频率,即 $f = 1/2d_0$ 处推扫速度失配引起的 MTF 退化为 0,以下关系式成立,即

$$\mathrm{MTF}_{\Delta v} = \mathrm{sinc}\left(\pi N_{CCD} \frac{\Delta v}{2v}\right) = 0 \tag{3.42}$$

对式(3.42)求取临界稳速精度,得到

$$\frac{\Delta v}{v} = \frac{2}{N_{CCD}} \tag{3.43}$$

由式(3.43)可以看出,当 $N_{CCD} = 96$ 时,要求扫描精度为 2.08%。在工程设计时,考虑系统结构等因素的影响,将扫描精度指标设定为 1%,若扫描级数为 96,Nyquist 频率处推扫速度失配引起的 MTF 退化为

$$\mathrm{MTF}_{\Delta v} = \mathrm{sinc}(\pi \times 48 \times 0.01) = 0.6618 \tag{3.44}$$

由式(3.44)可见,当扫描精度指标设定为 1% 时,扫描速度失配将引起较大的 MTF 退化,实际应用时应采取像移补偿措施。

像面扫描系统等效转动惯量由两个部分组成:一部分是绕电机轴做旋转运动部件的转动惯量,包括电机转子、电机轴上光电编码器及凸轮的转动惯量,记为 J_1;另一部分为凸轮从动件折合到电机轴上的等效转动惯量,记为 J_2。依据能量守恒定理,下式成立[160],即

$$\frac{1}{2} J \Omega_M^2 = \frac{1}{2} J_1 \Omega_M^2 + \frac{1}{2} m_2 (\dot{s})^2 \tag{3.45}$$

式中:m_2 为凸轮从动件质量;s 为凸轮从动件位移。

像面扫描系统等效转动惯量为

$$J = J_1 + m_2 \left(\frac{\dot{s}}{\Omega_M}\right)^2 = J_1 + m_2 v^2 = J_1 + J_2 \tag{3.46}$$

式中:v 为从动件类速度。

凸轮从动件等效转动惯量与凸轮转角的关系曲线如图 3.53 所示。

由图可以看出,凸轮从动件等效转动惯量与凸轮转速无关,只与凸轮从动件质量及类速度相关,且其值的变化范围为 $[0, 0.0053\mathrm{kg} \cdot \mathrm{m}^2]$。该值变化范围比较大,在系统设计时必须予以考虑。

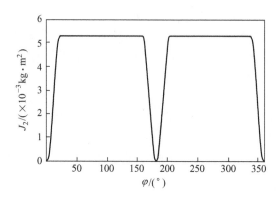

图 3.53　凸轮从动件等效转动惯量与凸轮转角关系曲线

3.4.3　负载力矩非平衡特性分析

1. 平台姿态角及相机位角对系统部件重力在像面上分量的影响

依据图 3.51 所示的凝视监视 CCD 安装位置,考虑平台姿态角和相机位角定义,可以确定,凝视监视像面为 OX_cY_c 平面,且 CCD 扫描方向与 OX_c 轴平行。当平台姿态角及相机位角不为 0°时,像面扫描系统各部件重力在像面上的分量将非零。由于凸轮结构的特殊性,在凸轮旋转一周范围内,像面扫描系统各部件在像面上的分量相对于凸轮转轴的力臂并非恒为 0,而是随凸轮角度的变化而变化的。因此,像面扫描系统各部件重力将会对凸轮电机轴上负载力矩产生影响。为分析凸轮电机轴上负载力矩特性,必须考虑像面扫描系统各部件重力的影响。

设像面扫描系统一部件重力为 mg,在浮空平台铅垂地面坐标系 $OX_eY_eZ_e$ 中的坐标为 $(0,0,-mg)^T$,对应在相机坐标系 $OX_cY_cZ_c$ 中的坐标为 $(x_c,y_c,z_c)^T$ 可依据下式求出,即

$$
\begin{pmatrix} x_c \\ y_c \\ z_c \end{pmatrix} = C_P^C \cdot C_E^P \cdot \begin{pmatrix} 0 \\ 0 \\ -mg \end{pmatrix} = mg \begin{pmatrix} \cos\beta\sin\theta\cos\psi + \sin\beta\cos\theta\cos\psi \\ -\sin\psi \\ \sin\beta\sin\theta\cos\psi - \cos\beta\cos\theta\cos\psi \end{pmatrix} \quad (3.47)
$$

式中:ψ、θ、β 分别为浮空平台俯仰角、浮空平台横滚角及相机位角。

考虑浮空平台姿态角及相机位角时,像面扫描系统部件重力在像面扫描方向上的分量 G_{xc} 及与扫描方向垂直方向上的分量 G_{yc} 可由下式求出,即

$$
\begin{cases} G_{xc} = mg(\cos\beta\sin\theta\cos\psi + \sin\beta\cos\theta\cos\psi) = mg\cos\psi\sin(\theta + \beta) \\ G_{yc} = -mg\sin\psi \end{cases} \quad (3.48)
$$

2. 凸轮及从动件受力分析

在凸轮旋转平面上,对凸轮及从动件进行受力分析[161-162],受力分析示意图如图 3.54 所示。图中:O 为凸轮回转中心,B 为凸轮重心,r_0 为凸轮基圆半径,s 为从动件位移。

设作用于凸轮上维持其等速回转的平衡力矩为 M_d,该值等于电机轴上的负载力矩。从动件的重力 $G = m_2g$,从动件在凸轮廓线的驱动下做往复直线运动。在加速度较大的情况下,从动件质量 m_2 产生的惯性力不容忽视。设机座通过移动副作用于从动件上的约束反力为作用于距离凸轮回转中心 L_2 处的法向作用力 F_{2x}、力偶 M_2。移动副中的摩擦力为 $\delta\mu F_{2x}$(其中,μ 为摩擦系数,$\delta = \text{sign}(ds/dt)$ 表征摩擦力方向)。机座通过回转副作用于凸轮的约束反力为 F_{1x}、F_{1y},凸轮作用于从动件的法向推力为 F_{R2},从动件对凸轮的反作用力为 F_{R1},F_{R2} 与从动件导路之间的夹角

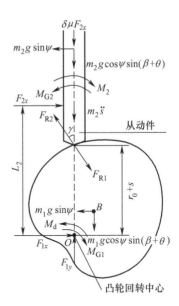

图 3.54 凸轮及从动件受力
分析示意图

γ 即为凸轮压力角。凸轮及从动件重力在像面上的分量相对于凸轮回转中心的力矩分别为 M_{G1}、M_{G2},分别对凸轮和从动件建立力平衡方程及力矩平衡方程,即

$$\begin{cases} F_{1y} - F_{R1} \cdot \cos\gamma - m_1 g\cos\psi\sin(\beta + \theta) = 0 \\ F_{1x} + F_{R1} \cdot \sin\gamma - m_1 g\sin\psi = 0 \\ M_d - F_{R1}(r_0 + s)\sin\gamma - M_{G1} = 0 \end{cases} \quad (3.49)$$

$$\begin{cases} F_{R2} \cdot \cos\gamma - m_2\ddot{s} - m_2 g\cos\psi\sin(\beta + \theta) - \delta\mu F_{2x} = 0 \\ F_{2x} - F_{R2} \cdot \sin\gamma - m_2 g\sin\psi = 0 \\ F_{R2}(r_0 + s)\sin\gamma - F_{2x} \cdot L_2 - M_2 + M_{G2} = 0 \end{cases} \quad (3.50)$$

根据牛顿第三定律,有 $F_{R1} = F_{R2}$。联立求解式(3.49)和式(3.50),可得

$$M_d = (r_0 + s)\tan\gamma \cdot m_2 \frac{g \cdot \cos\psi\sin(\beta + \theta) + \ddot{s} + \delta\mu g\sin\psi}{1 - \delta\mu \cdot \tan\gamma} + M_{G1} \quad (3.51)$$

3. 凸轮重力分量相对于凸轮转轴的力矩

为计算凸轮重力在凝视监视像面上分量相对于凸轮转轴的力矩,给出图 3.55 所示的示意图。图中:实线是凸轮转角为 0° 时的位置,当凸轮沿逆时针方向转过 φ 角,达到虚线位置。O 为凸轮转轴;A、B 为凸轮在两位置的重心位置;d 为凸轮重心与转轴之间的距离,为一常数;$m_1 g\cos\psi\sin(\beta + \theta)$、$-m_1 g\sin\psi$ 分别为考虑平台姿态角和相机位角时,凸轮重力在凝视监视像面扫描方向及其垂直方向上的分量。

依据图 3.55 所示几何关系可得凸轮重力相对于凸轮转轴的力矩为

$$M_{G1} = m_1 g \cdot d\cos\psi \sin(\beta + \theta)\sin\varphi + m_1 g \cdot d\sin\psi \cos\varphi \qquad (3.52)$$

4. 凸轮压力角计算

为计算凸轮压力角,给出图 3.56 所示的示意图,r_0 为凸轮基圆半径,s 为从动件位移,ds 为凸轮转动极小角度时从动件位移量,A 为凸轮和滚子接触点。

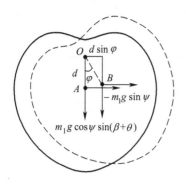 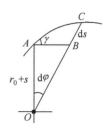

图 3.55　凸轮重力分量对凸轮转矩力矩分析　　　图 3.56　求解凸轮压力角示意图

由图 3.56 所示的几何关系,可以得到

$$\tan\gamma = \frac{BC}{AB} = \frac{ds}{(r_0 + s) \cdot d\varphi} = \frac{\dot{s}}{(r_0 + s) \cdot \Omega_M} \qquad (3.53)$$

式中:Ω_M 为凸轮旋转角速度。

5. 电机轴上负载力矩

将 M_{G1} 表达式(3.52)、凸轮压力角表达式(3.53)代入 M_d 的表达式(3.51),且忽略摩擦力,最终可得作用于电机轴上的负载力矩表达式,即

$$M_d = \frac{m_2 \dot{s}}{\Omega_M} \cdot [\ddot{s} + g\cos\psi\sin(\beta + \theta)] + m_1 gd[\cos\psi\sin(\beta + \theta)\sin\varphi + \sin\psi\cos\varphi]$$

$$(3.54)$$

式(3.54)给出了作用于电机轴上负载力矩与相机位角、平台俯仰角、平台横滚角、凸轮转角之间的关系。如果将式(3.54)中从动件速度、加速度用从动件类速度 v、类加速度 a 表示,得到

$$M_d = m_2 va\Omega_M^2 + (m_2 v + m_1 d\sin\varphi)g\cos\psi\sin(\beta + \theta) + m_1 gd\sin\psi\cos\varphi$$

$$(3.55)$$

为便于后续叙述问题方便,定义 ε 为浮空平台横滚角 θ 与相机位角 β 的代数和,则 M_d 的表达式(3.55)可用下式表示,即

$$\begin{cases} M_{\text{d}}(\varphi,\psi,\varepsilon) = M_{\text{d}1}(\varphi) + M_{\text{d}2}(\varphi,\psi,\varepsilon) \\ M_{\text{d}1}(\varphi) = m_2 va \cdot \Omega_{\text{M}}^2 \\ M_{\text{d}2}(\varphi,\psi,\varepsilon) = (m_2 v + m_1 d\sin\varphi)g\cos\psi\sin\varepsilon + m_1 gd\sin\psi\cos\varphi \end{cases} \quad (3.56)$$

依据设计结果,凸轮质量 $m_1 = 0.8711\text{kg}$,从动件质量 $m_2 = 3.624\text{kg}$,$d = 36.7\text{mm}$。从式(3.56)可以看出,作用于电机轴上的负载力矩可分为两部分,即 $M_{\text{d}1}$ 和 $M_{\text{d}2}$,下面将对 $M_{\text{d}1}$、$M_{\text{d}2}$ 两部分分别进行讨论。

$M_{\text{d}1}$ 与凸轮转角、电机旋转角速度相关,当电机旋转角速度固定时,$M_{\text{d}1}$ 只与凸轮转角相关。从动件在匀速段的类加速度为 0。因此,$M_{\text{d}1}$ 在从动件匀速段为 0,在从动件变速段非零,即 $M_{\text{d}1}$ 只在从动件变速段对凸轮转速产生影响。

$M_{\text{d}2}$ 与凸轮转角、相机位角、平台俯仰角、平台横滚角相关,构成比较复杂,可以分为两部分,即

$$\begin{cases} M_{\text{d}2}(\varphi,\psi,\varepsilon) = M_{\text{d}21}(\varphi,\psi,\varepsilon) + M_{\text{d}22}(\varphi,\varepsilon) \\ M_{\text{d}21}(\varphi,\psi,\varepsilon) = (m_2 v + m_1 d\sin\varphi)g(\cos\psi - 1)\sin\varepsilon + m_1 gd\sin\psi\cos\varphi \\ M_{\text{d}22}(\varphi,\varepsilon) = (m_2 v + m_1 d\sin\varphi)g\sin\varepsilon \end{cases}$$

$$(3.57)$$

$M_{\text{d}21}$ 与 ε 及平台俯仰角相关。浮空平台工作时,俯仰角和横滚角变化不大,若两者变化范围为 $[-5°,+5°]$,当相机位角在 $[-45°,+45°]$ 内变化时,ε 的取值范围为 $[-50°,+50°]$,$M_{\text{d}21}$ 的取值范围为 $[-30.05\text{N}\cdot\text{mm},+30.05\text{N}\cdot\text{mm}]$。可见 $M_{\text{d}21}$ 只在很小范围内变化,在控制系统设计时可等效为系统扰动,不再单独考虑。

当相机位角取 $[-45°,+45°]$、浮空平台横滚角在 $[-5°,+5°]$ 范围内变化时,$M_{\text{d}22}$ 的取值范围为 $[-1.280\text{N}\cdot\text{m},+1.280\text{N}\cdot\text{m}]$,且下式的最大值即为相机位角固定时,平台横滚角引起的 $M_{\text{d}22}$ 最大波动为

$$\Delta M_{\text{d}22} = (m_2 v + m_1 d)g[\sin(\beta + 5°) - \sin(\beta - 5°)] = 2(m_2 v + m_1 d)g\sin5°\cos\beta$$

$$(3.58)$$

从式(3.58)可以看出,在相机位角取 $[0°,+45°]$ 内,$M_{\text{d}22}$ 的变化量是相机位角的单调递减函数,即相机位角取 $0°$ 时,$M_{\text{d}22}$ 变化量取最大值,即

$$\Delta M_{\text{d}22\text{max}} = 2(m_2 v + m_1 d)g\sin(5°) = 0.292\text{N}\cdot\text{m} \quad (3.59)$$

$M_{\text{d}22}$ 与凸轮转角 φ、ε 的关系曲线如图 3.57 所示。由图可以看出,$M_{\text{d}22}$ 变化范围较大,且在相机位角为 0 时,由浮空平台横滚角引起的电机轴上负载力矩变化量较大,设计控制器时须加以考虑。

忽略浮空平台俯仰角对电机轴上负载力矩的影响,电机轴上负载力矩表达式可简化为

$$M_{\text{d}} = m_2 va \cdot \Omega_{\text{M}}^2 + (m_2 v + m_1 d\sin\varphi)g\sin\varepsilon \quad (3.60)$$

通过上述分析,可得以下结论。

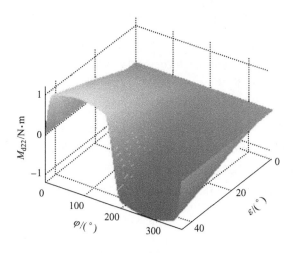

图 3.57　M_{d22} 与凸轮转角 φ、ε 的关系曲线

（1）浮空平台俯仰角变化不大，由其产生的电机轴上负载力矩很小，工程设计时可等效为摩擦力矩，由闭环系统抑制其对系统输出的影响，设计时不予单独考虑。

（2）当浮空平台横滚角与相机位角之和 $\varepsilon = 0°$ 时，作用电机轴上负载力矩只在从动件变速段不为 0。由于 CCD 只在从动件匀速段进行拍照，此时控制系统的重点在于消除负载力矩引起的凸轮转速抖动，使凸轮转速平滑过渡。

（3）相机工作时，相机位角变化范围较大。当浮空平台横滚角与相机位角之和 $\varepsilon \neq 0°$ 时，电机轴上负载力矩在凸轮旋转一周范围内均不为 0，此时控制系统不仅要保证凸轮转速在从动件变速段的平滑过渡，还应克服从动件匀速段负载力矩对凸轮转速的影响。

后续分析均在式（3.60）所示简化模型基础上进行。当 $\varepsilon = 0°$ 时，作用于电机轴上负载力矩与凸轮转角、凸轮角速度之间的关系曲线如图 3.58 所示。图 3.58 同时给出当 $\varepsilon = 0°$、凸轮转速 Ω_M 为 100(°)/s、200(°)/s、300(°)/s 时，作用于电机轴上负载力矩与凸轮转角 φ 之间的关系曲线。

当凸轮角速度取 300(°)/s 时，作用于电机轴上负载力矩与凸轮转角、ε 角之间的关系曲线如图 3.59 所示。图 3.59 同时给出当凸轮角速度 Ω_M 为 300(°)/s，ε 角分别取 10°、30°、45° 时，作用于电机轴上负载力矩与凸轮转角 φ 之间的关系曲线。

为进一步量化分析，表 3.7 给出了 ε 角、凸轮转速取特定值时对应的电机轴上最大负载力矩。由表可以看出，作用于电机轴上的负载力矩与 ε 角、凸轮转速成正比。当 $\varepsilon = 50°$、凸轮转速为 300(°)/s 时，作用于电机轴上的负载力矩最大，达到

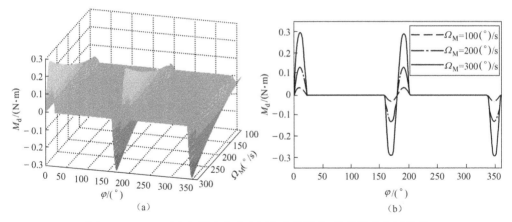

图 3.58 $\varepsilon=0°$ 时电机轴上负载力矩与凸轮转角、凸轮转速之间关系

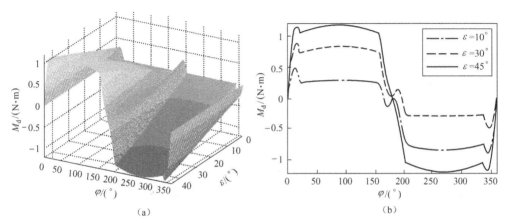

图 3.59 凸轮转速为 300(°)/s 时负载力矩与凸轮转角 φ 和 ε 角的关系

1.280N·m。因此,在 ε 角较大、凸轮转速较高时,必须采取措施抑制负载力矩对凸轮转速的影响,保证 CCD 扫描速度均匀性,以得到高的成像质量。

表 3.7 ε 角和凸轮转速取特定值时对应的电机轴上最大负载力矩

$\varepsilon/(°)$	凸轮转速/((°)/s)	最大负载力矩/N·m
0	100	0.032
0	200	0.129
0	300	0.290
10	300	0.479
30	300	0.881
50	300	1.280

为验证上述理论分析的正确性,利用电机速度环开环阶跃响应曲线测试作用于电机轴上的负载力矩。电机带载数学模型如图 3.60 所示。

图 3.60 中,R_a 为电枢电阻,值为 2.87Ω;T_e 为电磁时间常数,值为 0.0019s;K_m 为力矩系数;J 为像面扫描系统等效转动惯量;K_b 为反电动势系数。

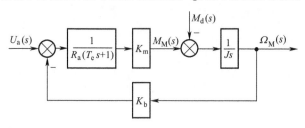

图 3.60　电机带载数学模型

依据上述分析可知,像面扫描系统等效转动惯量是随凸轮转角的不同而发生变化的:在从动件变速段,像面扫描系统等效转动惯量为变量;在从动件匀速段,像面扫描系统等效转动惯量为恒值,因此,像面扫描系统等效转动惯量应表示为凸轮转角的函数,即

$$J(\varphi) = J_1 + m_2 v^2(\varphi) \tag{3.61}$$

式中:J_1 为电机转子、凸轮和光电编码器相对于电机轴的转动惯量和;m_2 为凸轮从动件质量;v 为从动件类速度。

依据图 3.60 所示模型,可以得到 M_d 的 s 域表达式为

$$M_d(s) = K_m \times \frac{U_a - K_b \, \Omega_M(s)}{R_a(T_e s + 1)} - J(\varphi)s \cdot \Omega_M(s) \tag{3.62}$$

由于 T_e 很小,可忽略不计,对式(3.62)进行简化,同时进行拉普拉斯逆变换后得到 M_d 的时域表达式为

$$M_d = K_m \times \frac{u_a - K_b \, \Omega_M}{R_a} - J(\varphi) \frac{\mathrm{d}\Omega_M}{\mathrm{d}t} \tag{3.63}$$

可以看出,如果给电枢两端施加恒定电压,通过测量凸轮转速及加速度可以获得电机轴上负载力矩。测试步骤如下。

(1) 给电机施加恒定电压,测量不同凸轮角度所对应的凸轮转速。

(2) 依据式(3.61)计算不同凸轮角度所对应的像面扫描系统等效转动惯量。

(3) 依据式(3.63)计算实际力矩。

(4) 依据步骤(1)所得凸轮转速及式(3.60)计算负载力矩理论值。

(5) 比较步骤(3)和(4)所得力矩实测值和理论值。

当 ε 角分别为 0° 和 10°、电枢电压为 13.8V 时,测得凸轮转速、负载力矩测量值、负载力矩理论值与凸轮转角之间的关系分别如图 3.61 所示,图中,实线为实测曲线,虚线为理论曲线。

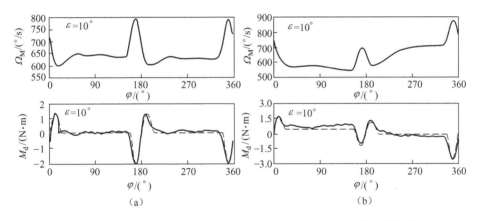

图 3.61　ε 角为 0°（a）和 10°（b）、u_a 为 13.8V 时负载力矩理论值与实测值对比

由图 3.61 可以看出，测试结果与理论分析在趋势上保持一致，以此证明上述理论分析的正确性。但负载力矩测量值与理论值相比，存在一些波动，主要原因有以下几个方面。

（1）在理论分析时，忽略了摩擦力的影响，而实际系统是存在摩擦力的。

（2）在上述分析过程中，忽略了电机电磁时间常数，会对负载力矩实际测量值产生影响。

（3）测试时对编码器测得的角度进行微分得到凸轮转速，微分运算会放大测量噪声。在计算负载力矩时还需获得凸轮加速度信号，凸轮加速度的获取是对凸轮转速的再次微分，从而使测量噪声再次放大。

测试系统速度开环阶跃响应曲线可直接观察系统负载力矩非平衡特性对凸轮转速的影响。当 ε 角分别为 0°和 10°时，给功率放大器施加占空比 40%的 PWM 信号，测试速度开环阶跃响应曲线如图 3.62 所示。

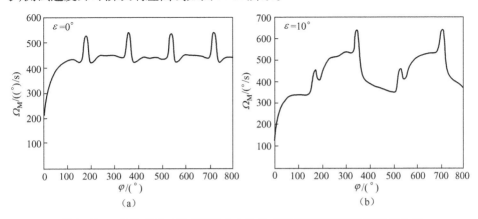

图 3.62　ε 角为 0°和 10°、PWM 占空比为 40%时速度开环阶跃响应曲线

图 3.62 所示的电机速度开环响应曲线与前述理论分析一致:无论 ε 角为何值,电机轴上负载力矩在从动件变速段均发生变化,导致凸轮转速存在波动;$\varepsilon \neq 0°$ 时,负载力矩在从动件匀速段的非零值导致凸轮转速发生变化。

3.4.4　控制系统硬件设计与数学建模

1. 像面扫描控制系统硬件设计

像面扫描控制系统由控制器、功率放大器、直流力矩电机、凸轮、像面扫描构件及光电编码器组成,其组成框图如图 3.63 所示。

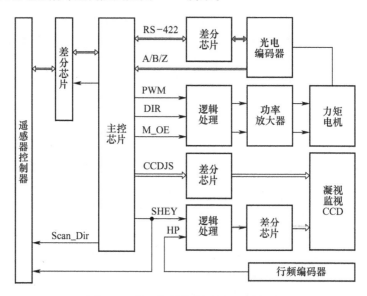

图 3.63　像面扫描控制系统组成框图

像面扫描控制系统通过 RS-422 总线与相机控制器进行通信:接收相机控制器工作命令及参数,并返回自身工作状态。像面扫描控制器控制信号经逻辑处理及功率放大器控制凸轮电机的运行状态,凸轮与电机同轴安装,且轴上安装有光电编码器。光电编码器信号分别输出 RS-422 位置信号及 A/B/Z 三相脉冲信号,上述信号分别连接至 DSP SCI 及 QEP 单元,从而得到凸轮位置及转速。在完成凸轮稳速控制的同时,像面扫描控制系统还需根据相机控制器的命令完成 CCD 级数设置,同时发送摄影脉冲及扫描方向信号。

本系统采用全数字控制方案,控制系统核心选用 TI 公司生产的高精度高速微处理器 TMS320F2812,其最高运行时钟可达 150MHz,能够满足实时控制系统的要求;具有两个 UART 接口,便于系统与相机控制器、编码器进行通信;内嵌 QEP 单元可以与光电编码器实现无缝连接,实现凸轮转速的测量。

功率放大器采用 PWM 半控 H 桥式,可在单电源供电情况下实现电机正反转,制动性能好。PWM 功率放大器原理如图 3.64 所示。图中:IGBT1~IGBT4 为开关器件,Q1~Q5 为共阴极双二极管,其中 Q4、Q5 为防自锁二极管,可防止同一桥臂上、下 IGBT 管发生直通;Q3 与 R9 组成续流回路。电机控制器发出的 PWM 信号经逻辑处理后,能够保证在任意时刻两个电机控制信号 MotorCtrl1 和 MotorCtrl2 最多有一个信号为高电平。当 MotorCtrl1 = 1、MotorCtrl2 = 0 时,IGBT1 和 IGBT4 管截止,IGBT2、电机、Q4、IGBT3 组成导通回路;当 MotorCtrl1 = 0、MotorCtrl2 = 0 时,IGBT3 由导通状态转为截止状态,此时电流经 IGBT2、电机、Q3、R9 完成续流;当 MotorCtrl1 = 0、MotorCtrl2 = 1 时,IGBT2 和 IGBT3 截止,IGBT1、电机、Q5、IGBT4 组成导通回路;当 MotorCtrl1 = 0、MotorCtrl2 = 0 时,IGBT4 由导通状态转为截止状态,此时电流经 IGBT1、电机、Q3、R9 完成续流。由于在其导通回路上存在两个 IGBT 管,管压降大,造成系统功耗增大。

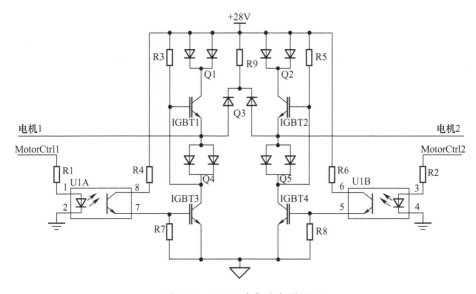

图 3.64　PWM 功率放大器原理

力矩电机特点是最低转速低、输出转矩大,无须减速环节而直接驱动负载,避免减速器齿轮间隙对控制系统的不良影响,且能在长期堵转或低速运行情况下产生足够大的转矩,反应速度快,转速和力矩波动小。因此,像面扫描系统选用力矩电机,型号为 J130LYX04C,技术参数如表 3.8 所列。

以下从输出力矩大小的角度对电机进行校核。工程应用中,需考虑负载力矩、摩擦力矩及电机加速所需力矩以确定电机额定力矩,经验公式为

表 3.8 J130LYX04C 技术参数

序号	项目名称	参数
1	峰值堵转电枢电压	20V±12.5%
2	峰值堵转电枢电流	11.7A
3	峰值堵转转矩	10.5N·m
4	连续堵转电枢电压	9V±12.5%
5	连续堵转电枢电流	2.8A
6	连续堵转转矩	4.25N·m
7	最大空载转速	180r/min
8	电枢电阻	2.87Ω
9	电枢电感	2mH
10	转动惯量	0.0058kg·m²

$$M_M = K(M_{dmax} + M_f + J\ddot{\varphi}) \tag{3.64}$$

式中:M_M 为电机所需额定力矩;K 为安全裕量系数,通常在 1.5~2.5 之间选取;M_{dmax} 为最大负载力矩;M_f 为摩擦力矩;J 为像面扫描系统等效转动惯量;φ 为电机旋转角度。

由上述分析可知,当 $\varepsilon = 50°$、凸轮转速为 300(°)/s 时,作用于电机轴上负载力矩达到 1.280N·m。如后续系统指标提高,将相机位角监视范围扩大到±75°,依据式(3.55)可知,当凸轮转速达到 300(°)/s 时,作用于电机轴上负载力矩达到 1.645N·m。考虑到相机位角及平台姿态角,摩擦力矩估算为 0.03N·m。依据设计结果,凸轮转动惯量为 0.004293kg·m²,从动件等效转动惯量取最大值 0.0053kg·m²,初选加速度为 1.5rad/s²。考虑到系统为机载设备,安全系数取为 2.5。依据式(3.64)可知,所需电机额定力矩为

$$M_M = 2.5 \times [1.645 + 0.03 + (0.004293 + 0.0058 +$$
$$0.0053) \times 1.5] = 4.24(N \cdot m) \tag{3.65}$$

电机额定输出力矩大于系统所需力矩,满足要求。

为检测凸轮位置及转速,电机同轴安装有光电编码器,其技术参数如表 3.9 所列。像面扫描控制系统主要完成凸轮的稳速控制,凸轮转速检测误差大小是影响系统稳速精度的关键因素之一。像面扫描控制系统选用光电编码器作为检测元件,电机转速是通过位置差分运算得到的。光电编码器有 3 种不同测速方法[163],即 M 法、T 法、M/T 法。由前述已知,像面扫描控制系统中,凸轮最大旋转角速度 Ω_{max} 为 300(°)/s(5.236rad/s),速度回路采样频率设定为 800Hz,考虑到 DSP 内部 QEP 模块具有 4 倍频功能,在一次采样周期内,DSP QEP 模块所能采集到的最大脉冲数为

表 3.9　光电编码器技术参数

序号	项目名称	参　数
1	角度分辨率	16 位:20″/码
2	脉冲分辨率	1024 线/圈
3	精度	40″(r.m.s.)
4	脉冲输出	A、B、Z(TTL 电平),A、B 相位差 90°
5	角度输出	RS-422,波特率:115.2kb/s
6	带载能力	3 路 TTL
7	最大工作速度	100r/s
8	电源	5V / 0.1A
9	环境条件	−40~60℃

$$N_{\max} = 4N_{\max1} = 4 \times \frac{300}{360} \times 1024 \times 0.00125 = 4.2667 \qquad (3.66)$$

如果采用 M 法测速,则最大测量误差为

$$e_{\mathrm{M}} = \frac{5 - 4.2667}{4.2667} = 17.19\% \qquad (3.67)$$

因为测量误差即为系统控制误差的一部分,采用 M 法测速的测量误差过大,不能满足控制系统的需要。

采用 T 法测速时,不使用 DSP 内部 QEP 模块的 4 倍频电路,对应凸轮最大转速时,DSP 内部 QEP 模块检测到的光电编码器脉冲周期最小值为

$$T_{\min} = \frac{360 \times 1000}{300 \times 1024} = 1.1719(\mathrm{ms}) \qquad (3.68)$$

相对于电机最大转速,速度环 800Hz 的采样频率能够保证每次采样速度值均有更新。当采用 T 法测速时,如果选取计数器工作时钟频率为 18.75MHz,则在 1.1719ms 内计数器的理论计数值为

$$N_{\mathrm{cnt}} = 1171.9 \times 18.75 = 21973.125 \qquad (3.69)$$

采用 T 法测速时,因计数误差造成的最大测量误差为

$$e_{\mathrm{T1}} = \frac{21974 - 21973.125}{21973.125} = 0.004\% \qquad (3.70)$$

因此,T 法测速造成的测量误差对控制系统影响很小,适合于像面扫描控制系统。

2. 像面扫描控制系统数学建模

从上述分析可以看出,像面扫描控制系统是以 DSP 为控制核心,光电编码器

135

为反馈元件的全数字控制系统,控制算法由软件经 TMS320F2812 来实现。像面扫描控制系统原理框图如图 3.65 所示。

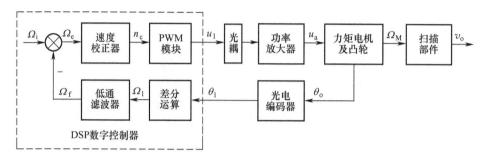

图 3.65 像面扫描控制系统原理框图

图 3.65 中,Ω_i、Ω_f、Ω_e、Ω_M 分别为给定转速、反馈转速、转速偏差及凸轮转速;n_c 为校正环节输出控制量;u_1 为 DSP 输出等效平均电压;u_a 为等效电枢电压;v_o 为 CCD 扫描线速度;θ_o、θ_1 分别为电机旋转角度和编码器检测角度;Ω_1 为差分运算所得凸轮转速。

依照图 3.65 建立像面扫描控制系统数学模型,如图 3.66 所示。

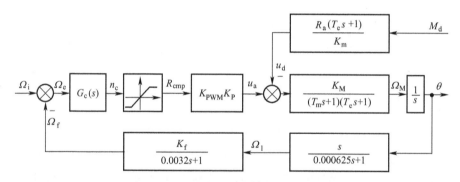

图 3.66 像面扫描控制系统数学模型

图 3.66 中,R_{cmp} 为考虑定时器比较寄存器最大值限制,校正环节输出控制量 n_c 经限幅作用后对应的比较寄存器值;K_{PWM}、K_P 分别为 PWM 模块和功率放大器等效直流增益;M_d 为负载力矩;u_d 为负载力矩等效电压;R_a 为电枢电阻;K_m 为力矩系数;T_e 为电机的电磁时间常数;K_M 为电机直流增益;T_m 为电机的机电时间常数;K_f 为反馈系数。

电机直流增益 K_M、电磁时间常数 T_e 和机电时间常数 T_m 的表达式分别为

$$K_M = \frac{1}{K_b} \tag{3.71}$$

$$T_e = \frac{L_a}{R_a} \tag{3.72}$$

$$T_m = \frac{J \cdot R_a}{K_b \cdot K_m} \tag{3.73}$$

式中：K_b 为电机反电动势系数；J 为像面扫描系统等效转动惯量，数值上等于电机转动惯量 J_M 和负载转动惯量 J_L 之和。

速度求取所对应的差分运算传递函数及低通滤波器截止频率远远大于控制系统带宽，可以省略对应惯性时间常数。在不考虑校正环节输出信号限幅特性时，像面扫描控制系统简化数学模型如图 3.67 所示。

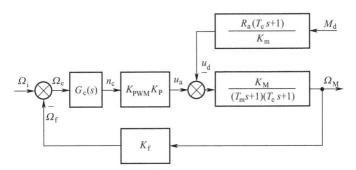

图 3.67 像面扫描控制系统简化数学模型

系统开环传递函数为

$$G_o(s) = G_c(s) K_{PWM} K_P K_f G_M(s) = G_c(s) \times \frac{K_{PWM} K_P K_f K_M}{(T_m s + 1)(T_e s + 1)} \tag{3.74}$$

式中：$G_M(s)$ 为电机带载数学模型；$G_c(s)$ 为速度环校正环节。

系统相对于给定信号的闭环传递函数为

$$G_i(s) = \frac{\Omega_M(s)}{\Omega_i(s)} = \frac{G_c(s) K_{PWM} K_P G_M(s)}{1 + G_o(s)} \tag{3.75}$$

系统相对于扰动信号的闭环传递函数为

$$G_d(s) = \frac{\Omega_M(s)}{M_d(s)} = -\frac{\dfrac{R_a K_M}{K_m(T_m s + 1)}}{1 + G_o(s)} \tag{3.76}$$

3.4.5 控制算法及试验结果

1. 平台姿态角和相机位角为零时的控制算法及结果

为了不失一般性，通常超前滞后校正环节传递函数 $G_c(s)$ 表达式为

$$G_c(s) = \frac{U(s)}{E(s)} = \frac{\sum\limits_{j=0}^{m}(b_j \cdot s^j)}{1 + \sum\limits_{i=1}^{n}(a_i \cdot s^i)} \qquad (3.77)$$

通过双线性变换可以得到其 Z 域表达式,进而得到其递推表达式为

$$u(k) = \sum_{i=1}^{n}\left[\omega_{a_i} \cdot u(k-i)\right] + \sum_{j=0}^{m}\left[\omega_{b_j} \cdot e(k-j)\right] \qquad (3.78)$$

式中:ω_{a_i}、$\omega_{b_j}(1 \le i \le n$、$0 \le j \le m)$ 为权值。

当不考虑平台姿态角和相机位角时,$\varepsilon = 0°$。为消除在从动件变速段凸轮转速的波动,保证系统输出平滑过渡,可采用超前滞后多模控制方法:通过电机轴上光电编码器判断凸轮位置,当凸轮位置在从动件匀速段时采用超前滞后控制算法,此时直流增益较大以保证系统稳速精度;当凸轮位置在从动件变速段时采用比例控制,且比例系数略小,以保证系统输出的平稳过渡。超前滞后多模控制动态结构框图如图 3.68 所示。

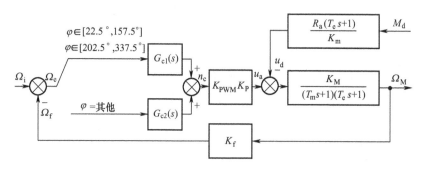

图 3.68　超前滞后多模控制动态结构框图

图 3.68 对应的数学表达式为

$$G_c(s) = \begin{cases} G_{c1}(s) = \dfrac{K_{c1}(\tau_1 s + 1)(\tau_2 s + 1)}{(T_1 s + 1)(T_2 s + 1)} & (\varphi \in [22.5°,157.5°]\ \text{或}[202.5°,337.5°]) \\[3mm] G_{c2}(s) = K_{c2} & (\varphi = \text{其他}) \end{cases}$$

$$(3.79)$$

式中:φ 为凸轮转角;$K_{c1} > K_{c2}$。

在经典稳速控制算法中,控制器的设计主要依据被控对象数学模型,控制器参数一旦确定,在系统运行期间保持不变。虽然在设计过程中考虑了幅值及相位裕量的要求,可保证系统在一定范围内具有相对稳定性。但是,由于像面扫描控制系统被控对象本身为非平衡负载,且对象特性受外界环境影响,很难建立其精确数学模型,因而传统稳速控制算法不能保证系统输出在任何时刻都保持最优性能,为此

引入神经网络控制,利用神经网络的自学习特性,使控制器参数随系统运行状态的变化而改变,最终确保系统输出达到最优。

为了控制算法的实时性,采用递归式神经网络结构以降低结构阶数;神经网络的收敛速度和稳定性是决定能否应用于实时控制系统的关键。当神经网络权值初始值接近于理想值时系统是稳定的。实际工程中采用以下方法保证系统稳定性:先采用传统方法设计数字控制器,并将其系数作为神经网络权值。同时,设定偏差阈值,当偏差小于阈值时,采用神经网络控制器,且不调整反馈网络权值 ω_{a_i};否则采用常规控制器,即采用了传统超前滞后校正与神经网络相结合的多模控制[164-166]。实际应用的神经网络控制结构框图如图 3.69 所示。

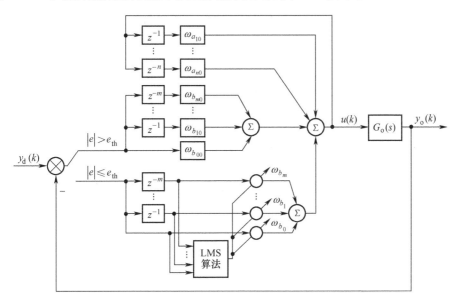

图 3.69　实际系统所采用的神经网络控制方法原理框图

在图 3.69 中,$y_d(k)$、$y_o(k)$ 分别为系统当前时刻的期望输出和实际输出;e_{th} 为设定的偏差阈值;z^{-1} 为单位延时环节;$u(k)$ 为当前时刻控制器输出;$G_o(s)$ 为被控对象数学模型。

将神经网络控制器输入及权值分别记为向量 $\boldsymbol{X}$、$\boldsymbol{W}$,即

$$\begin{cases} \boldsymbol{X}(k) = [u(k-1)u(k-2)\cdots u(k-n)e(k)e(k-1)\cdots e(k-m)]^T \\ \boldsymbol{W}_1(k) = [\omega_{a_1}(k)\cdots\omega_{a_n}(k)]^T \\ \boldsymbol{W}_2(k) = [\omega_{b_0}(k)\cdots\omega_{b_m}(k)]^T \\ \boldsymbol{W}(k) = [\boldsymbol{W}_1^T(k)\boldsymbol{W}_2^T(k)]^T \end{cases}$$

$$(3.80)$$

则控制器的输出表达式为

$$u(k) = \boldsymbol{X}^{\mathrm{T}}(k) \cdot \boldsymbol{W}(k)$$

若取被控对象输出量对输入量的偏导数为 1,其带来的误差通过神经网络自学习能力进行补偿,则下式成立,即

$$\frac{\partial y_o(k)}{\partial u(k)} \approx 1 \tag{3.81}$$

若记 $\beta_j(k) = \dfrac{\partial u(k)}{\partial \omega_{b_j}(k)}$ $(0 \leqslant j \leqslant m)$,则有

$$\beta_j(k) = \frac{\partial \Big[\sum\limits_{i=1}^{n} \omega_{a_i}(k) \cdot u(k-i) + \sum\limits_{l=0}^{m} \omega_{b_l}(k) \cdot e(k-l) \Big]}{\partial \omega_{b_j}(k)}$$

$$= e(k-j) + \sum_{i=1}^{n} \omega_{a_i}(k) \cdot \beta_j(k-i) \tag{3.82}$$

最终的网络权值调整算法表达式为

$$\begin{cases} W_1(k+1) = W_1(k) \\ W_2(k+1) = W_2(k) + \eta \Delta W_2(k) \\ \Delta W_2(k) = -\dfrac{\partial e^2(k)}{\partial W_2(k)} = 2e(k) \dfrac{\partial y_o(k)}{\partial u(k)} \dfrac{\partial u(k)}{\partial W_2(k)} \approx 2e(k) \dfrac{\partial u(k)}{\partial W_2(k)} \\ \dfrac{\partial u(k)}{\partial W_2(k)} = [\beta_0(k) \cdots \beta_m(k)]^{\mathrm{T}} \end{cases} \tag{3.83}$$

当 $\varepsilon = 0°$ 时,从动件变速段负载力矩非零且发生变化,分别采用了 PD 控制、2 阶超前滞后校正、超前滞后多模控制及神经网络多模控制进行试验。

所采用的增量式 PD 控制器的表达式为

$$u(k) = u(k-1) + 1600 \times \Big\{ [e(k) - e(k-1)] + \frac{0.00265}{0.00125} \times$$

$$[e(k) - 2e(k-1) + e(k-2)] \Big\} \tag{3.84}$$

采用的 2 阶超前滞后校正传递函数的表达式为

$$G_{\omega_{c1}}(s) = \frac{3000(0.69s+1)(0.01s+1)}{(3.71s+1)(0.0018s+1)} \tag{3.85}$$

系统速度环采样频率与 PWM 频率相同,为 800Hz。对式(3.85)进行双线性变换,得到控制器 Z 域模型,进而得到离散数字控制算法如下式所示,即

$$u(k) = 1.48u(k-1) - 0.48u(k-2) + 2446.44e(k) -$$

$$4600.63e(k-1) + 2154.71e(k-2) \tag{3.86}$$

采用的超前滞后多模控制器表达式为

$$G_{\omega_{c2}}(s) = \begin{cases} \dfrac{3000(0.69s+1)(0.01s+1)}{(3.71s+1)(0.0018s+1)} & (\varphi \in [22.5°,157.5°] \text{ 或} [202.5°,337.5°]) \\ 850 & (\varphi = \text{其他}) \end{cases}$$

$$(3.87)$$

式中:φ 为凸轮角度。

依据前述神经网络多模控制算法,其流程框图如图 3.70 所示。

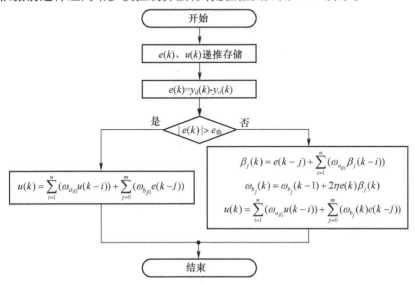

图 3.70 神经网络多模控制算法算法流程框图

其中,常规超前滞后校正传递函数及其离散递推控制算法的表达式为

$$G_{\omega_{c3}}(s) = \frac{3600(0.71s+1)(0.008s+1)}{(3.88s+1)(0.0016s+1)} \tag{3.88}$$

$$\begin{aligned} u(k) =\ & 1.437880u(k-1) - 0.438061u(k-2) + 2555.467688e(k) \\ & - 4736.082635e(k-1) + 2181.266411e(k-2) \end{aligned} \tag{3.89}$$

系统切换偏差阈值及学习速率分别设定为 10、0.001,依据图 3.70,相关参数取值为:$n=2$;$m=2$;$\omega_{a_{10}}=1.437880$;$\omega_{a_{20}}=-0.438061$;$\omega_{b_{00}}=2555.467688$;$\omega_{b_{10}}=-4736.082635$;$\omega_{b_{20}}=2181.266411$。

采用 4 种控制方法所得到的系统闭环阶跃响应曲线如图 3.71 所示。标识 1 表示从动件匀速段;标识 2 表示从动件变速段。鉴于系统特殊性,以从动件变速段凸轮转速波动量考核系统性能,即从动件变速段凸轮转速偏离从动件匀速段凸轮平均转速的最大值与从动件匀速段凸轮平均转速的比值。以上 4 种控制策略性能汇总于表 3.10 中。由表可以看出,相比于常规超前滞后校正,应用 PD 控制、超前滞后多模控制和神经网络多模控制时,凸轮在从动件匀速段稳速精度较高;应用超前滞后多模控制和神经网络多模控制时,变速段速度波动量明显减小。

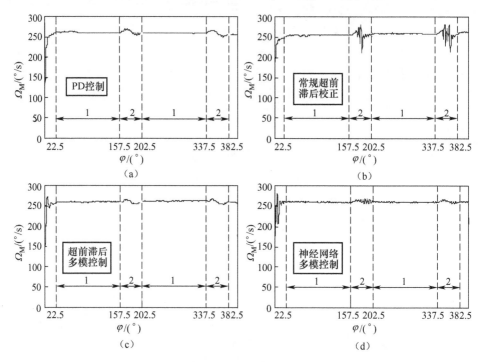

图 3.71 ε 为 0°时采用不同控制算法得到的系统闭环阶跃响应曲线

表 3.10 $\varepsilon=0$°时 4 种控制策略性能比较

控制性能	PD 控制	常规超前滞后校正	超前滞后多模控制	神经网络多模控制
上升时间/ms	107.5	125	32.5	32.5
起始振荡次数/次	0	0	1	2
起始段超调量/%	0.0	0.0	3.73	6.88
变速段振荡次数/次	0	3	0	2
变速段波动量/%	3.35	18.23	1.85	2.12
匀速段稳速精度(RMS)/%	0.28	0.35	0.28	0.33

2. 平台姿态角和相机位角不等于 0°时的控制算法及结果

为便于后续问题的定量分析,首先给出系统相关参数的计算。电机力矩系数 K_m 与电机参数关系为

$$K_{\mathrm{m}} = \frac{M_{\mathrm{fd}}}{I_{\mathrm{fd}}} \tag{3.90}$$

式中: M_{fd}、I_{fd} 分别为电机峰值堵转力矩、峰值堵转电流。

依据前述电机参数,可得

$$K_{\mathrm{m}} = \frac{10.5}{11.7} = 0.8974 \mathrm{Nm/A} \qquad (3.91)$$

由电机带载数学模型可知,当 $\varepsilon = 0°$ 时,若电机电枢两端施加电压 u_{a},待电机转速稳定后,测试从动件匀速段电机转速 Ω_{M},则电机转速与电枢电压之比即为电机直流增益。为此,保持 $\varepsilon = 0°$,测试对应于不同电枢电压的电机转速,测试曲线及拟合曲线如图 3.72 所示。

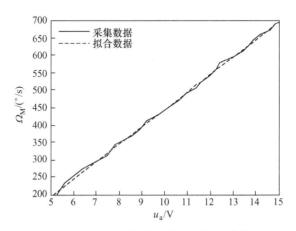

图 3.72 电机转速与电枢电压关系曲线

依据拟合结果,凸轮电机转速与电枢电压之间的关系表达式为

$$\Omega_{\mathrm{M}} = 49.852 u_{\mathrm{a}} - 55.849 \qquad (3.92)$$

由此可知,电机直流增益为

$$K_{\mathrm{M}} = 49.852 (°)/\mathrm{s/V} \qquad (3.93)$$

为便于讨论平台姿态角和相机位角对凸轮转速的影响,再次给出像面扫描控制系统简化数学模型,如图 3.73 所示。

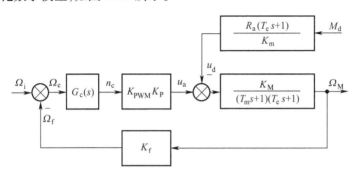

图 3.73 像面扫描控制系统简化数学模型

143

电机轴上负载力矩及摩擦力矩均等效为电枢两端扰动电压。在 $\varepsilon \neq 0°$ 时，系统摩擦力矩与负载力矩相比很小，系统闭环即可抑制摩擦力矩对凸轮转速的影响，在下述分析中，只考虑负载力矩对凸轮转速的影响。由于电机电气时间常数很小，可忽略不计，凸轮转速与系统给定转速及负载力矩之间的关系为

$$\Omega_{\mathrm{M}}(s) = \frac{K_{\mathrm{P}}K_{\mathrm{PWM}}G_{\mathrm{c}}(s)G_{\mathrm{M}}(s) \cdot \Omega_{\mathrm{i}} - G_{\mathrm{M}}(s)\dfrac{R_{\mathrm{a}}}{K_{\mathrm{m}}} \cdot M_{\mathrm{d}}}{1 + K_{\mathrm{P}}K_{\mathrm{PWM}}K_{f}G_{\mathrm{c}}(s)G_{\mathrm{M}}(s)} \tag{3.94}$$

为便于分析负载力矩对凸轮转速的影响，式(3.94)中系统校正环节及电机传递函数均只取直流分量，即

$$G_{\mathrm{c}}(s) = K_{\mathrm{c}}, G_{\mathrm{M}}(s) = K_{\mathrm{M}} \tag{3.95}$$

将式(3.95)代入式(3.94)可得

$$\Omega_{\mathrm{M}}(s) = \frac{K_{\mathrm{P}}K_{\mathrm{PWM}}K_{\mathrm{c}}K_{\mathrm{M}} \cdot \Omega_{\mathrm{i}} - K_{\mathrm{M}} \cdot M_{\mathrm{d}} \cdot \dfrac{R_{\mathrm{a}}}{K_{\mathrm{m}}}}{1 + K_{\mathrm{P}}K_{\mathrm{PWM}}K_{f}K_{\mathrm{c}}K_{\mathrm{M}}} \tag{3.96}$$

由上述分析可知，由于系统结构的特殊性，在 ε 角非零时，负载力矩在电机运行的不同阶段表现出不同的特性，即当 ε 角为正时，在凸轮升程段，负载力矩为阻力矩，在凸轮回程段，负载力矩为动力矩；当 ε 角为负时，在凸轮升程段，负载力矩为动力矩，在凸轮回程段，负载力矩为阻力矩。为便于分析，以下均以 ε 角为正的情况进行讨论。由负载力矩分析可知，在从动件匀速段，作用于电机轴上负载力矩与 ε 角相关，而与凸轮转速无关，其中凸轮重力产生的负载力矩随凸轮转角呈正弦规律变化。相比于整个负载力矩，凸轮重力产生的负载力矩变化量很小，为便于分析，可认为在 ε 角一定时，从动件匀速段电机轴上负载力矩为恒值，取负载力矩绝对值为 M_{da}，即

$$M_{\mathrm{da}} = (m_2 v + m_1 d)g\sin\varepsilon \tag{3.97}$$

定义 Ω_{upM}、Ω_{downM} 分别为 ε 角为正时，升程段及回程段凸轮转速，计算表达式分别为

$$\Omega_{\mathrm{upM}}(s) = \frac{K_{\mathrm{P}}K_{\mathrm{PWM}}K_{\mathrm{c}}K_{\mathrm{M}} \cdot \Omega_{\mathrm{i}} - K_{\mathrm{M}} \cdot (m_2 v + m_1 d)g\sin\varepsilon \cdot \dfrac{R_{\mathrm{a}}}{K_{\mathrm{m}}}}{1 + K_{\mathrm{P}}K_{\mathrm{PWM}}K_{f}K_{\mathrm{c}}K_{\mathrm{M}}} \tag{3.98}$$

$$\Omega_{\mathrm{downM}}(s) = \frac{K_{\mathrm{P}}K_{\mathrm{PWM}}K_{\mathrm{c}}K_{\mathrm{M}} \cdot \Omega_{\mathrm{i}} + K_{\mathrm{M}} \cdot (m_2 v + m_1 d)g\sin\varepsilon \cdot \dfrac{R_{\mathrm{a}}}{K_{\mathrm{m}}}}{1 + K_{\mathrm{P}}K_{\mathrm{PWM}}K_{f}K_{\mathrm{c}}K_{\mathrm{M}}} \tag{3.99}$$

在凸轮升程段和回程段，凸轮稳定转速的差值 $\Delta\Omega_{\mathrm{M}}$ 为

$$\Delta\Omega_{\mathrm{M}} = \frac{2K_{\mathrm{M}} \cdot (m_2 v + m_1 d)g\sin\varepsilon \cdot \dfrac{R_{\mathrm{a}}}{K_{\mathrm{m}}}}{1 + K_{\mathrm{P}}K_{\mathrm{PWM}}K_{f}K_{\mathrm{c}}K_{\mathrm{M}}} \tag{3.100}$$

144

由式(3.100)可以看出,在凸轮升程段和回程段,凸轮转速不同,将会造成CCD扫描速度不同,且两者差值随着 ε 角的增大而增大。系统采用双向 TDI CCD,在凸轮升程段和回程段均可成像。如果 TDI CCD 行转移频率依据升程段速度设定,则在回程段将存在像移;反之亦然。如果系统采用真角度像移补偿,虽能保证在两个扫描阶段不存在像移,但扫描速度的差异会造成两个阶段曝光量不同,影响成像质量。为此,必须消除两个扫描阶段的速度差值。

下面以 $\varepsilon=45°$ 为例进行说明。为不失一般性,系统控制器选用纯比例控制,测试凸轮转速曲线如图 3.74 所示。可以看出,凸轮升程段和回程段转速不一致,与理论分析相符。

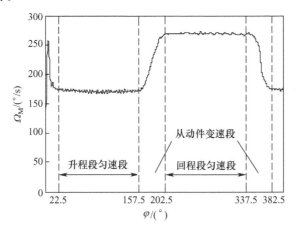

图 3.74　$\varepsilon=45°$、凸轮升程段和回程段采用相同控制器时凸轮转速曲线

由于负载力矩在凸轮升程段和回程段所表现出的不同特性造成两个阶段凸轮转速的不同,为减小两阶段凸轮转速差,可采用改变系统输入信号的方法,即以凸轮升程段(或回程段)凸轮转速为基准,通过改变回程段(或升程段)系统输入信号,使凸轮转速达到基准转速,具体分析如下。

设在凸轮升程段和回程段,系统输入信号分别为 Ω_{upi}、Ω_{downi},两阶段凸轮的转速分别为

$$
\begin{cases}
\Omega_{\mathrm{upM}}(s) = \dfrac{K_{\mathrm{P}}K_{\mathrm{PWM}}K_{\mathrm{upc}}K_{\mathrm{M}} \cdot \Omega_{\mathrm{upi}} - K_{\mathrm{M}} \cdot (m_2 v + m_1 d)g\sin\varepsilon \cdot \dfrac{R_{\mathrm{a}}}{K_{\mathrm{m}}}}{1 + K_{\mathrm{P}}K_{\mathrm{PWM}}K_{\mathrm{f}}K_{\mathrm{upc}}K_{\mathrm{M}}} \\[3ex]
\Omega_{\mathrm{downM}}(s) = \dfrac{K_{\mathrm{P}}K_{\mathrm{PWM}}K_{\mathrm{downc}}K_{\mathrm{M}} \cdot \Omega_{\mathrm{downi}} + K_{\mathrm{M}} \cdot (m_2 v + m_1 d)g\sin\varepsilon \cdot \dfrac{R_{\mathrm{a}}}{K_{\mathrm{m}}}}{1 + K_{\mathrm{P}}K_{\mathrm{PWM}}K_{\mathrm{f}}K_{\mathrm{downc}}K_{\mathrm{M}}}
\end{cases}
$$

$$(3.101)$$

为便于论述,在此以凸轮回程段转速为基准,调节凸轮升程段系统输入信号,使凸轮转速达到基准转速。此时下式成立,即

$$\frac{K_{\mathrm{P}}K_{\mathrm{PWM}}K_{\mathrm{upc}}K_{\mathrm{M}} \cdot \Omega_{\mathrm{upi}} - \dfrac{K_{\mathrm{M}}R_{\mathrm{a}}(m_2v + m_1d)g\sin\varepsilon}{K_{\mathrm{m}}}}{1 + K_{\mathrm{P}}K_{\mathrm{PWM}}K_{\mathrm{f}}K_{\mathrm{upc}}K_{\mathrm{M}}} =$$

$$\frac{K_{\mathrm{P}}K_{\mathrm{PWM}}K_{\mathrm{downc}}K_{\mathrm{M}} \cdot \Omega_{\mathrm{downi}} + \dfrac{K_{\mathrm{M}}R_{\mathrm{a}}(m_2v + m_1d)g\sin\varepsilon}{K_{\mathrm{m}}}}{1 + K_{\mathrm{P}}K_{\mathrm{PWM}}K_{\mathrm{f}}K_{\mathrm{downc}}K_{\mathrm{M}}} \tag{3.102}$$

在控制器设计时,在所需频带内,以下关系式满足

$$\begin{cases} |K_{\mathrm{P}} K_{\mathrm{PWM}} K_{\mathrm{f}} K_{\mathrm{upc}} K_{\mathrm{M}}| \gg 1 \\ |K_{\mathrm{P}} K_{\mathrm{PWM}} K_{\mathrm{f}} K_{\mathrm{downc}} K_{\mathrm{M}}| \gg 1 \end{cases} \tag{3.103}$$

因此,对式(3.102)进行化简,结果为

$$\Omega_{\mathrm{upi}} - \frac{(m_2v + m_1d)g\sin\varepsilon \cdot \dfrac{R_{\mathrm{a}}}{K_{\mathrm{m}}}}{K_{\mathrm{P}}K_{\mathrm{PWM}}K_{\mathrm{upc}}} = \Omega_{\mathrm{downi}} + \frac{(m_2v + m_1d)g\sin\varepsilon \cdot \dfrac{R_{\mathrm{a}}}{K_{\mathrm{m}}}}{K_{\mathrm{P}}K_{\mathrm{PWM}}K_{\mathrm{downc}}}$$

$$\tag{3.104}$$

最终,求解 Ω_{upi} 可得

$$\Omega_{\mathrm{upi}} = \Omega_{\mathrm{downi}} + \frac{(m_2v + m_1d)g\sin\varepsilon \cdot \dfrac{R_{\mathrm{a}}}{K_{\mathrm{m}}}}{K_{\mathrm{P}}K_{\mathrm{PWM}}} \times \left(\frac{1}{K_{\mathrm{upc}}} + \frac{1}{K_{\mathrm{downc}}}\right) \tag{3.105}$$

即在 Ω_{downi}、ε 角及控制器参数确定后,按照式(3.105)求取 Ω_{upi},最终可使凸轮升程段和回程段转速保持一致。该方法无需增加任何硬件电路,且实现简单、方便,适合工程应用[167]。

当 $\varepsilon = 45°$、$\Omega_{\mathrm{downi}} = 230(°)/\mathrm{s}$ 时,设计的校正环节传递函数与凸轮转角之间关系表达式为

$$G_{45\mathrm{c}}(s) = \begin{cases} \dfrac{2750(0.015s + 1)(0.002s + 1)}{(0.084s + 1)(0.000357s + 1)} & (0° \leqslant \varphi < 157.5°) \\ 650 & (157.5° \leqslant \varphi < 180°) \\ \dfrac{1150(0.019s + 1)(0.003s + 1)}{(0.1064s + 1)(0.000536s + 1)} & (180° \leqslant \varphi < 337.5°) \\ 260 & (337.5° \leqslant \varphi < 360°) \end{cases}$$

$$\tag{3.106}$$

依据式(3.106)可知,$K_{\mathrm{upc}} = 2750$、$K_{\mathrm{downc}} = 1150$。依据上述分析结果计算可知 $\Omega_{\mathrm{upi}} = 240.95(°)/\mathrm{s}$。在系统运行过程中,系统输入信号与凸轮转角之间的关系为

146

$$\Omega_{\mathrm{i}} = \begin{cases} 240.95(°)/\mathrm{s} & (0° \leqslant \varphi < 180°) \\ 230(°)/\mathrm{s} & (180° \leqslant \varphi < 360°) \end{cases} \qquad (3.107)$$

当 $\varepsilon = 10°$、$\Omega_{\mathrm{downi}} = 230(°)/\mathrm{s}$ 时,设计的校正环节传递函数、系统输入信号与凸轮转角之间的关系表达式为

$$G_{10c}(s) = \begin{cases} \dfrac{3700(0.015s + 1)(0.002s + 1)}{(0.084s + 1)(0.000357s + 1)} & (0° \leqslant \varphi < 157.5°) \\ 820 & (157.5° \leqslant \varphi < 180°) \\ 1300 & (180° \leqslant \varphi < 337.5°) \\ 260 & (337.5° \leqslant \varphi < 360°) \end{cases}$$

$$(3.108)$$

$$\Omega_{\mathrm{i}} = \begin{cases} 232.27(°)/\mathrm{s} & (0° \leqslant \varphi < 180°) \\ 230(°)/\mathrm{s} & (180° \leqslant \varphi < 360°) \end{cases} \qquad (3.109)$$

将上述变输入多模控制应用于像面扫描控制系统,得到系统闭环阶跃响应曲线如图 3.75 所示,标识 1 表示从动件匀速段;标识 2 表示从动件变速段。

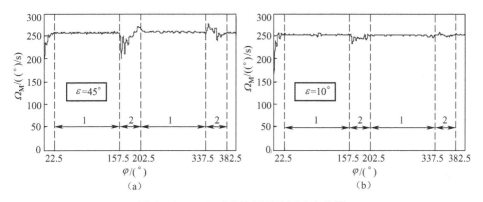

图 3.75　$\varepsilon \neq 0°$ 时凸轮闭环阶跃响应曲线

从试验结果可以看出,变输入多模控制方法可有效确保凸轮转速在从动件升程段和回程段的一致性,且在 ε 分别取 10°、45° 时,从动件匀速段凸轮稳速精度均优于 0.7%,满足系统要求。

与 $\varepsilon = 0°$ 时系统稳速精度相比,略有下降。分析原因如下:$\varepsilon = 0°$ 时,从动件匀速段负载力矩为零;$\varepsilon \neq 0°$ 时,从动件匀速段负载力矩非零,数值上相当于一个恒值与正弦规律变化的变量的叠加。因变量变化范围不大,系统设计时取其最大值代替,误差部分通过系统闭环作用进行调节,造成从动件匀速段稳速精度下降。当 $\varepsilon \neq 0°$ 时,系统在从动件变速段的性能也略有下降,主要是此阶段负载力矩变化过大。从试验结果也可以看出,随着 ε 减小,系统在从动件变速段的性能也在逐步改善。整体而言,当 $\varepsilon \neq 0°$ 时系统的控制性能满足要求。

147

3.4.6 成像试验

为验证系统方案可行性及像面扫描稳速控制对系统成像的影响,利用相机分别对鉴别率板及外部实际景物进行成像试验[168]。相机在实验室环境下对鉴别率板成像试验平台原理示意图如图 3.76 所示。

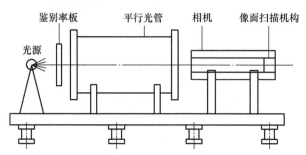

图 3.76 相机对鉴别率板成像试验平台原理示意图

利用光源照射鉴别率板,光线经平行光管进入相机光学系统,最终投射到位于相机焦平面上的 CCD 进行成像。实际装置如图 3.77 所示。

图 3.77 相机对鉴别率板成像试验装置实物

当 CCD 级数设置为 48 级、凸轮转速为 100(°)/s 时,相机对鉴别率板成像试验所得照片如图 3.78 所示。可以看出,可分辨第 22 组靶标,该组靶标线条宽度为 0.0476mm。试验装置中,平行光管焦距为 5231mm,相机焦距为 1496.3mm。由计算可知,第 22 组靶标线条宽度对应到 CCD 焦平面上的尺寸为 0.01362mm。因此,相机成像分辨率为 36.7lp/mm。图像曝光均匀,证明系统方案可行,凸轮稳速效果良好。

当 CCD 级数设置为 64 级、凸轮转速为 100(°)/s 时,相机对外部实际景物成像所得图像如图 3.79 所示。图像层次分明、清晰无像移,曝光均匀,符合预期要求。

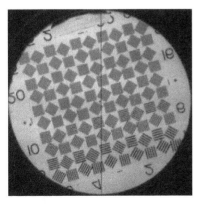 

图 3.78　相机对鉴别率板成像照片　　　　　图 3.79　相机对实际建筑物成像结果

3.5　小结

对于传统的单一光学成像系统,总信息量由成像探测器像元数决定。总信息量一旦确定,视场与分辨率就成为一对互斥的参数,即不能同时提高光学系统的视场和分辨率。一般而言,大视场光学系统视场边缘通常存在较大畸变,造成其分辨率比较低;要提高传统成像系统的分辨率,往往需要减小其视场角。此外,在传统光学成像中,受几何像差的影响,即使选用长焦距镜头和大尺寸的 CCD 或 CMOS 探测器,成像系统仍然存在极限分辨率的限制。因此,解决视场与分辨率之间的矛盾,同时实现大视场与高分辨率成像是目前光学领域的研究热点,对提高航空对地观测性能也极具重要意义。

本章以同心多尺度成像、面阵动态多幅扫描成像及线阵像面扫描拼接成像为例,对其实现大视场与高分辨率成像所涉及的关键技术与工程实现进行了详细论述。

3.2 节首先从多尺度设计理论出发,介绍了同心多尺度成像系统的组成及成像原理,对几种典型同心多尺度光学系统和调焦方法进行了详细论述,然后针对一种并行同心多尺度成像系统进行了成像试验,主要内容包含以下几个方面。

(1) 从空间带宽积的定义出发,指出空间带宽积可衡量成像系统信息承载能力。传统光学成像系统的空间带宽积制约了其进行宽域视场探测、识别与感知,解决成像系统视场与分辨率间的矛盾是推动光学成像向更大视场、更远作用距离、更高信息通量发展的重要研究方向。

(2) 介绍了多尺度设计理论及同心球透镜的特点,论述了同心多尺度成像系统的组成、成像原理及其优势。同心多尺度成像系统将成像过程分成主镜成像和微镜头成像两个阶段,成像系统的主镜一般采用同心球透镜形式,用于拓宽视场,后端微镜头用于校正系统像差,提升成像系统的空间分辨能力。与其他同指标光学系统相比,同心多尺度光学系统的复杂度和成本有大幅降低。

(3)以同心多尺度设计理论为基础,介绍了 AWARE 系列典型成像系统设计。从最早的 AWARE-2 成像系统到目前最新的 AWARE-40 系统,系统架构相同,且采用了同一型号的图像传感器,但通过不断优化设计,成像分辨率持续获得提升。至 AWARE-40 系统,前端物镜已不再采用同心球透镜系统,但全视场内依然获得了高质量图像。考虑到多尺度成像系统设计仍存在的诸多难点,从减小体积尺寸和改善像质的角度出发,介绍了一种基于并行设计思想的同心多尺度光学系统。

(4)为了提高成像系统的景深,需要进行调焦。针对同心多尺度成像系统,介绍了移动探测器和移动微镜头阵列的方式,其中移动微镜头阵列调焦方法中也描述了一种引入液晶透镜进行调焦的方式,最后通过对同心透镜的成像光路分析,阐述了平行移动主镜头物镜的方式进行调焦的思想,该方法可有效降低系统设计复杂度。

(5)设计了一种"品字形"排列同心多尺度成像系统,通过实验室内静、动态成像试验及外景成像试验,验证了系统设计的可行性。

需要说明的是,尽管同心多尺度成像系统具有诸多优势,是目前兼容实现"大视场"和"高分辨率"指标的优选方案,但系统设计仍需面临诸多难题。首先,系统采用几十片甚至几百片探测器,数据量达到传统成像系统的几十倍甚至上百倍,海量图像数据的管理及处理能力是系统需要关注的问题,而如此大的数据量需要传输到地面进行人工判读,对空地数据链路带宽和人工判读工作量来说是难以实现的。随着人工智能检测和识别技术的飞速发展,机上智能数据管理及实时检测、识别有望解决这一难题。其次,探测器及其相关图像处理电路功耗大,必须考虑散热问题。为解决该问题,AWARE 系列成像系统采取了风冷系统、水冷系统以及多种机械结构散热措施。如何实现高效而经济的散热也是后续该类系统需要重点关注的问题。

3.3 节采用面阵图像传感器,对小瞬时视场进行多次成像拼接实现宽覆盖,主要内容包含以下几个方面。

(1)介绍了面阵多幅成像技术实现原理,位置步进与速度扫描两种实现方式和各自优缺点,以及采用这种技术的典型航空遥感设备。

(2)对面阵多幅成像系统中的重叠率设计及像移补偿技术进行了详细论述,前者是为保证遥感成像不遗漏目标,后者是为保证清晰成像。介绍了重叠率的重要性及确定重叠率的基本原则,并从原理、传感器种类、传感器和电机布局等角度重点介绍了基于 FSM 的像移补偿技术。

(3)对典型的采用面阵多幅成像技术的"全球鹰"搭载的 ISS 传感器进行了详

细介绍,有助于加深对该技术的理解,并对基于 FSM 的面阵多幅成像系统控制的具体实现方案进行了论述,包括位置步进和速度扫描两种方案的控制思路、控制时序、各机构在不同时刻需要如何进行协调工作等。

涉及面阵多幅宽覆盖成像技术的很多具体内容本节并未展开论述,例如,扫描机构和 FSM 的具体控制算法的实现与分析、双轴 FSM 的解耦的具体实现、重叠率受各种因素影响及解算分析等,但也指出了基本的思路和研究方法,为快速熟悉该技术和实现基于该技术的成像系统提供了参考。

3.4 节以高分辨率轻型可见光相机像面扫描系统为依托,对其负载力矩特性及其稳速控制方法进行了深入研究,确保像面扫描速度精度,使得 CCD 曝光均匀,最终得到高质量图像。主要内容包含以下几个方面。

(1) 提出凸轮驱动的动态扫描拼接。电机与凸轮同轴安装,凸轮做匀速旋转运动,带动若干只等间距安装的线阵 TDI CCD 在像面上做往复直线运动,相邻线阵 CCD 扫描区域保持一定重叠率,以多条线阵 CCD 动态扫描拼接等效大面阵成像。

(2) 凸轮结构的特殊性、平台姿态角及相机位角造成了系统负载力矩的非平衡特性。从理论上对系统负载力矩的非平衡特性进行了分析,分析结果表明,作用于凸轮轴上的负载力矩与 ε 角、凸轮转速成正比。当 $\varepsilon = 0°$ 时,从动件匀速段负载力矩为 0,从动件变速段负载力矩发生变化,此时控制系统的主要任务是减轻从动件变速段负载力矩变化对凸轮转速的影响,保证凸轮转速平滑过渡;当 $\varepsilon \neq 0°$ 时,从动件变速段负载力矩也不为 0,且在凸轮升程段和回程段表现出不同的特性,此时控制系统一方面要保证凸轮转速在从动件变速段平滑过渡,还要确保凸轮转速在升程段和回程段的一致性。最后,通过试验测定,验证了系统负载力矩非平衡特性理论分析的正确性。

(3) 针对 $\varepsilon = 0°$ 时,如何确保凸轮转速在从动件变速段平滑过渡的问题,采用了超前滞后多模控制和神经网络多模控制。

(4) 分析了平台姿态角和相机位角对凸轮稳速的影响。负载力矩在凸轮升程段和回程段表现出不同的特性:当 $\varepsilon > 0°$ 时,在凸轮升程段,负载力矩为阻力矩;在凸轮回程段,负载力矩为动力矩。因此,在凸轮升程段和回程段采用相同的校正环节,将造成凸轮转速在两阶段存在一差值。为消除该差值,从工程实现角度出发,系统采用了变输入的多模控制算法。

(5) 系统对实验室鉴别率板及室外真实建筑物进行成像试验。试验结果表明,$\varepsilon = 0°$ 时,超前滞后多模控制和神经网络多模控制均能有效抑制从动件变速段负载力矩变化造成的凸轮转速波动,且在从动件匀速段,凸轮转速稳速精度优于 0.5%;$\varepsilon \neq 0°$ 时,采用变输入多模控制可有效消除两阶段凸轮转速差,且系统在从动件匀速段稳速精度优于 0.7%,上述控制性能指标满足要求。实验所得图像层次分明、曝光均匀、清晰无像移,符合预期要求。

第4章
直接测距型激光主动成像系统

传统航空光学成像主要采用搭载于飞机、视频吊舱、导引头等载体上的载荷，包括相机、摄像机和光谱仪等，对目标进行成像，以获取目标的几何、光谱、偏振、时空位置等信息。上述技术手段的主要缺点是采用被动成像模式，仅能获取目标的平面信息，示意图如图4.1所示。

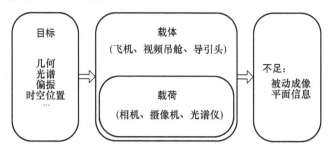

图 4.1　传统航空光学成像技术手段及其不足

激光主动成像系统[169]源于 20 世纪 60 年代,是随着激光器的发明而产生的,由最初的激光测距和目标指示系统逐渐演变而来,其内部包含光源,采用激光对目标进行主动照明以获取目标的距离信息,受天气、光照等环境因素影响较小,使用更加灵活。激光主动成像系统可视为微波雷达的光学版本,即采用激光器作为辐射源、光学望远镜作为天线、接收器件采用光电探测器。激光主动成像系统有其自身优势:能够提供较高的角度、距离和速度分辨率;测速范围宽;能够提供目标的角-距-灰度-速度信息;具备"四抗"能力(抗电子战、反辐射导弹、抗低空突防及隐身目标);体积和重量小。激光主动成像系统也存在一定缺陷:一是受大气及气象条件影响较大,大气衰减、恶劣天气、大气湍流会降低系统作用距离及测量精度;二是作用距离与激光光源功率密切相关,研制满足远距离成像的大功率激光器存在一定困难。在军事领域,激光主动成像系统主要应用于红外与激光多模制导、水下探测、直升机防撞、自动着陆、空间交会对接、战场侦察及隐藏目标识别[170-172]等;在民用领域的应用主要有高速公路维护和设施管理、电力巡线、植被分布、生化探测、城市及大气精细建模[173]等。

4.1 激光主动成像系统工作原理

依据不同的分类标准,激光主动成像系统具有多种类型[174]。按照激光器类型划分,有 CO_2 激光成像、半导体激光成像和二极管泵浦固体激光成像;按照发射激光信号形式划分,有脉冲激光成像、连续波激光成像和混合调制激光成像;按照回波探测方式划分,有直接测距型激光成像和相干探测型激光成像;按照系统结构形式划分,有扫描激光成像和凝视激光成像;按照探测器类型划分,有基于单点探测器的激光成像、基于线阵探测器的激光成像和基于面阵探测器的激光成像;按照收发光学系统结构形式,有两轴分孔径激光成像、共轴分孔径激光成像和共轴共孔径激光成像。

4.1.1 直接测距型激光成像原理

直接测距型激光主动成像方式是由脉冲激光器发射一束窄脉冲激光照射目标,采用光电探测器分别感应发射激光脉冲和被目标反射回来的激光脉冲,通过光电效应转化为电压信号或电流信号,通过测量发射脉冲和回波脉冲之间的时间间隔确定脉冲飞行时间,最后得到目标距离,示意图如图 4.2 所示。更为直观的直接成像方式原理示意图如图 4.3 所示。

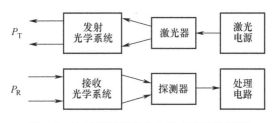

图 4.2 直接测距型激光主动成像系统框图

系统发射的窄脉冲激光信号照射目标,不同距离处返回的回波信号到达探测器的时间不同,通过测量脉冲飞行时间(time of flight,TOF)以确定目标距离,通过距离门可获取多个目标信息,进而实现对隐藏目标的识别。与此同时,回波强度信号代表了目标的反射率信息。

在直接测距型激光主动成像系统中,光电探测器输出的光电流 i 与光场的关系服从平方律转换关系,有以下关系式成立,即

$$i = \alpha E^2 \tag{4.1}$$

式中:α 为光电转换因子;E 为入射光的电场分量。

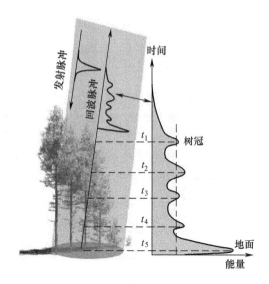

图 4.3　直接测距型激光主动成像系统原理示意图

假设入射光的电场分量振幅为 E_0，入射光的频率为 υ，则入射光的电场分量 E 的表达式为

$$E = E_0\cos(2\pi\upsilon t) \tag{4.2}$$

由此可得光电探测器输出光电流 i 的表达式为

$$i = \alpha\left[E_0\cos(2\pi\upsilon t)\right]^2 = \frac{\alpha E_0^2}{2}(1 + \cos(4\pi\upsilon t)) \tag{4.3}$$

假设激光波长为 λ，空气中光速为 c（真空中的光速 $c_0 = 2.99792458\times10^8\,\text{m/s}$），则激光频率 υ 的表达式为

$$\upsilon = \frac{c}{\lambda} \tag{4.4}$$

一般情况下，激光主动成像系统选取激光波长在微米量级，由式（4.4）可知，其对应的激光频率在 300THz 量级，而光电探测器的最高响应频率通常远远小于该值，此时光电探测器将输出若干光波周期的平均值，即光电探测器实际输出光电流 i_o 可用下式表示，即

$$i_o = \frac{\alpha E_0^2}{2} = RP_i \tag{4.5}$$

式中：R 为光电探测器响应度（A/W）；P_i 为照射到光电探测器敏感面上的光功率。

光电探测器输出电信号幅值与入射光功率成正比，在光电转换中失去了光频率和相位信息。光电探测器输出的电流信号经跨阻放大器转换为电压信号，后经

154

放大及时刻鉴别,得到脉冲信号。参考探测器和回波探测器对应的脉冲信号分别作为计时的起止信号,假设脉冲飞行时间为 t,则被测目标距离的表达式为

$$R = \frac{ct}{2} \qquad (4.6)$$

即被测目标距离 R 与脉冲飞行时间 t 成正比。

4.1.2 相干探测型激光成像原理

相干成像利用两个或多个光场在探测器敏感面上进行相干叠加实现光混频,差频保留了被测光场信息特征。系统设计时,通过分光片将发射激光分为信号光和本振光,信号光经发射光学系统准直后输出,而本振光进入接收系统。接收光学系统同时接收从目标反射回来的激光,该激光与发射光学系统分光片产生的本振光进行合成,由光电探测器接收并转换为电流,并进行后续信号放大、滤波、幅度或频率检测等处理,最终确定目标距离,示意图如图 4.4 所示。

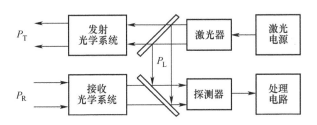

图 4.4　相干探测型激光主动成像系统框图

假设回波激光电场振幅为 E_{R0}、角频率为 ω_R、本振光电场振幅为 E_{L0}、角频率为 ω_L,则回波激光和本振光对应的电场分量 E_R、E_L 的表达式分别为

$$E_R = E_{R0}\cos(\omega_R t) \qquad (4.7)$$
$$E_L = E_{L0}\cos(\omega_L t) \qquad (4.8)$$

若回波激光和本振光偏振方向相同,且均垂直入射到光电探测器上,则依据上述分析,光电探测器输出光电流的表达式为

$$i = \alpha[E_{R0}\cos(\omega_R t) + E_{L0}\cos(\omega_L t)]^2 \qquad (4.9)$$

对式(4.9)进行处理后,得到以下表达式,即

$$i = \frac{\alpha(E_{R0}^2 + E_{L0}^2)}{2} + \frac{\alpha[E_{R0}^2\cos(2\omega_R t) + E_{L0}^2\cos(2\omega_L t)]}{2}$$
$$+ \alpha E_{R0} E_{L0}\{\cos[(\omega_R + \omega_L)t] + \cos[(\omega_R - \omega_L)t]\} \qquad (4.10)$$

同样地,光电探测器的最高响应频率通常远远小于角频率 ω_R、ω_L、$2\omega_R$、$2\omega_L$ 及 $\omega_R + \omega_L$ 对应的频率值,将式(4.10)中对应项丢弃,则光电探测器实际输出光电流 i_0。

155

的表达式为

$$i_o = \frac{\alpha(E_{R0}^2 + E_{L0}^2)}{2} + \alpha E_{R0} E_{L0} \cos[(\omega_R - \omega_L)t] = i_{dc} + i_{mf} \qquad (4.11)$$

式中:i_{dc}为直流分量;i_{mf}为差频分量。

相干成像方式能够获得很高的测距精度,但在成像距离、技术成熟度、适装性及成像速度等方面,直接成像方式更具优势。

4.2 激光主动成像系统国内外研究现状与发展趋势

4.2.1 国外基于单点探测器扫描的激光主动成像系统

直升机在盲视环境下起降对于飞行员来说是一极大挑战,而激光主动成像系统是解决这一问题的有效手段之一。德国 EADS 从 1992 年开始研究障碍物告警系统[175-176](obstacle warning system, OWS),OWS 系统工作原理示意图如图 4.5 所示。

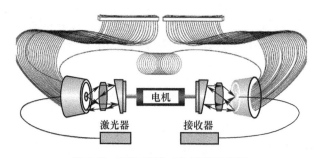

图 4.5 OWS 系统工作原理示意图

探测器采用单点 APD(avalanche photo diodes,雪崩光电二极管),激光器发射激光经发射楔形镜反射,进入出射光纤照射目标。回波激光经入射光纤后照射接收楔形镜,经反射后进入光电探测器。激光出射光纤位置与回波接收光纤位置一一对应。电机带动两个楔形镜同时转动。随着楔形镜角度不同,脉冲从不同发射光纤射出,通过这种光纤扫描,以单点探测器实现等效线阵列。垂直方向采用振镜扫描,其在 Hellas 直升机和 NH90 直升机上进行了飞行试验,帧频分别达到 3 帧/s @ 200×95 和 4 帧/s@ 200×128。在大气能见度大于 5km 条件下,对于大型障碍物和直径为 10mm 电缆,探测距离分别大于 1000m 和 500m。OWS 系统在 Hellas 直升机上的安装图像及获取的目标试验图像如图 4.6 所示。

（a）安装图像 　　　　　　　　　　　（b）目标试验图像

图 4.6　OWS 系统在 Hellas 直升机上的安装及获取的目标试验图像

美国空军研究实验室（Air Force Research Laboratory，AFRL）研究机载激光主动成像系统长达 20 余年，其成功研制了 3D-LZ[177]（three-dimensional landing zone）系统。该系统主要应用于盲视环境下直升机起降。成像模式为单点 APD 配合多边形扫描，在方位方向能视区域达到 60°，每秒扫描 150 线；俯仰方向上达到 30°，扫描速率为 150 mrad/s；最大作用距离达 609.6m，测距精度为 1cm。根据任务需要，有多种工作模式可供选择，即伪彩色、真彩色、混合彩色、主动 FLIR。3D-LZ 系统在各种模式下获取的目标图像如图 4.7 所示。

（a）真彩色 　　　　（b）伪彩色 　　　　（c）混合彩色

图 4.7　（见彩图）3D-LZ 系统在各种模式下获取的目标图像

美国军队工程师军团（United States Army Corps of Engineers，USACE）从 1996 年开始开展海岸线探测激光主动成像系统的研究，成功研制出海防测绘和激光成像系统（coastal zone mapping and imaging lidar，CZMIL）[178-187]。CZMIL 系统包含 LIDAR、成像光谱仪、数字摄影机，设计工作高度为 400m，其系统组成及工作原理示意图如图 4.8 所示。探测器包含有光电倍增管（PMT）、APD 及 PIN 光电二极管。其中 PIN 光电二极管用于探测激光输出信号，作为后续计时起始信号；APD 用于大气环境监测；PMT 用于探测目标回波信号。

CZMIL 系统采用圆形菲涅耳透镜进行扫描,CZMIL 系统工作原理示意图及加工的菲涅耳扫描镜实物如图 4.9 所示。CZMIL 系统用于地形测量时,其脉冲重复频率为 70kHz,深度和横向测量精度分别为 1m(2σ)和 15cm(2σ);用于探海测量时,其脉冲重复频率为 10kHz,白天情况下单脉冲最大深度($K_d \cdot D_{max}$)为 3.75 ~ 4.0,最小深度小于 0.15m,深度测量精度为 $[0.3^2 + (0.013d)^2]^{1/2}$ m(2σ 和 0 ~ 30m),横向测量精度为($3.5 + 0.05d$)m(2σ),其中 d 为深度。

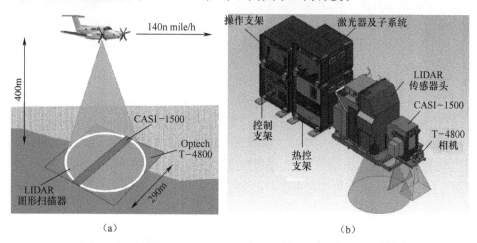

图 4.8 CZMIL 系统组成及工作原理示意图

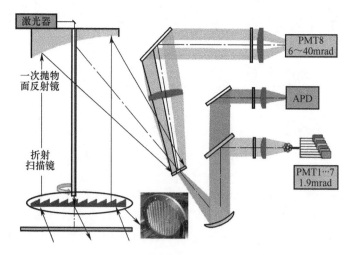

图 4.9 CZMIL 系统工作原理示意图及加工的圆形菲涅耳透镜扫描实物

CZMIL 系统获取的地物图像如图 4.10 所示。

激光成像技术是欧洲宇航局(ESA)Aurora 计划的关键技术[188]。为了达到该

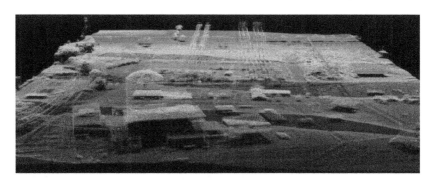

图 4.10　(见彩图)CZMIL 系统获取的地物图像

计划的目标,在进入、下降、着陆、交会对接、地面航行、勘探等一些关键阶段,激光成像系统将为飞船导航、航行与控制系统提供必要的信息。很多测距仪器或者激光雷达是单光束或者一维设备,仅能探测观测者和目标上一点之间的距离。而激光主动成像系统可以提供指定目标范围内的距离信息阵列,从而产生目标三维图像。

激光主动成像系统在空间的应用包括飞船在行星表面的软着陆控制、漫游车的航行和导航、飞行器的交会对接、飞船和小行星的探测和交会、对天线与太阳能板或者着陆安全气袋等大型可展开结构的监控、飞船编队的光学测量、飞船外表面的完整性检测和损坏探测及小行星的形态探测等。交会对接用传感器的技术要求如表 4.1 所列。

表 4.1　交会对接用传感器的技术要求

序号	技术要求	数　值
1	作用距离	1~5000m
2	飞船间接近速率	1km/h @ 5000m~1cm/s @ 1m
3	飞船轨道姿态速率	0.01(°)/s @ 5000m~0.1(°)/s @ 1m
4	系统质量	<10kg
5	功耗	<50W
6	视场角	>20°×20°
7	角分辨力	<0.1°×0.1°
8	测距精度	<1m @ 5000m;<10cm @ 150m;<2cm @ 1m
9	目标面上合作型目标	是
10	帧频	>1Hz

交会对接用激光主动成像系统中,发射光路同轴放置一个单像素 APD,接收光学系统的孔径为 8mm,其中有 4mm 的中心遮拦用作发射通道。20°×20°的视场

角是通过一个安装在万向节上的 20mm 铝合金扫描镜获得的。发射器包括一个波长为 1550nm 的光纤激光器,其以 30kHz 的频率发射 3ns 脉宽的脉冲。整个试验装置包括光学头、处理器单元、扫描镜电子系统(含数字信号处理和前后电子组件)、激光测距仪电子单元。一个激光脉冲束从激光测距仪单元发出,经过光纤传到发射光学系统,之后传到安装在传感器头部万向节上的扫描镜上。扫描镜把该束光反射到目标上,回波光束照射到传感器接收光学系统(通过同样的扫描镜)。另一个光纤使反射回来的光偏转到激光测距单元,测量脉冲飞行时间来确定目标距离,将距离信息和对应的两轴扫描镜编码器信息相结合,即可获得目标的三维图像。交会对接用激光主动成像系统光学头简图如图 4.11 所示。

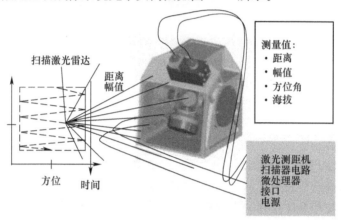

图 4.11　交会对接用激光主动成像系统光学头简图

测试阶段试验设备的光学头和激光测距仪图如图 4.12 所示。

图 4.12　测试阶段试验设备的光学头和激光测距仪图

美国国家航空航天局(NASA)一直致力于发展用于地球观测的星载激光雷达成像系统[189-190],其发展路线图如图 4.13 所示。图中,ICESat 和 ICESat-2 主要

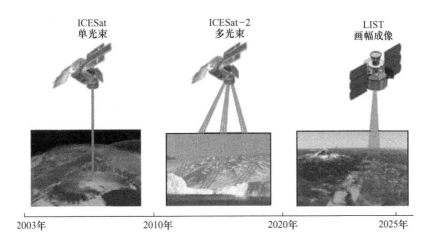

ICESat　　　　　ICESat-2　　　　　LIST
单光束　　　　　多光束　　　　　画幅成像

2003年　　　　　2010年　　　　　2020年　　　　　2025年

图4.13　NASA对地观测激光雷达发展路线图

用于测量冰盖质量平衡、冰盖高度和海冰厚度、云和气溶胶高度以及陆地地形和植被特征等。ICESat采用单点线性探测器,利用卫星平台的运动实现对地面的单点扫描成像;ICESat-2[191]同时发射3对六束激光,采用光子计数探测器;LIST雷达系统[192]采用1000像元的光子计数探测器方案,横向分辨率达5m,纵向精度为0.1m,对包括被植被覆盖的地面目标能够实现分米级的绝对测距精度。

为满足机器人自助导航应用需求,韩国工业技术研究所和三星机电有限公司联合研制了KIDAR-B25紧凑型激光主动成像系统[193],其主要目的是高速获取目标高精度距离信息。KIDAR-B25包括光学单元、水平和垂直扫描机构、信号处理单元以及电源控制单元几个部分。其中,光学单元又包括激光发射器(包含校准透镜)、激光接收器(包含滤光片和接收透镜)、旋转镜及相应扫描机构,承担着发射激光脉冲和接收反射波的任务。KIDAR-B25原理框图如图4.14所示。

系统选取波长905nm的脉冲激光器,脉冲宽度为10ns、重复频率为20kHz、峰值功率为20W,探测器选取硅基APD,通过水平及垂直扫描机构实现对周边区域的成像。

KIDAR-B25系统装置如图4.15所示。经测试,垂直扫描速率最高可达20Hz,对应扫描范围为±10°,角分辨率为0.25°;水平扫描速率最高可达40Hz,实现360°扫描,对应角分辨率为0.125°。KIDAR-B25系统实物如图4.16所示。

KIDAR-B25系统具有两种工作模式:在精确控制模式下,目标图像每5~10s更新一次;在实时控制模式下,系统成像帧频可达5Hz。KIDAR-B25系统在水平轴扫描速率为20Hz、垂直轴扫描速率为0.2Hz的条件下,工作于精确控制模式时获取的室外测试图像如图4.17所示。

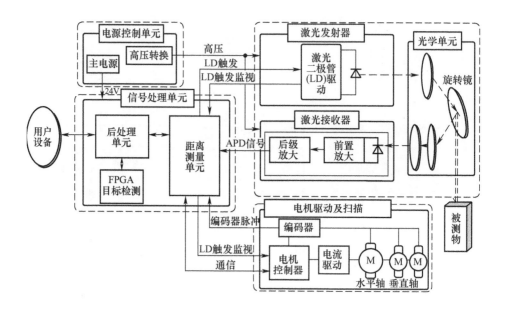

图 4.14　KIDAR-B25 原理框图

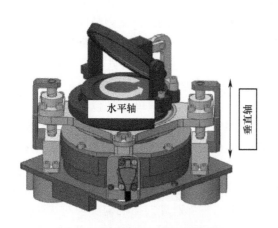

图 4.15　KIDAR-B25 系统装置

图 4.16　KIDAR-B25 系统实物

（a）二维可见光图像

（b）二维伪彩色图像

（c）三维距离图像

图 4.17　（见彩图）KIDAR-B25 系统在精确控制模式下获取的图像

将 KIDAR-B25 安装在一辆汽车上进行试验，系统在水平轴扫描速率为 40Hz（360°视场）、垂直轴扫描速率为 5Hz(±10°视场)条件下，工作于实时控制模式时获取的室外测试图像如图 4.18 所示。系统每秒可以获得 3000 个数据点，在行驶中分辨出视线内的周围车辆。基于该三维图像，可以轻松地捕获目标特征并对其分类。

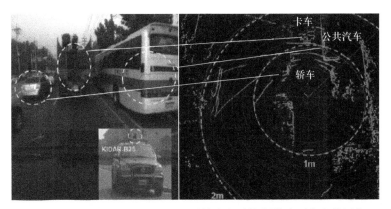

图 4.18　（见彩图）KIDAR-B25 系统在实时控制模式下获取的图像

4.2.2　国外基于阵列探测器扫描的激光主动成像系统

美国麻省理工学院林肯实验室很早就致力于激光主动成像技术的研究，最早的产品为大型地基高功率、长距离 Firepond(火池)激光探测成像系统，其应用于太空目标监视和弹道导弹防御等战略军事领域。林肯实验室从 1975 年开始研究机载激光主动成像系统,早期代表成果为红外机载雷达系统(infrared airborne radar system, IRAR)[194]。IRAR 系统测距精度最高可达 15cm。试验结果同时显示出激光主动成像系统所获取的目标距离图像可多视角显示,且具备很好的隐藏目标识别能力。

为发展低功耗、轻小型激光主动成像系统,林肯实验室研制了具有片上计时电路的盖革模式 APD 阵列,并基于此研发了第一代激光主动成像系统 Gen-I[195]。Gen-I 系统采用的探测器为 4×4 盖革模式 APD 阵列,并采用两个单轴扫描镜进行扫描,以扩大系统的覆盖面积(4.5fps@ 32×32 或 0.6fps@ 128×128)。Gen-I 系统光路示意图及所获取的目标图像分别如图 4.19 和图 4.20 所示。

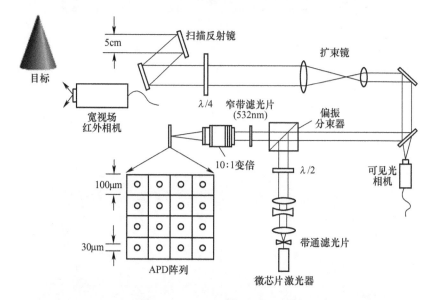

图 4.19　Gen-I 系统光路示意图

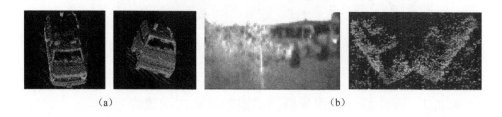

(a)　　　　　　　　　　　　　　　　　　(b)

图 4.20　Gen-I 系统获取 60m 处汽车距离图像(a)与 500m 处隐藏汽车灰度/距离图像(b)

林肯实验室对 Gen-I 系统进行了改进,形成第二代产品 Gen-II。其改进之处主要体现在探测器规模扩大为 32×32,同时,为了提高探测器接收回波能量,在探测器前集成安装了 32×32 微透镜阵列,而其扫描系统改为两轴扫描镜。

在发展 Gen-I 和 Gen-II 系统的同时,林肯实验室还集成了加强版及 Gen-III 激光主动成像系统[196],其与 Gen-II 系统的区别在于,为减小激光器输出功率,去除了探测器前的微透镜阵列,取而代之的是采用分束照明方式,将激光器输出光束分为 32×32 细束,以达到与探测器匹配的目的。Gen-III 系统光路示意图与目标照明及距离图像分别如图 4.21 和图 4.22 所示。

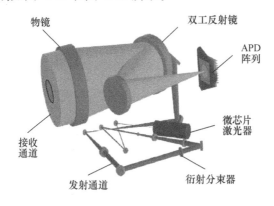

图 4.21　Gen-III 系统光路示意图

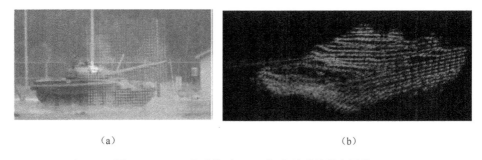

（a）　　　　　　　　　　　　　（b）

图 4.22　Gen-III 系统对 500m 坦克照明及距离图像

美国国防部高级研究计划局(Defense Advanced Research Projects Agency,DAR-PA)曾研发一项用于发现高隐藏目标的小型无人机载激光主动成像系统(JIG-SAW)[2],其目标是在飞行高度 200m 处能够覆盖直径大于 37m 的目标区域。根据目标要求,需要 256×256 探测器阵列,限于当时只有 32×32 探测器阵列,采用双光楔镜对目标区域进行扫描,发射光束同样采用分束照明方法照射目标,如图 4.23 所示。

JIGSAW 系统工作样机及获取的高隐藏目标图像分别如图 4.24 所示。Gen-I、Gen-III 和 JIGSAW 系统参数如表 4.2 所列。

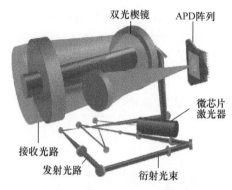

图 4.23 JIGSAW 系统光路示意图

双光楔镜 APD阵列

微芯片 激光器

接收光路 发射光路 衍射光束

（a）试验样机

激光器 发射光学系统 双光楔镜

（b）高隐藏目标图像

图 4.24 JIGSAW 系统样机及获取的高隐藏目标图像

表 4.2 Gen-Ⅰ、Gen-Ⅲ系统和 JIGSAW 系统参数

参数	Gen-Ⅰ	Gen-Ⅲ	JIGSAW
激光器	被动调 Q Nd:YAG 微芯片激光器		
激光波长/nm	532		
重复频率/kHz	1	5~10	16
单脉冲能量/μJ	30	33	4
脉宽（FWHM）/ps	380	700	300
探测器	4×4GM APD	32×32GM APD	
像元间距/μm	100		
接收口径/cm	5	7.5	
焦距/cm	—	30.0	
照明方式	—	32×32 衍射分束器	
测距分辨率/cm		15	40
扫描镜	两个单轴	两个轴	Risley 棱镜
质量/kg		6	—

欧洲航天局设计的着陆用激光成像系统是基于 1×256 探测器阵列的盖革模式单光子雪崩二极管（SPAD）。着陆和避障用传感器的技术要求如表 4.3 所列。

表 4.3 着陆和避障用传感器的技术要求

序号	技术要求	数 值
1	作用距离	10 ～ 5000m
2	着陆车的垂直速度	50m/s @ 5000m ～ <5m/s @ 5m
3	着陆车的水平速度	50m/s @ 5000m ～ <5m/s @ 5m
4	安全着陆地点尺寸	> 5m×5m
5	测距精度	<5m @ 5000m；<10cm @ 300m；<2cm @ 10m
6	水平地面分辨力	<100cm
7	系统质量	< 10kg
8	功耗	< 60 W
9	视场角	>20°×20°
10	合作型目标	否
11	帧频	>1Hz

着陆用激光成像系统工作示意图如图 4.25 所示。该系统由激光、光学、具有特定飞行时间（TOF）集成读出电路（ROIC）的探测器、扫描镜和控制电子组件等几个独立的模块组成。实时数据处理单元发出激光触发序列，设置时间门维度、接收光学系统焦点位置和所需激光能量。对激光脉冲的空间分布进行整形以匹配探测器视场角的要求。探测器记录脉冲发送的时刻，测量每个像元对应返回脉冲的延

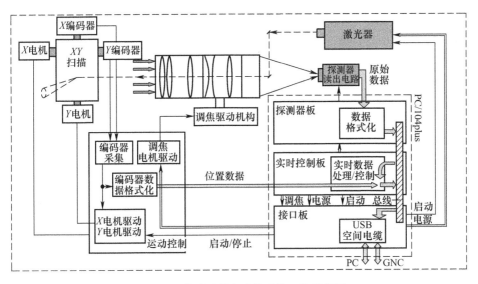

图 4.25 着陆用激光成像系统工作示意图

迟。一旦开始扫描,扫描镜相对于激光触发脉冲异步扫描。电机控制器控制扫描镜在 X、Y 方向以固定角速率运动,并保证光线在仪器整个视场角内。脉冲的方向由编码器测量,之后与飞行时间数据融合。

系统采用 1×256 探测器阵列的盖革模式 SPAD,经过优化在 532nm 波长处具有较高灵敏度,其实物如图 4.26 所示。目标图像被投射到探测器。仪器的空间分辨率是由探测器像素的大小决定的。随着目标接近传感器,系统通过移动的聚焦透镜组来调焦。激光脉冲从目标反射回传感器的时间被每一个像素测量,并把数据传送到实时数据处理板。实时数据处理板把这些数据和从扫描镜编码器得到的位置数据融合,并对数据进行预处理,如过滤错误的测量结果,将数据转化为便于通过空间电缆高速传送到导航控制系统的形式。

图 4.26　1×256 线阵探测器实物

激光光源是一个 Nd:YAG 激光器,脉冲短(小于 10ns),重复速率为 12kHz,波长为 532nm。该光学系统包含一个光束扩束器、镜子组和一个变焦镜头。接收物镜是一个变焦镜头,能够获得从无限远到 1m 的高质量图像。输入光圈为 50mm,以保证对 5km 外目标测量时能够得到足够的信号。在光学系统前部装有一个干涉滤波器以滤除背景辐射。扫描系统是两轴万向节闭环机械框架椭圆镜,视场角范围从 5°×5°到 20°×20°。扫描镜是发送和接收光学系统的一部分。有限的测量时间要求不能使用产生二维随机扫描阵列的旋转扫描器,这样的扫描器扫描密度是变化的,相比于规则扫描阵列,需要更多的激光脚点来覆盖相同面积的目标区域。光学编码器能够给出扫描镜的位置信息。着陆用激光成像系统试验装置设计图如图 4.27 所示。

为在探测器受限条件下获取更大区域的目标图像,日本防御部科技研究院研制了光纤扫描激光主动成像系统[199],其工作原理示意图如图 4.28 所示。

光纤扫描激光主动成像系统工作原理:在焦平面一端,光纤阵列横剖面由 35×35 光纤阵列组成,并将光纤阵列划分为 7×7 的区域,将每个区域同一位置的光纤

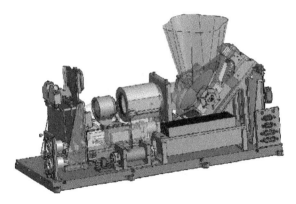

图 4.27　着陆用激光成像系统试验装置设计图

组成一个光纤簇,即每一光纤簇由 49 根光纤组成,共分为 25 个光纤簇。系统采用 25 个探测器,每个光纤簇连接一个探测器。在光纤阵列前端放置一个允许露出 5×5 光纤剖面区域的可移动窗口用于控制受光区域,确保探测器接收回波脉冲激光束时无串扰影响,通过窗口的移动实现扫描成像,其实质为接收系统前端扫描,优点是稳定性高、成像准确,缺点是激光器功率要求高、视场大。该系统测试时作用距离为 27m,测距分辨率优于 15cm,测距精度达 10cm,但其成像速度慢,每帧耗时 34.6s。

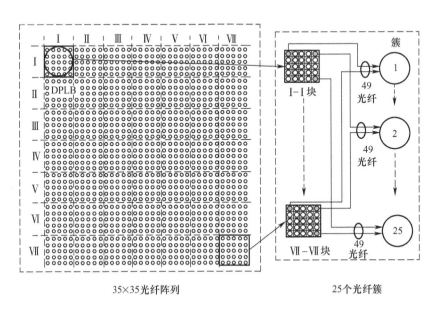

图 4.28　光纤扫描激光主动成像系统工作原理示意图

4.2.3 国外 Flash 激光雷达

荷兰的 TNO 研究了激光门景系统数据处理技术[200]，试验过程中采用了图 4.29 所示的 Intevac Livar 4000 人眼安全 1.57μm 激光门景和 EBCMOS 门景相机，其最小门移动量为 1m，最小门宽度为 20m。

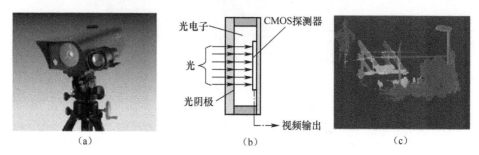

图 4.29　Intevac Livar4000 型激光门景系统及所获得的图像

美国 Advanced Scientific Concepts（ASC）自 1987 开始研究 Flash（闪光）LA-DAR[201-207]，采用专利技术发明了 Flash 探测器，工作原理示意图如图 4.30 所示。

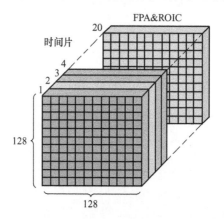

图 4.30　ASC 专利技术探测器工作原理示意图

该探测器像元数为 128×128，采用切片成像方式，每个像元具备 20 个切片成像能力，每个时间切片对应纳秒级门宽。激光器向目标发出一束激光，在设定距离阈值内，开启探测器，若第一个时间切片对应的阈值内，探测器有信号输出，说明该阈值对应距离处存在目标。之后探测器进行复位，以判断下一个时间切片对应阈值内是否有回波信号。以此类推，直至完成 20 个切片阈值范围内回波信号有无的判断。同时探测器具有片上读出电路，简化系统设计，测距精度达到厘米级别，成像帧频为30Hz。

ASC公司已研制出一系列Flash LADAR:分立式(1998年)、便携式(2005年)、TigerEye(2009年)、DragonEye(2009年)及GoldenEye(2013年)等。其中，TigerEye Flash LADAR尺寸仅为11cm×11.3cm×10.7cm,质量为10.7kg。不同时期的产品实物如图4.31所示。

（a）分立式　　　　　　　（b）便携式　　　　　　　（c）TigerEye

图4.31　ASC公司不同时期的产品实物

ASC公司Flash LADAR对1km以外目标所成图像如图4.32所示。同时,ASC公司Flash LADAR对浓烟背后目标也具有极好的"透视"能力,测试结果如图4.33所示。可以看出,由于烟雾过浓,背后目标无法显现,而Flash LADAR通过时间切片技术可以清楚地显示浓雾背后的人物图像。

图4.32　ASC公司Flash LADAR对1km以外目标所成图像

ASC公司未来设计探测器像元规模达到256×256,成像帧频达到60Hz,作用距离达5km。利用ASC公司的Flash探测器,美国Ball宇航科技公司(Ball Aerospace & Technologies Corporation)耗时6年于2011年研制出其第5代Flash LADAR[208-210],其同时集成有可见光相机,以对目标同时获取可见图像和距离图像,并进行后续图像融合,其探测器规模为128×128,成像帧频为30Hz。Ball公司第5

(a)   (b)

图 4.33　ASC 公司 Flash LADAR"透视"能力测试结果

代 Flash LADAR 实物如图 4.34 所示。

　　NASA 也研究了航天器在行星体自动着陆用 Flash 激光雷达[211]，其用于直升机飞行测试的 Flash 激光雷达装置如图 4.35 所示，包括 Flash 激光雷达、可见光相机和 IMU。激光器波长为人眼安全的 1.57μm，能量为 13mJ，脉冲宽度为 10ns，探测器是基于 ASC 公司的 Flash 探测器，像元数为 128×128，帧频可达 30Hz。

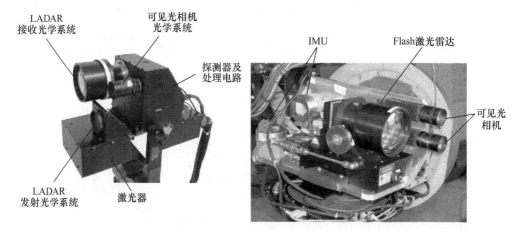

图 4.34　Ball 公司第 5 代 Flash LADAR 实物　　图 4.35　NASA 研制的航天器在行星体
　　　　　　　　　　　　　　　　　　　　　　　　　　自动着陆用 Flash 激光雷达装置

　　采用大面阵 Flash 探测器进行成像时的一个突出问题是：随着作用距离的增大，要求激光器输出功率加大，这必将造成系统体积、功耗过大。为解决该问题，Ball 公司和科罗拉多州立大学等研究机构提出电子扫描 Flash LADAR（electronically steerable flash LIDAR，ESFL）的概念[212-213]，采用声光调制器（AOBD）对激光束进行调制，ESFL 工作原理示意图如图 4.36 所示。

在图 4.36 中,调制信号数目决定了输出光束数,各输出光束偏转角与其对应调制信号频率相关,而各输出光束能量由调制信号幅值决定。ESFL 应用方法主要是随着目标距离不同改变调制信号特性,ESFL 应用示意图如图 4.37 所示。

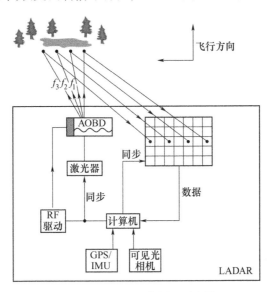

图 4.36　ESFL 工作原理示意图

在图 4.37(b)中,曲线横坐标为目标距离,纵坐标为照射探测器像元数。当目标距离较远时,通过控制调制信号,将激光光束照射在探测器阵列中的部分像元甚至是其中单个像元上,以提高像元接收到的回波功率,提高系统作用距离;当目标距离较近时,激光光束照射整个探测器阵列,以获取目标高空间分辨率图像。

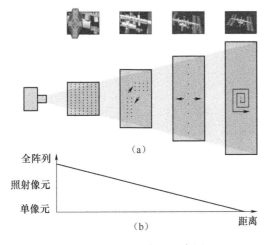

图 4.37　ESFL 应用示意图

4.2.4 国外多模式激光雷达

英国 SELEX 公司于 2008 年推出红外与激光多模探测器[214]（名称为 Swan），像元数为 320×256，像元间距是 24μm，灵敏度可达 16~18mK。应用时，可通过电控方式方便地在热成像模式和激光距离门成像模式间灵活切换，从而使同一光电系统中同时具备热成像、可见光成像及激光门控成像等多种功能，多模式探测系统结构示意图如图 4.38 所示。

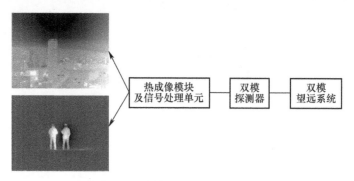

图 4.38 多模式探测系统示意图

在前期试验中，SELEX 公司设计了双路光学系统：热成像光路口径为 140mm，焦距为 420mm，视场角为 1°×0.8°；短波光路口径为 144mm，焦距为 1400mm，视场角为 0.31°×0.25°。通过可移动折叠镜进行光路切换，其热成像及主动成像试验结果如图 4.39 所示。

（a）   （b）

图 4.39 SELEX 公司多模式探测系统热成像及主动成像试验结果

法国原子能委员会电子信息技术研究所（CEA/LETI）于 2012 年同样研制出了红外与激光多模探测器[215-216]，像元数为 320×256，像元间距为 30μm。在被动模式下，NETD 可达 30mK@80K；在主动模式下，非均匀性噪声为 9cm，帧之间噪声为

174

11cm。CEA/LETI 多模探测器单个像元的简化原理如图 4.40 所示。CEA/LETI 多模探测器在激光测距模式示意图如图 4.41 所示。

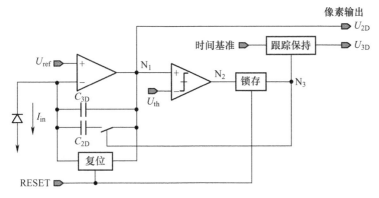

图 4.40　CEA/LETI 多模探测器单个像元简化原理

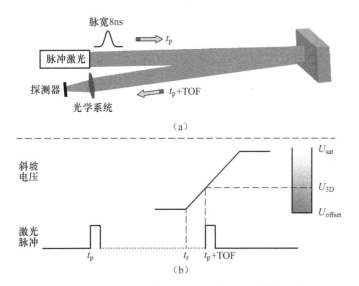

（a）

（b）

图 4.41　CEA/LETI 多模探测器在激光测距模式示意图

假定脉冲激光在 t_p 时刻发出,在 t_p+TOF 时刻返回到探测器敏感面上,则每个像素在激光测距模式下的输出电压 U_{3D} 由下式给出,即

$$U_{3D}(t) = \begin{cases} U_{\text{offset}} & (t \in [t_p, t_r)) \\ \alpha(t - t_r) + U_{\text{offset}} & (t \in [t_r, t_r + \Delta t_r)) \\ U_{\text{sat}} & (t \in [t_r + \Delta t_r, +\infty)) \end{cases} \tag{4.12}$$

式中:t_r、$t_r + \Delta t_r$ 分别为斜坡电压的起始时刻和终止时刻;α 为斜坡电压的斜率;

U_offset、U_sat分别为斜坡电压最小值和最大值,由读出电路确定。

由式(4.12)可知,一旦确定斜坡电压斜率α,即可根据其输出电压值U_3D确定目标距离。

Lockheed Martin 研制了偏振激光主动成像系统[217](polarimetric imaging laser radar,PILAR)并成功应用于无人机上,其载荷示意图如图 4.42 所示。PILAR 中激光波长为 1064nm,激光器重频达 18.8kHz,单脉冲能量为 372μJ,脉冲宽度为 8~10ns,束散角小于 6mrad,光束质量 $M^2<1.5$。接收探测器选用 6 只 APD,相邻像素间距为 50μrad。通过两轴扫描镜,作用距离达 6km,成像帧频在 10Hz 条件下,单幅图像像素分辨率为 90×90。

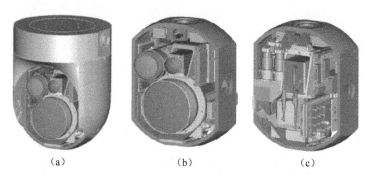

(a)   (b)   (c)

图 4.42 Lockheed Martin 公司 PILAR 载荷示意图

4.2.5 国外民用领域激光雷达发展现状

国外知名测绘仪器制造商 Leica、Optech 和 Riegl 等公司已经成功推出了一系列性能优异的激光三维测绘系统,几款典型产品性能参数如表 4.4 所列,实物如图 4.43所示。

表 4.4 典型民用激光三维测绘系统的性能参数

性能参数	LMS-Q680i	ALS70	ALTM Pegasus
激光波长/nm	1064	—	1064
激光重频/kHz	400	500	500
最大工作高度/m	1600	5000	2500
横向扫描角/(°)	60	70	65
测量精度/cm	2	5@ 40°FOV	5~15
最大测量速度/kHz	266	250	—
最大扫描频率/Hz	200	100	140
结构尺寸/(mm×mm×mm)	230×212×480	370×680×270	630×540×450
质量/kg	17.5	43	49

（a）Leica的ALS系列 　　（b）Optech的ALTM系列 　　（c）Riegl的LMS系列

图 4.43　几款典型产品实物

4.2.6　国内激光主动成像系统发展现状

国内激光主动成像系统研究起步较晚,相关研究机构包括天津津航技术物理研究所、华中科技大学、国防科技大学[218]、浙江大学[219]、哈尔滨工业大学、中国科学院上海技术物理研究所、中国科学院上海光学精密机械研究所、中国科学院长春光学精密机械与物理研究所[220-222]等。华中科技大学主要研究海洋激光三维探测成像系统,于 1996 年进行海上试验,成功探测到 80~90m 的海底;哈尔滨工业大学主要研究障碍物回避用激光三维探测成像系统,已研制出实验室样机,成像帧频为 7 帧/s,每帧分辨率为 32×32 像素,作用距离为 2km。国防科技大学基于单APD 探测器,设计并实现了扫描式激光三维探测成像系统样机(2005 年),其激光扫描器结构如图 4.44 所示。国防科技大学扫描式激光三维探测成像系统样机作用距离为 4~24m,测量误差小于 5cm,试验现场及所得图像分别如图 4.45 和图 4.46所示。

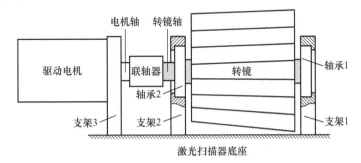

图 4.44　国防科技大学激光主动成像系统激光扫描器结构

浙江大学基于 ICCD 研究了面阵激光三维成像系统(2009 年),在 600m 测距范围内的距离分辨率为 1.6m,试验结果如图 4.47 所示。

图 4.45　国防科技大学激光主动成像系统试验现场

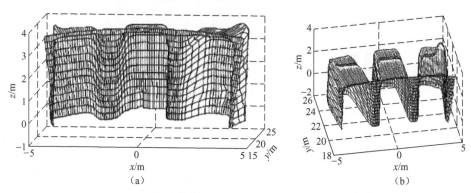

图 4.46　国防科技大学激光主动成像系统试验所得图像

图 4.47　浙江大学激光主动成像系统试验现场及所得图像

哈尔滨工业大学基于多重距离选通技术,以 ICCD 为探测元件完成了激光三维成像系统样机(2011 年),探测距离为 500m,试验结果如图 4.48 所示。哈尔滨工业大学研究人员还在光学平台上搭建了基于 8×8 探测器的无扫描激光成像演示系统[223],收/发光学系统共口径,并采用达曼光栅分光,系统结构如图 4.49 所示。

另外,哈尔滨工业大学研究人员还采用双光楔扫描扩大系统覆盖宽度[224],探测器选用 5×5 APD 阵列,配合高重频固体激光器,实现 3°×3° 的成像视场和 128×

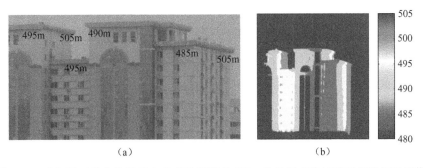

（a）　　　　　　　　　　　　　　　（b）

图 4.48　哈尔滨工业大学激光主动成像系统对 500m 处目标成像试验现场及所得图像

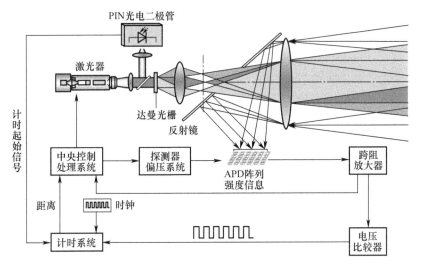

图 4.49　哈尔滨工业大学基于 APD 阵列的无扫描激光成像系统结构

128 的像素分辨率,测距精度达到 0.8m,系统结构如图 4.50 所示。

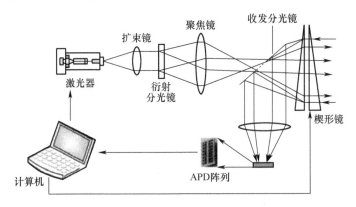

图 4.50　哈尔滨工业大学双光楔扫描激光成像系统结构

中国科学院上海技术物理研究所于 2009 年采用单点 APD 配合摆镜扫描实现 35cm 的测距精度,光学系统采用收发共光轴结构形式[225],如图 4.51 所示。中国科学院上海技术物理研究所于 2010 年将系统探测器改为 3×3 单点探测器,为实现回波信号与探测器的对应,其采用 9 根光纤分别导光[226],成像系统结构如图 4.52 所示。

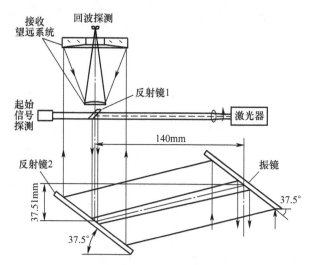

图 4.51　中国科学院上海技术物理研究所单点扫描激光成像系统结构

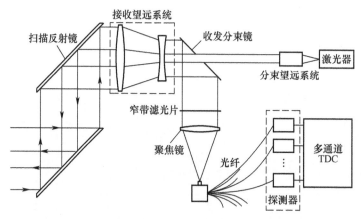

图 4.52　中国科学院上海技术物理研究所多点激光成像系统结构

中国科学院上海光学精密机械研究所也对基于单点 APD 配合声光扫描的三维视频激光雷达进行了研究,声光扫描系统原理如图 4.53 所示。在图像分辨率为 63 像素×63 像素时,成像帧频达 25Hz[227],中国科学院上海光学精密机械研究所试验用坦克模型及所成三维图像如图 4.54 所示。

目前,国内激光主动成像系统仍处于实验室研究阶段,尚未研制出可以推广应用的高水平系列化产品。

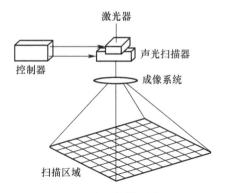

图 4.53　声光扫描系统原理

（a）坦克图像

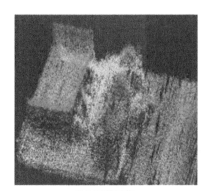（b）三维图像

图 4.54　中国科学院上海光学精密机械研究所试验用坦克模型及所成三维图像

4.2.7　激光主动成像方式对比分析

综上所述,直接测距型激光主动成像系统成像方法主要集中在采用单点探测器或小面阵探测器配合光机扫描,或者采用 Flash 探测器,对各种成像方式及其典型载荷汇总,如表 4.5 所列。

各实现方法各有优、缺点,分述如下。

（1）在单点探测器配合光机扫描方法中,因只有一个探测器,与其他方法相比,在测试条件相同的情况下,探测器接收到的目标回波功率最大。因此,该方法能够实现较远的作用距离。但是,由于每发送一次脉冲激光,仅能获取目标单点距离信息,因此要求激光器具有较高重复频率。同时,需要对获取的各点信息进行几何较准,后续处理难度大;鉴于光机扫描效率的限制,该方法能够实现的成像帧频不高。

表 4.5　激光主动成像系统工作方式及其典型载荷汇总

序号	应用领域	研制单位	技术指标	工作方式
1	直升机助降	EADS AFRL	探测器:单点 作用距离:616~1000m 激光波长:1.57μm 测距精度:1cm 帧频:4Hz@ 200×128	光纤扫描+振镜扫描;多边形扫描
2	军事测绘	BALL ASC	探测器:大面阵 作用距离:5km 激光波长:1.57μm 帧频:30Hz@ 128×128	无扫描
3	目标探测	MIT	探测器:小面阵 激光波长:532nm 测距分辨率:40cm	扫描镜 双光楔镜
4	民用测绘	Leica Optech Riegl	探测器:单点 作用距离:1600~2500m 激光波长:1064nm 扫描频率:100~140Hz 测量速度:250~260Hz	扫描成像

（2）小面阵探测器配合光机扫描方法中,每发送一次激光脉冲,能够获取目标多点信息,且各点信息空间相关性很强,无须进行几何校准,但不同脉冲情况下获取的图像之间仍需进行几何校准。与单点探测器配合光机扫描方法相比,该方法要求激光器输出功率较大,通过分束照明方法可有效降低对激光器输出功率的要求。同样,限于光机扫描的效率,该方法能够实现的成像帧频依然不高。

（3）采用 Flash 探测器可以在发送一束脉冲激光的条件下获取目标整个图像,无须光机扫描机构,从而大大减小了系统尺寸、体积和功耗。同时,获取目标各点距离信息相关性很强,大大简化了后续数据处理,便于实现系统小型化。同时,该方法可在激光器低重复频率条件下输出目标视频图像。但是,该方法要求输出激光束照射整个目标区域,要求激光输出功率大,作用距离受限。

（4）采用 Flash 探测器配合电子扫描,可根据目标距离不同自适应改变照射目标区域像素数,在远距离工作时,以空间分辨率换取作用距离,减轻了对激光器输出功率的要求。

上述各种方法有其各自的优、缺点,需根据系统实际应用需求,综合考虑系统体积、重量、功耗、激光器输出功率及脉冲重复频率、所能获取的探测器类型、后续数据处理能力等多种因素折中选取。在作用距离较远,但对成像帧频要求不高,且系统体积、重量、尺寸允许的条件下,可采用单点探测器配合光机扫描方案;在作用距离较近,且需目标实时视频信息,而系统体积、重量要求严格的情况下,可采用Flash探测器配合电子扫描来实现。然而,小面阵探测器配合光机扫描方案在实现难度、性能等方面则介于上述两种方案之间。

4.3 直接测距型激光主动成像系统关键技术

4.3.1 距离图像数据表征

激光主动成像系统输出的是一系列目标脚点的数据信息,美国摄影测量和遥感学会(American society for photogrammetry and remote sensing,ASPRS)定义的LAS数据格式在国内外得到了广泛应用,具体格式包括一个共用帧头块、可变长度记录和点云数据格式。其中,点云数据格式具有5种形式,表4.6给出了点云数据格式3的定义。

表 4.6　LAS 数据格式中点云数据格式 3 的定义

项目	格式	字节数或位数
X	Long	4B
Y	Long	4B
Z	Long	4B
强度	Unsigned short	2B
回波	3bit(bit0,1,2)	3b
回波数	3bit(bit3,4,5)	3b
扫描方向标志位	1bit(bit6)	1b
扫描边缘标志位	1bit(bit7)	1b
目标类型	Unsigned char	1B
扫描角	Char	1B
用户数据	Unsigned char	1B
数据 ID	Unsigned short	2B
GPS 时间	Double	8B
红	Unsigned short	2B
绿	Unsigned short	2B
蓝	Unsigned short	2B

激光主动成像系统数据处理的目的是利用点云数据生成数字高程模型（DEM），得到数字表面模型（DSM）等数据产品。实际应用中，可将三维点云数据与可见光图像进行融合，以增强可视效果。点云数据生成的三维示例图像及经可见光图像渲染后的结果，如图4.55所示。

（a）三维图像　　　　　　　　　　　　（b）图像渲染后结果

图4.55　点云数据生成的三维示例图像及经可见光图像渲染后的结果

4.3.2　激光器选择

激光主动成像系统中激光波长选取主要从5个方面考虑，即人眼安全、穿透大气及障碍物的能力、激光器成熟度、对应波段敏感元件性能及反侦察需求。

人眼是一个精密的光学系统。大多数可见光和近红外光都能透过角膜、前房、晶状体、玻璃体到达视网膜，人眼光谱透过率曲线如图4.56所示。

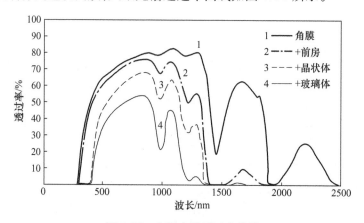

图4.56　人眼光谱透过率曲线

人眼安全的激光波长需大于1400nm或者小于400nm。如果选择400～1400nm波段的激光器，需控制激光功率在人眼安全的阈值之内。

大气透过谱段主要包括可见光波段（0.3～1.3μm）、近红外波段（1.5～1.9μm）、中红外波段（3.5～5.5μm）及热红外波段（8～14μm），如图4.57所示。

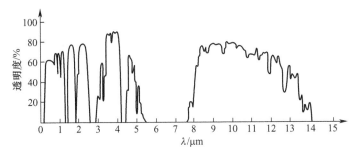

图4.57　大气窗口光谱曲线

半导体泵浦Nd:YAG激光器特征波长为532nm和1064nm，通过选频技术可使出射光束波长保持在1064nm。无论从散热、体积、重量、功率还是稳定性上来说，该型激光器技术相对成熟。获得波长大于1400nm激光的途径主要有3种，即直接泵浦掺铒（Er）磷酸盐玻璃、Nd:YAG的受激拉曼散射频移和光参量振荡器技术。1064nm波长的探测器可采用APD阵列或ICCD，而对应1400nm以上激光的探测器通常只有非常低的量子效率和较大的暗噪声率。从反侦察的角度，1064nm或者大于1400nm的激光均满足要求。

1064nm处于大气窗口中，日光中1064nm的辐射能量也很多，虽然相对于激光光源的能量较小，其对激光主动成像系统中探测器像元之间的串扰不可忽视，需添加适当的滤光片以克服目标反射日光的干扰。

对人眼而言，因为1064nm的激光不可见，为在系统调试时迅速判定激光照射位置及光斑大小，可采用Thorlabs公司VRC2红外测试卡，将1064nm激光转换成可见光，主要技术参数如表4.7所列。

表4.7　Thorlabs公司VRC2红外测试卡技术参数

序号	参　　数	数　　值
1	吸收波段	400～640nm、800～1700nm
2	发射波段	580～750nm
3	有效感光区域	30.5mm×53.3mm

VRC2红外测试卡实物如图4.58所示。在使用时应注意避免激光长时间照射敏感区域同一个感光点。

激光器的性能是激光主动成像系统性能的关键影响因素之一。对于机载激光主动成像系统而言，探测距离、测距精度、工作效率、体积、重量及能耗是比较关心的性能指标。因此，为了提高系统的整体性能，对激光器有以下几方面要求。

（1）为了获得更远的探测距离，要求激光器脉冲能量高（数百微焦）、束散角小、光束波形质量高。

（2）为了获得高的测距精度，要求激光脉冲宽度要窄（数百皮秒至几纳秒），同时，波束质量也是影响横向测量精度的重要因素。

图4.58　Thorlabs公司VRC2
红外测试卡实物

（3）为了提高工作效率，激光脉冲重复频率要高，目前商用激光三维测绘系统的脉冲重复频率最高水平已经达到400~500kHz。

（4）为了在机载平台上工作，要求结构紧凑、功耗低。

（5）从使用安全角度出发，人眼安全的1550nm激光是激光主动成像的一个关注点。

二极管泵浦固体激光器和微芯片固体激光器在功率体积比、热稳定性、工作效率、使用可靠性等方面具有较大优势，是机载激光主动成像系统的可选方案。尤其是微芯片激光器，它是功耗要求严格的小型化激光主动成像系统的最佳选择。林肯实验室研制的Gen-系列和JigSaw、Sigma等先进激光主动成像系统都采用了微芯片激光器，其脉冲重复频率可达1kHz、输出脉冲能量达到250μJ、脉冲宽度低于380ps，微芯片激光器原理示意图如图4.59所示，其脉冲重复频率与最大脉冲能量关系曲线[228]如图4.60所示。

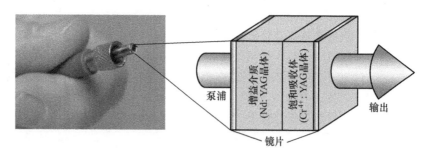

图4.59　林肯实验室微芯片激光器原理示意图

此外，光纤激光器因其结构和热稳定性好、效率高，光可以随意引到指定位置，给系统整体布局带来了较大的灵活性，且可以使用激光二极管进行有效泵浦，不需要复杂的能量源和冷却系统，也是机载激光主动成像系统的一个可选光源。ELOP的SWORD和FLAME激光主动成像系统都采用了二极管泵浦的MOPA配置形式光纤激光器。在人眼安全的1550nm波段，Er-Rb掺杂光纤激光已发展成为一种成熟技术，如果按MOPA配置方式，它将成为人眼安全要求较高的激光主动成像系统最具吸引力的解决方案，原因在于直接调制的高速InGaAs二极管激光振荡器

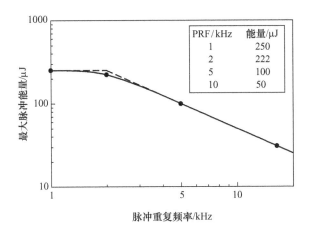

图 4.60 林肯实验室微芯片激光器脉冲重复频率与最大脉冲能量关系曲线

已经可供选择,通过扫描系统可以实现激光光束的精确同步控制。

在选择脉冲激光器时,需考虑其峰值功率和平均功率,电子学设计人员关注峰值功率,其影响系统作用距离,而激光器设计人员则更关心平均功率,因其涉及激光器散热问题,通常在数十瓦量级可实现。激光器峰值功率 P_{peak} 与单脉冲能量 E、脉冲宽度 τ 之间关系式为

$$P_{\text{peak}} = \frac{E}{\tau} \tag{4.13}$$

激光器平均功率 P_{av} 与单脉冲能量 E、重复频率 f 之间的关系为

$$P_{\text{av}} = E \cdot f \tag{4.14}$$

激光器峰值功率 P_{peak} 与激光器平均功率 P_{av} 之间的关系为

$$\frac{P_{\text{peak}}}{P_{\text{av}}} = \frac{\dfrac{E}{\tau}}{E \cdot f} = \frac{1}{\tau \cdot f} \tag{4.15}$$

为测试激光输出能量,需脉冲激光能量计,可选用美国 Coherent 公司的 J-25MB-LE 及 J-10MB-LE 两款探头,其技术参数如表 4.8 所列。探头配套表头为 LabMax_Top 激光功率/能量计表头。

另外,可采用 Thorlabs 公司的 DET210 高速探测模块测试脉冲激光器输出脉冲宽度,其内部包含光电二极管及+12V 的供电电池,便于现场信号测试。DET210 高速探测模块的主要技术参数如表 4.9 所列。DET210 高速探测模块内部探测器光谱响应曲线如图 4.61 所示。

表 4.8　Coherent 公司 J-25MB-LE 与 J-10MB-LE 探头的技术参数

序号	参　数	J-25MB-LE	J-10MB-LE
1	波长范围/μm	0.19~12	
2	能量范围/mJ	0.025~50	0.0003~0.6
3	等效噪声能量/μJ	<1	<0.02
4	有效面积直径/mm	25	10
5	最大平均功率/W	5	4
6	最大脉冲宽度/μs	17	
7	最大脉冲重复频率/Hz	1000	
8	最大能量密度/(mJ/cm^2)	500@1.064μm,10ns	
9	校准波长/μm	1.064	
10	校准不确定性/%	±2	
11	能量线性度/%	±3	

表 4.9　DET210 高速探测模块的技术参数

序号	参　数	数　值
1	探测器类型	Si 基 PIN 探测器
2	响应波段/nm	200~1100
3	峰值响应波长/nm	730±50
4	峰值灵敏度/A/W	0.45
5	上升及下降时间/ns	1
6	结电容/pF	6
7	等效噪声功率/W/Hz$^{1/2}$	5×10^{-14}
8	暗电流	0.80nA@-12V
9	有效感光面积/mm^2	0.8
10	输出连接器	BNC,直流耦合
11	偏压供电	12V 电池(典型用 A23)

4.3.3　探测器选择

常用于直接测距型激光主动成像系统的探测器[229]包括雪崩光电二极管（avalanche photo-diode,APD）和 PIN 光电二极管。相比于 PIN 光电二极管,APD 探测器灵敏度高、响应时间短,更适合微弱激光信号的探测;但缺点是工作电压高,

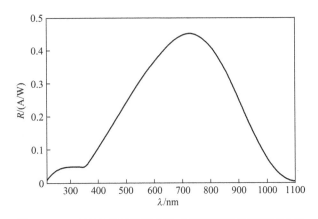

图 4.61 DET210 高速探测模块内部探测器光谱响应曲线

且需要复杂的温度补偿电路,成本较高。APD 分线性模式和盖革模式(GM-APD)两种。线性模式 APD 具备多目标探测能力,通过设定阈值可有效降低虚警率,与此同时,能够获取目标强度信息。但是,与盖革模式 APD 相比,灵敏度略低,且处理电路复杂。盖革模式 APD 具有单光子探测灵敏度,响应时间达皮秒级,输出为数字量,简化了后续处理,但其对噪声敏感,且需淬火电路。线性模式 APD 和盖革模式 APD 工作区域示意图如图 4.62 所示。

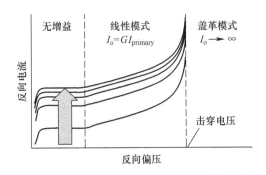

图 4.62 线性模式 APD 和盖革模式 APD 工作区域示意图

考虑激光主动成像系统对远距离目标成像时回波信号功率很低,常利用 APD 对微弱光信号的探测能力实现回波信号的检测。参考光功率一般较大,且一致性较好,可采用 APD 探测器或 PIN 光电二极管检测。

示例 APD 探测器在增益为 100 时的光谱响应曲线如图 4.63 所示,图中给出了敏感面前端带滤波窗和不带滤波窗两种形式的 APD 响应曲线。

由图 4.63 可以看出,当增益为 100 时,在不带窗情况下,该 APD 探测器在

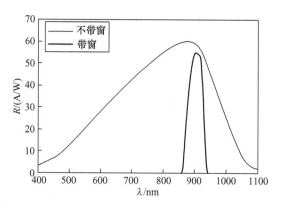

图 4.63　增益为 100 时示例 APD 探测器的光谱响应曲线

1064nm 处的响应度约为 5A/W。示例 APD 探测器的增益与偏压之间的关系曲线如图 4.64 所示,若要增益达到 100,偏压需达到 200V;当偏压降到 100V 时,增益仅为 8,即增益与偏差之间呈现非线性特性。为实现高增益,需给该 APD 探测器施加高偏压。采用 BOOST 电路和电容二极管倍压可实现较高电压输出[230],但因采用分立元件,电路调节比较困难,而且可靠性不高。另外,可采用专用的高压模块,但成本高。

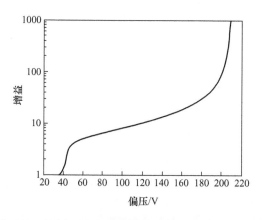

图 4.64　示例 APD 探测器增益与偏压之间的关系曲线

　　示例 PIN 探测器在工作电压为 10V 时的光谱响应曲线如图 4.65 所示。由图 4.65可以看出,该探测器为 1064nm 增强型,当工作电压为 10V 时,该 PIN 探测器在 1064nm 处的响应度约为 0.55A/W。对其供电可考虑基于 DC-DC 变换的集成芯片,外围电路简单,简化了电路设计,且成本低。

　　对比上述 APD 探测器和 PIN 探测器的主要性能指标对比如表 4.10 所列。

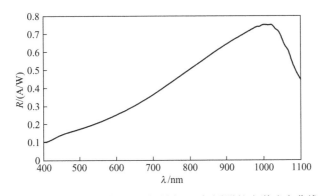

图 4.65　工作电压为 10V 时示例 PIN 探测器的光谱响应曲线

表 4.10　示例 APD 探测器和 PIN 探测器性能指标

性能指标	APD 探测器	PIN 探测器
有效感光面积	0.04mm^2	10mm^2
温度系数	$1.25 \sim 1.55\text{V/K}$	$15\%\text{/K}$
击穿电压	$160 \sim 240\text{V}$	300V
响应度@$\lambda = 1064\text{nm}$	$5\text{A/W} @ U_b = 200\text{V}$	$0.55\text{A/W} @ U_b = 10\text{V}$

　　虽然上述 1064nm 增强型示例 PIN 探测器在 10V 偏压时的响应度低于示例 APD 探测器在偏压为 200V 的响应度,但其感光面积大,在参考光功率满足系统要求时,允许 PIN 探测器工作在低偏置电压下,有利于采用集成高压芯片供电,在降低成本、简化系统设计的同时提高系统可靠性[231]。同时,上述 PIN 探测器感光面积大于 APD 探测器,可简化参考光光路设计。

　　示例 APD 阵列增益为 100 时的光谱响应曲线如图 4.66 所示。上述示例 APD 阵列主要性能指标如表 4.11 所列。

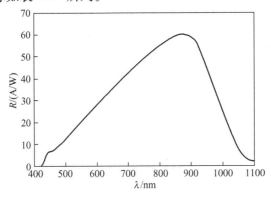

图 4.66　示例 APD 阵列增益为 100 时的光谱响应曲线

表 4.11　示例 APD 阵列主要性能指标

性能指标	测试条件	最小值	典型值	最大值
有效面积/$\mu m \times \mu m$	—		205×205	
像元间距/μm			320	
像元缝隙/μm	—		115	
像元数	—		8×8	
暗电流 I_D/nA	$M=100, \lambda=880nm$,单个敏感元		0.3	
结电容/pF	$M=100$,单个敏感元		1	
灵敏度/(A/W)	$M=100, \lambda=905nm$	55	60	
上升时间 t_R/ns	$M=100, \lambda=905nm, R_L=50\Omega$		2	
击穿电压 U_{BR}/V	$I_R=2\mu A$		200	
温度系数/(V/K)			1.45	
串扰/dB	$\lambda=905nm$		50	
光电流均匀性/%	$M=50$		±5	±20
暗电流均匀性/%	$M=50$		±5	±20

　　示例 APD 阵列增益与反向偏压关系曲线如图 4.67 所示。示例 APD 阵列实物如图 4.68 所示。

　　APD 阵列信号采集模块原理框图如图 4.69 所示。APD 阵列由集成高压模块供电,阵列输出电流信号经跨阻放大器转换成电压信号输出,同时送入高速比较器,得到各通道时刻鉴别信号。APD 阵列上集成有温敏电阻,其可测量周围温度,并依据此调节高压模块控制电压进行温度补偿。

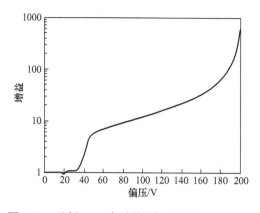

图 4.67　示例 APD 阵列增益与反向偏压关系曲线

图 4.68　示例 APD 阵列实物

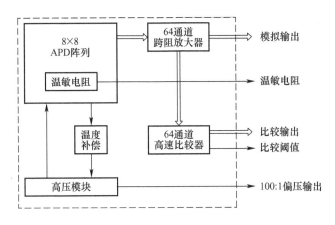

图 4.69　APD 阵列信号采集模块原理框图

4.3.4　照明方式选择

　　激光主动成像系统探测远距离目标时,其接收的回波能量相对较为微弱,因此通常选用较为灵敏的 APD 作为探测器件。当选用 APD 阵列时,每一个被测单元面积内的回波能量除了到达对应的探测器敏感元之外,可能还会存在部分能量被与之相邻的敏感元接收,造成串扰。由于衍射和像差的存在,各个视场的回波能量经过接收系统到达像面时,会形成一个弥散斑,若弥散斑只落在一个探测器敏感元上,则不会造成串扰;若弥散斑落在了相邻的两个或多个探测器敏感元上,就会造成串扰,其示意图如图 4.70 所示。

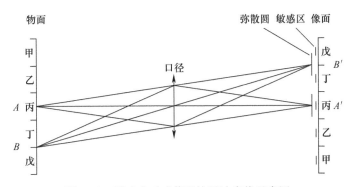

图 4.70　激光主动成像系统回波串扰示意图

　　在图 4.70 中,物面上甲、乙、丙、丁、戊区域——对应像面上的甲、乙、丙、丁、戊探测器敏感元。A 点处于物面上丙区域的中心点,其像点 A' 也处于探测器敏感元

193

丙的中心点,图中 A' 点的弥散斑只落在了探测器敏感元丙的敏感区内;B 点处于物面上丁、戊区域的交汇处,其像点 B' 点也处于像元丁、戊的交汇处,但是,图示中 B' 点的弥散斑落在了像元丁、戊的敏感区内,造成了串扰。为了避免这种串扰,可采用泛光照明配合微透镜阵列或分束照明。

泛光照明是指将激光器发出的一束激光通过扩束投影的方法均匀照亮需要探测的区域,示意图如图 4.71 所示。

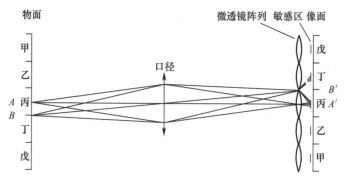

图 4.71　泛光照明区域示意图

从图 4.71 可以看出,微透镜阵列可以将物面上单元受测面积内的反射光搜集至像元敏感区内,像元接收的能量得到了增强,但该方案存在诸多问题。

(1)单元受测面积内的反射光由于物面的高低不平,并不是同一时间进入像元,所以像元接收的能量并没有增加。

(2)当光束照射相邻微镜之间的间隙上时,光束有可能同时进入两个或多个相邻的像元敏感区。

(3)该方案对接收系统的像质要求很高,当存在较大弥散圆时,同样会发生串扰。

(4)微透镜阵列的加工精度有限,由面型误差或散射造成的影响将会大大限制该方案的可行性。

分束照明是指将激光器发出的一束光束通过衍射分束的方法分成光束阵列,然后再投影到物面上,物面上激光束之间的距离为激光主动成像系统单元受测面积的尺寸,所有激光束阵列覆盖需要测量的区域,激光束阵列的数量即为测量区域包含单元受测面积的数目,分束照明示意图如图 4.72 所示。A 点和 B 点均为受测面积的中心点,分别被一束激光束所照亮,它们在像面上的像点 A' 和 B' 也分别处于探测器敏感元的中心处。

该方案具有优势如下:

(1)激光器出射能量照亮的面积大大减小,只有尺寸很小的 N 个点的面积,

所以像元接收到的能量将会大大增加,从而提高信噪比;

(2) 只要弥散圆尺寸不过大,即可有效避免串扰的发生,从而放宽对光学系统像质的要求,能大大缩小系统尺寸、重量和成本等。

综上所述,采用泛光照明方式时,因衍射和像差的存在,被测目标单元回波能量经过接收系统到达像面时会形成一个弥散斑,若弥散斑落在了相邻的两个或多个像元敏感区上,会造成像元间的串扰。而分束照明将出射光束分成二维光束阵列,使激光输出功率集中照射在接收有限区域内,在提高激光利用率的同时,可有效避免像元串扰,且放宽了光学系统像质的要求,能大大缩小系统尺寸、重量和成本等。

光束分束方法主要有光栅衍射分束和泰伯(Talbot)效应分束。

泰伯效应是指当用平面波照明一个具有周期性透过率函数的图片时,将会在该透镜后的某些距离上出现周期函数的像。这种不用透镜可对周期物体成像的方法也称为自成像(self-imaging),有时也称为傅里叶成像。该现象的物理原因在于各个近场衍射分量之间再次相互干涉而在一定距离上形成的能量周期分布,泰伯效应原理示意图如图4.73所示,图中 N 为周期数,d 为光栅常数。

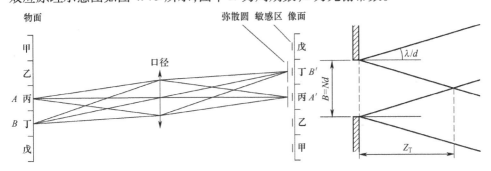

图4.72 分束照明示意图   图4.73 泰伯效应原理示意图

泰伯效应自成像距离表达式为

$$z = \frac{2nd^2}{\lambda}(n = 0, \pm 1, \pm 2, \cdots) \tag{4.16}$$

最大自成像距离 Z_T 取决于光栅的宽度 $B = Nd$,即

$$Z_T = \frac{Nd^2}{2\lambda} \tag{4.17}$$

像面上每点的光束发散角 θ 表达式为

$$\theta = \frac{2\lambda}{d} \tag{4.18}$$

因此,可以将准直之后的激光光束垂直照射在所需的周期分布的透射光栅

上,在其后方的有限个泰伯距离上,将会出现该周期分布的光栅的像,再通过成像镜组将该光栅像投影至地面。

该方法的衍射元件加工相对容易,可以获得大面阵数的光束阵列,而且自成像图案上呈周期排布的图案亮度均匀,光束孔径角较小,后方光阑的尺寸不大。但是,激光主动成像系统对分束照明的对比度要求较高,该方法用于激光主动成像系统照明时,为了获得较好的泰伯自成像效果,需要很大的照明孔径,且光栅占空比很低,由此造成泰伯光栅的透过率很低。同时,那些未透的杂光很有可能在设备内部多次反射,最终到达探测器件表面,对测量造成干扰。

Dammann 光栅利用特殊孔径函数衍射光栅产生一维或二维的等光斑强度光束阵列,是一种位相型光栅,衍射效率高,采用二值位相,易于制作,同时分束均匀性不受入射光强分布影响。Dammann 光栅分束原理和光栅结构形貌照片,如图 4.74 所示。

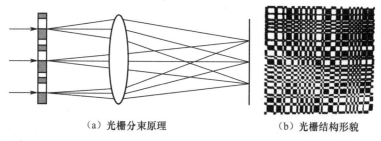

（a）光栅分束原理   （b）光栅结构形貌

图 4.74   Dammann 光栅分束原理及 65×65 Dammann 光栅结构形貌照片

Dammann 光栅设计方法很多,包括遗传算法、模拟退火法、G-S 算法、梯度寻址法和输入/输出法等,应根据分束数、光强均匀性及衍射效率等技术指标要求,选择适当的算法或将几种算法进行组合进行优化设计。

光栅制作工艺包括掩模光刻和离子束刻蚀,线宽精度将影响分束均匀性,可通过调整曝光剂量控制;刻蚀深度精度影响衍射效率,进而形成中心零级亮斑,可通过多次刻蚀逐步逼近目标深度。

采用分束照明的难点之一是发射光束和探测器敏感元之间的几何对准,在结构设计时应考虑相应的调整结构。

4.3.5　光学系统设计

光学系统可选用收发两轴分孔径、共轴分孔径或共轴共孔径 3 种结构形式,示意图如图 4.75 所示。3 种收/发光学系统结构形式优、缺点对比如表 4.12 所列。

收/发共孔径结构形式[232]通过接收光学系统像面和发射光学系统中间像面

的共轭,保证收/发光学系统视场完全匹配,使目标处的激光斑点阵列和 APD 阵列上的像元一一对准,而且该几何对准关系不随工作距离的变化而改变,同时能够缩小结构尺寸,缺点是镜头内部存在杂散光。

以林肯实验室的 Gen-Ⅲ 激光主动成像系统为例[196],其采用分束照明和收发共孔径结构形式,将激光器输出光束分为 32×32 细束,以达到与探测器匹配的目的。Gen-Ⅲ 激光主动成像系统光路图如图 4.76 所示。

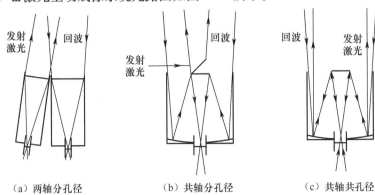

(a) 两轴分孔径　　　　　(b) 共轴分孔径　　　　　(c) 共轴共孔径

图 4.75　3 种收/发光学系统结构示意图

表 4.12　3 种收/发光学系统结构形式优、缺点对比

结构形式	光斑阵列与像元对准情况	系统内部串扰情况	体积、重量、成本	装调难度
两轴分孔径	激光发射和接收光学系统并不完全共视场,随距离变化会出现对准偏差	发射系统和接收系统基本独立,不会在系统内形成串扰	大	较容易
共轴分孔径				较困难
共轴共孔径	激光发射和接收光学系统完全共视场,经过初始装调之后,能保证完全对准	共用了一部分光学系统,可能会在系统内部造成串扰	小	困难

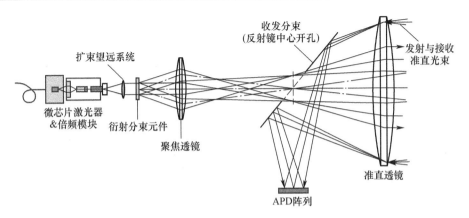

图 4.76　(见彩图)Gen-Ⅲ 激光主动成像系统光路图

4.3.6 扫描结构

采用传统的反射镜扫描结构时,为了实现正反匀速转动和小型化设计,传动机构和电控压力比较大。自 Rosell[197] 于 1960 年首次提出利用两块棱镜实现光束扫描以来,双光楔扫描结构作为指向装置在不同领域逐渐获得广泛应用。双光楔扫描结构通过两楔形镜的共轴独立旋转改变光的传播方向,实现光束的指向调整,具有指向精度高、结构紧凑、动态性能好、整体造价低、无时间色散效应等优点,可控制大口径光束实现大角度偏转,机械传动误差对指向精度的影响也很小,已成为传统光电平台扫描机构的有益补充,其基本组成示意图如图 4.77 所示。该结构主要包括前后光楔、支撑轴承、力矩电机、轴角编码器等。两个力矩电机分别带动前、后两块光楔做等速反向转动,实现机下左、右对称扫描。采用该扫描方式时,无须复杂的传动机构,同时也大幅度降低了电控难度。

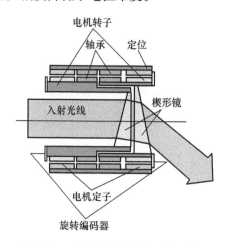

图 4.77　双光楔扫描结构组成示意图

美国有多家研究机构对双光楔扫描结构进行了深入研究,并开发了光束指向控制装置,实物及其对应主要性能参数分别如图 4.78 和表 4.13 所列[198]。

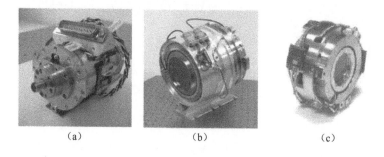

(d)　　　　　　　　(e)　　　　　　　　(f)

图 4.78　典型双光楔扫描结构实物

表 4.13　典型双光楔扫描结构主要性能参数

编号	波长 /μm	口径 /mm	视场 /(°)	指向精度 /mrad	反应时间 /ms	带宽 /Hz	直径 /mm	长度 /mm	质量 /kg
a	2.0~4.7	25.4	120	1.0	110	50	58	89	1.0
b	1.54~1.57	101.6	120	0.7	500	50	274.3	221.0	24.9
c	1.54~1.58	10.16	60	1.0	–	50	86.4	43.2	1.0
d	1.55	101.6	144	0.1	–	23	–	–	–
e	1.55	115	120	–	400	–	175	100	6.0
f	–	19	–	0.025	–	37	58	64	–

　　JIGSAW 系统[2]所用双光楔扫描结构如图 4.79 所示。应用时,JIGSAW 系统中的两个光楔扫描速度均恒定,但数值不同。当两个光楔以相反方向运动时,将得到玫瑰图案,且随着扫描时间增长,玫瑰图案的瓣数增多、密度增大,如图 4.80所示。

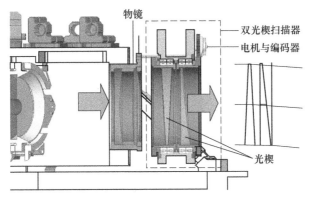

图 4.79　JIGSAW 系统所用双光楔扫描结构

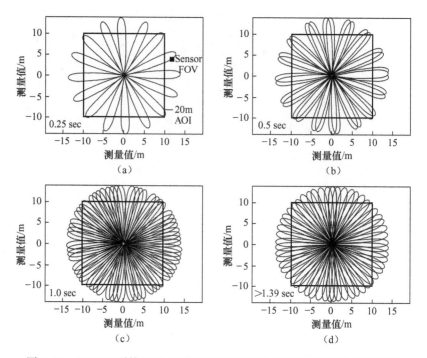

图 4.80 JIGSAW 系统所用双光楔扫描结构不同扫描时间得到的扫描曲线

4.3.7 系统作用距离方程

作用距离是激光主动成像系统能否应用于实际工程的关键技术指标,为便于求解激光主动成像系统作用距离方程,系统符号定义如表4.14所列。激光传输路径示意图如图4.81所示。

激光在大气传输中应考虑大气吸收、散射和湍流效应,在下述分析中,主要考虑大气的吸收和散射。激光功率 $P_\lambda(0)$ 经距离 R 后透射出的激光功率 $P_\lambda(R)$ 的表达式为

$$
\begin{aligned}
P_\lambda(R) &= P_\lambda(0) \cdot \mathrm{e}^{-[k_\mathrm{m}(\lambda)+k_\mathrm{a}(\lambda)+\gamma_\mathrm{m}(\lambda)+\gamma_\mathrm{a}(\lambda)] \cdot R} \\
&= P_\lambda(0) \cdot \mathrm{e}^{-\sigma(\lambda) \cdot R} = P_\lambda(0) \cdot \tau(R,\lambda)
\end{aligned}
\tag{4.19}
$$

式中:σ 为大气消光系数;τ 为大气透过率。

对低层大气来说,大气消光系数 $\sigma(\lambda)$ 与能见度 R_v 之间的经验关系表达式为

$$
\sigma(\lambda) = \frac{3.91}{R_\mathrm{v}} \left(\frac{550}{\lambda}\right)^q
\tag{4.20}
$$

由此可得,大气透过率 $\tau(R,\lambda)$ 的表达式为

表 4.14 激光主动成像系统符号定义

符号	物理意义	符号	物理意义
R	作用距离	ρ_t	目标反射率
P_t	激光发射功率	P_r	探测器接收到的光功率
A_1	目标处激光光斑面积	A_t	目标被照射部分在发射激光横截面方向投影面积
A_r	接收机有效接收面积	Ω_r	接收机有效接收面积对应立体角
η_t	发射光学系统效率	θ	发射光学系统光轴与目标法向夹角
η_r	接收光学系统效率	Φ_i	目标被照部分入射通量
I_θ	接收机处辐射强度	D_R	接收光学系统口径
$k(\lambda)$	大气吸收系数	$k_a(\lambda)$	大气气溶胶吸收系数
$k_m(\lambda)$	大气分子吸收系数	$\gamma(\lambda)$	大气散射系数
$\gamma_a(\lambda)$	大气气溶胶散射系数	$\gamma_m(\lambda)$	大气分子散射系数
$\sigma(\lambda)$	大气消光系数	$\tau(R,\lambda)$	均匀大气中距离 R 对应总透射率
R_v	能见度(km)	$\Delta\lambda$	接收光学系统带宽
M	APD 倍增增益	U_{BR}	APD 击穿电压
U	APD 反向偏压	F_m	APD 探测器噪声系数
R_i	APD 探测器电流响应度	k_e	APD 探测器电离率,典型值 0.02
e	电子电荷:1.602×10^{-19}C	η_e	探测器量子效率
h	普朗克常数:6.626×10^{-34}J·s	k	玻耳兹曼常数:1.380649×10^{-23}J/K
υ	光波频率	T	热力学温度
i_s	探测器信号电流	i_n	噪声
i_{ns}	信号光散粒噪声	i_{nb}	信号光散粒噪声
i_d	暗电流	i_{db}	体漏电流,参与倍增
i_{ds}	表面漏电流,不倍增	i_{nl}	热噪声
B_w	噪声频谱带宽	R_l	探测器负载电阻
E_b	背景光光谱照度	θ_r	接收瞬时视场角
q	修正因子:1.6@ $R_V>50$km;1.3@ $R_V\approx10$km;$0.585(R_V)^{1/3}$@ $R_V<6$km		

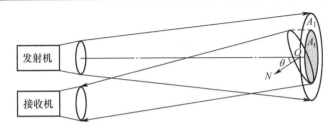

图 4.81 激光传输路径示意图

$$\tau(R,\lambda)=\mathrm{e}^{-\sigma(\lambda)\cdot R}=\mathrm{e}^{-\frac{3.91}{R_v}\left(\frac{550}{\lambda}\right)^q\cdot R} \tag{4.21}$$

目标被照部分入射通量的表达式为

$$\Phi_i = \tau(R,\lambda)\eta_t P_t \cdot \frac{A_t}{A_1} \tag{4.22}$$

接收机光学系统处的辐射强度的表达式为

$$I_\theta = \tau(R,\lambda)\eta_t P_t \cdot \frac{A_t}{A_1}\tau(R,\lambda) \cdot \frac{\rho_t\cos\theta}{\pi} = \frac{\tau^2(R,\lambda)\rho_t\eta_t P_t A_t\cos\theta}{\pi A_1} \tag{4.23}$$

探测器接收到的光功率的表达式为

$$P_r = I_\theta \cdot \eta_r \cdot \Omega_r = \frac{\tau^2(R,\lambda)\eta_r\eta_t\rho_t P_t A_t A_r\cos\theta}{\pi R^2 A_1} \tag{4.24}$$

若系统探测对象为面状目标,目标面积大于目标处激光光斑面积 A_1,因此目标被照射部分在发射激光横截面方向投影面积 A_t 与目标处激光光斑面积 A_1 相等,由此可以得到面目标激光主动成像系统距离方程的表达式为

$$P_{\text{Area\_r}} = \frac{\tau^2(R,\lambda)\eta_r\eta_t\rho_t\cos\theta}{\pi R^2} \cdot \frac{\pi D_R^2}{4} \cdot P_t = \frac{\tau^2(R,\lambda)\eta_r\eta_t\rho_t\cos\theta \cdot D_R^2}{4R^2} \cdot P_t \tag{4.25}$$

将大气透过率 $\tau(R,\lambda)$ 表达式代入式(4.25),结果可得

$$P_{\text{Area\_r}} = \frac{\eta_r\eta_t\rho_t\cos\theta \cdot D_R^2}{4R^2} \times e^{-\frac{7.82}{R_v}\left(\frac{550}{\lambda}\right)^q \cdot R} \cdot P_t \tag{4.26}$$

以某系统为例,激光回波功率与目标距离之间的关系曲线如图 4.82 所示。

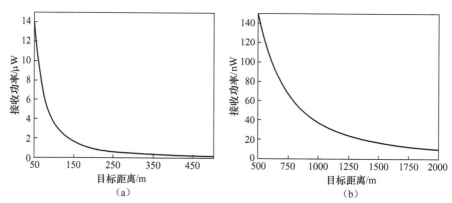

图 4.82　激光回波功率与目标距离之间的关系曲线

为提高系统作用距离,需提高系统总的增益。作为信号处理的最前端,跨阻放大器的增益最为关键,需选取高增益带宽积(GBP)的跨阻放大器。

4.3.8　回波信号信噪比

探测器接收到的背景光功率与接收光学系统瞬时视场角有关,在此只考虑太阳光散射产生的背景光功率,而忽略目标本身的热辐射。假设目标表面与接收系统光轴垂直,示意图如图 4.83 所示。

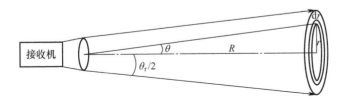

图 4.83　接收光学路径示意图

由图 4.83 可知,$r = R \times \tan\theta$,则图中所示微圆面积的表达式为

$$dA_t = 2\pi r dr = 2\pi R \cdot \tan\theta \cdot \frac{R}{\cos^2\theta} \cdot d\theta = \frac{2\pi R^2 \sin\theta}{\cos^3\theta} \cdot d\theta \qquad (4.27)$$

接收系统接收到的微圆对应辐射强度的表达式为

$$dI_b = dI_0 \cdot \cos\theta = \frac{E_b dA_t \cos\theta_i \Delta\lambda \rho_t \tau(R,\lambda)}{\pi} \cdot \cos\theta = \frac{2\rho_t E_b \Delta\lambda R^2 \tau(R,\lambda)\cos\theta_i \sin\theta d\theta}{\cos^2\theta}$$

$$(4.28)$$

接收光学系统有效接收面积对微元所张立体角的表达式为

$$\Delta\Omega = \frac{A_r \cdot \cos\theta}{\left(\dfrac{R}{\cos\theta}\right)^2} = \frac{A_r \cdot \cos^3\theta}{R^2} \qquad (4.29)$$

微元散射到探测器表面的背景光通量的表达式为

$$dP_b = \eta_r \cdot dI_b \cdot \Delta\Omega = \rho_t \eta_r E_b \Delta\lambda A_r \tau(R,\lambda)\cos\theta_i \sin(2\theta)d\theta \qquad (4.30)$$

积分可得探测器接收到的背景光总功率的表达式为

$$P_b = \int_0^{\frac{\theta_r}{2}} dP_b d\theta = \frac{\rho_t \eta_r E_b \Delta\lambda \pi D_R^2 \cos\theta_i \sin^2\frac{\theta_r}{2} \cdot e^{-\frac{3.91}{R_v}\left(\frac{550}{\lambda}\right)^q \cdot R}}{4} \qquad (4.31)$$

APD 增益 M 与反向偏压 U 之间关系的表达式为

$$M = \left(1 - \frac{U}{U_{BR}}\right)^{-n} \qquad (4.32)$$

式中:n 为与 APD 探测器结构和入射波长有关的常数,取值在 1~3 之间。

APD 噪声系数 F_m 的近似表达式为

$$F_m = k_e \left(1 - \frac{U}{U_{BR}} \right)^{-n} + (1 - k_e) \left(2 - \left(1 - \frac{U}{U_{BR}} \right)^n \right) \tag{4.33}$$

APD 探测器电流响应度 R_i 与增益 M 之间关系的表达式为

$$R_i = \frac{e\eta_e}{h\nu} \cdot \left(1 - \frac{U}{U_{BR}} \right)^{-n} \tag{4.34}$$

根据上述分析,对距离 R 处的目标,探测器输出信号电流 i_s 的表达式为

$$i_s = R_i P_{Area\_r} = \frac{e\eta_e}{h\nu} \cdot \frac{\eta_r \eta_t \rho_t \cos\theta D_R^2}{4R^2} \left(1 - \frac{U}{U_{BR}} \right)^{-n} e^{-\frac{7.82}{R_v} \left(\frac{550}{\lambda} \right)^q \cdot R} \cdot P_t \tag{4.35}$$

探测器输出噪声主要包括信号光散粒噪声 i_{ns}、背景光散粒噪声 i_{nb}、暗电流噪声 i_{nd} 和热噪声 i_{nl},其对应噪声均方值的表达式为

$$\begin{cases} i_{ns}^2 = 2ei_s B_w M F_m = 2eR_i P_r B_w M F_m \\ i_{nb}^2 = 2eR_i P_b B_w M F_m \\ i_{nd}^2 = 2e(i_{ds} + i_{db} \cdot M^2 \cdot F) \cdot B_w \\ i_{nl}^2 = \frac{4kTB_w}{R_1} \end{cases} \tag{4.36}$$

综上所述,探测器输出噪声均方根 i_{ns} 的表达式为

$$i_{ns} = \left[2eR_i(P_r + P_b)B_w M F_m + 2e(i_{ds} + i_{db}M^2 F_m)B_w + \frac{4kTB_w}{R_1} \right]^{\frac{1}{2}} \tag{4.37}$$

探测器输出信号 SNR 的表达式为

$$SNR = \frac{i_s}{i_n} = \frac{R_i P_r}{\left[2eR_i(P_r + P_b)B_w M F_m + 2e(i_{ds} + i_{db}M^2 F_m)B_w + \frac{4kTB_w}{R_1} \right]^{\frac{1}{2}}}$$

$$\tag{4.38}$$

由式(4.38)可以看出,影响 SNR 的因素包括信号光功率(激光器输出功率、发射光学系统透过率、目标反射率、大气能见度、作用距离、接收口径、接收光学系统透过率)、背景光功率(背景光谱辐照度、目标反射率、大气能见度、作用距离、接收口径、接收光学系统透过率)、增益(反向偏压)、噪声系数(反向偏压)和噪声频谱带宽。

4.3.9 测距精度影响因素

测距精度影响因素主要包括计时误差及回波信号 SNR,根据上述分析,系统参数与 SNR 及系统测距精度之间的关系如图 4.84 所示。

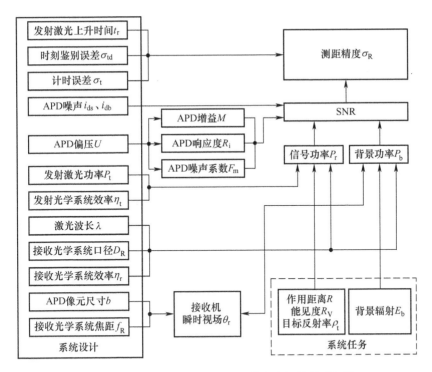

图 4.84　系统参数与 SNR 及测距精度之间的关系框图

若仅考虑放大器及探测器热噪声,直接测距法测距误差的近似表达式为

$$\sigma_R \approx \frac{c \cdot t_{\text{rise}}}{2} \times \frac{\sqrt{B}}{P_{\text{Rpeak}}} \qquad (4.39)$$

式中:P_{Rpeak} 为探测器接收到的峰值功率;B 为输入带宽,且 $B_{\text{Pulse}} \approx 0.338/t_{\text{rise}}$。

4.3.10　跨阻放大器选择

无论是 PIN 探测器还是 APD 探测器,受光照均会产生电流信号,为了便于后续电路处理,通常采用跨阻放大器(trans-impedance amplifier, TIA)将电流信号转换为电压信号。当传感器输出电流为窄脉冲形式时,需着重关注跨阻放大器的增益带宽积(gain bandwith product, GBP),其将影响系统闭环带宽及跨阻增益。

增益带宽积是指定频率下测量的开环电压增益与该频率的乘积,即单位开环电压增益对应的带宽。设 A_{OL} 为电压反馈运放直流开环电压增益,其开环增益 $A(s)$ 的表达式为

$$A(s) = \frac{A_{\text{OL}} \cdot \omega_A}{s + \omega_A} \qquad (4.40)$$

电压反馈运放开环增益 $A(s)$ 幅频特性曲线如图4.85所示。

该幅频特性曲线与0坐标轴的交点即为GBP,其表达式为

$$GBP = \frac{A_{OL} \cdot \omega_A}{2\pi} \tag{4.41}$$

带模型参数的跨阻放大电路如图4.86所示。图中,C_{CM}、C_{DIFF}分别为运放输入端的共模电容和差分电容;C_D为光电二极管结电容;R_F、C_F分别为反馈电阻和反馈电容。

根据图4.86,以下表达式成立,即

$$\begin{cases} U_O = - U_1 \cdot A(s) \\ \dfrac{U_O - U_1}{Z_F} = I_D + \dfrac{U_1}{Z_G} \end{cases} \tag{4.42}$$

式中:Z_F为 R_F 与 C_F 并联阻抗值;Z_G 为 C_{CM}、C_{DIFF} 与 C_D 并联阻抗值,并记 $C_S = C_{CM} + C_{DIFF} + C_D$。

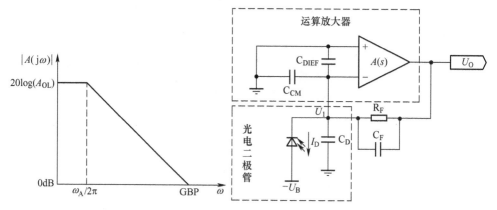

图 4.85　电压反馈运放开环增益　　　　图 4.86　带模型参数的跨阻放大电路
　　　　　幅频特性曲线

求解上述方程组,并代入 $A(s)$ 表达式,可得闭环传递函数为

$$\frac{U_O}{I_D} = R_F \cdot \frac{A_{OL}}{A_{OL} + 1} \cdot \frac{\omega_0^2}{s^2 + s \cdot \dfrac{\omega_0}{Q} + \omega_0^2} \tag{4.43}$$

式中:ω_0、Q 的表达式分别为

$$\omega_0 = 2\pi f_0 = \sqrt{\frac{(A_{OL} + 1) \cdot \omega_A}{R_F \cdot (C_S + C_F)}} \tag{4.44}$$

$$Q = \frac{\sqrt{\dfrac{(A_{OL} + 1) \cdot \omega_A}{R_F \cdot (C_S + C_F)}}}{\omega_A \cdot \left(1 + A_{OL} \cdot \dfrac{C_F}{C_S + C_F}\right) + \dfrac{1}{R_F \cdot (C_S + C_F)}} \tag{4.45}$$

因 A_{OL} 数值较大,选择 $C_F \ll C_S$,记 $Z_1 = 1/[2\pi R_F(C_S + C_F)]$,则上述 ω_0 可得到以下的简化表达式,即

$$\omega_0 = 2\pi f_0 = \sqrt{\frac{(A_{OL} + 1) \cdot \omega_A}{R_F \cdot (C_S + C_F)}} \approx \sqrt{\frac{A_{OL} \cdot \omega_A}{R_F \cdot (C_S + C_F)}} = \sqrt{2\pi \cdot \text{GBP} \cdot 2\pi \cdot Z_1} \tag{4.46}$$

由此可得

$$f_0 = \sqrt{Z_1 \cdot \text{GBP}} \approx \sqrt{\frac{\text{GBP}}{2\pi R_F C_S}} \tag{4.47}$$

更进一步,有

$$Q \approx \frac{\sqrt{Z_1 \cdot \text{GBP}}}{Z_1 + 2\pi R_F C_F \dfrac{\text{GBP}}{2\pi R_F(C_F + C_S)}} \approx \frac{\sqrt{Z_1 \cdot \text{GBP}}}{2\pi R_F C_F \cdot Z_1 \cdot \text{GBP}} = \frac{1}{2\pi R_F C_F \sqrt{Z_1 \cdot \text{GBP}}} \tag{4.48}$$

对于上述巴特沃斯低通滤波器,当 $Q = 0.707$ 时带宽最大,有

$$\frac{1}{2\pi R_F C_F \sqrt{Z_1 \cdot \text{GBP}}} \approx \frac{1}{2\pi R_F C_F \sqrt{\dfrac{\text{GBP}}{2\pi R_F C_S}}} = 0.707 \tag{4.49}$$

由此可得选择反馈电容的表达式为

$$\frac{1}{2\pi R_F C_F} = \sqrt{\frac{\text{GBP}}{4\pi R_F C_S}} \tag{4.50}$$

此时,f_0 数值上与 -3dB 带宽 $f_{-3\text{dB}}$ 相等,即

$$f_{-3\text{dB}} \approx \sqrt{\frac{\text{GBP}}{2\pi R_F C_S}} \tag{4.51}$$

由上述表达式可以看出,闭环带宽与跨阻增益相互制约,在选取时应折中考虑。如果知道处理电路所需闭环带宽、光电二极管结电容及所需跨阻值,可由式(4.51)计算运算放大器最小 GBP;如果已选择好运算放大器、确定了跨阻值及光电二极管结电容,可依据式(4.51)计算可达到的最大闭环带宽。

TI 公司几款跨阻放大器的主要性能参数如表 4.15 所列。双极型跨阻放大器在低跨阻值时噪声低,适用于中大跨阻值、高带宽场合;FET 输入型跨阻放大器高跨阻值时噪声低,适用于大、超大跨阻值及中低带宽场合。上述几种运放在源电容

为 10pF 时,采用不同跨阻值时所能得到的最大带宽,如图 4.87 所示。

表 4.15　TI 公司几款跨阻放大器的主要性能参数

序号	型号	GBP/GHz	输入电压噪声/(nV/Hz$^{1/2}$)	类型
1	OPA847	3.90	0.85	双极型
2	OPA846	1.75	1.20	
3	OPA843	0.80	2.00	
4	OPA657	1.65	4.80	FET 输入型

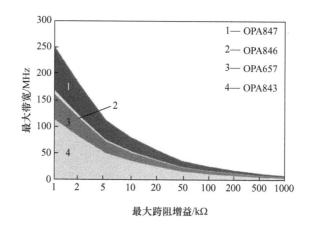

图 4.87　源电容为 10pF 时采用不同跨阻值时所能得到的最大带宽示意图

在选用跨阻放大器时,除考虑增益带宽积外,偏置电流也是一项关键指标,其将引起输出电压的漂移。Linear 公司(现 ADI 公司)推出一款超低偏置电流的 FET 输入型运放 LTC6268-10,GBP 可达 4GHz,室温条件下偏置电流仅为 3fA,125℃ 环境下最大偏置电流为 4pA,跨阻值选 20kΩ 时构成跨阻放大器的频率响应曲线如图 4.88 所示。由图可以看出,其带宽达到 210MHz,是激光测距不错的选择。

信号频率与带宽是两种不同的概念。通常所说信号的-3dB 带宽指信号幅频特性曲线中幅值等于最大值的 0.707 倍时对应的频率点。对于脉冲信号,可用其上升时间 t_r 对其带宽 BW 进行估计:单极脉冲和高斯脉冲的带宽分别约为 $0.350/t_r$ 和 $0.338/t_r$。图 4.89 所示为实际采集的信号,该信号类似高斯脉冲,信号的上升时间约为 $0.65\mu s$,信号带宽估计为 0.52MHz。在相同光功率测试条件下,选用不同跨阻放大器的响应输出曲线如图 4.90 所示。

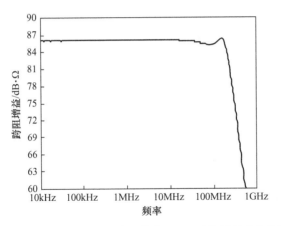

图 4.88 LTC6268-10 在跨阻值为 20kΩ 时的频率响应曲线

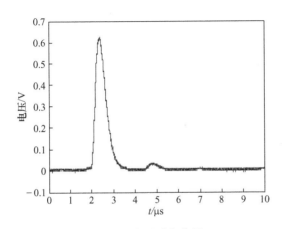

图 4.89 实际采集信号

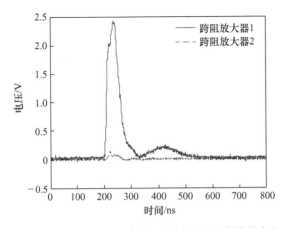

图 4.90 在相同光功率测试条件下不同跨阻放大器的响应曲线

4.3.11 时刻鉴别电路

直接测距型激光成像系统计时起始信号的准确性是影响计时精度的关键。受大气传输、目标特性及接收器件的影响，APD 输出的接收信号与激光器发送的激光信号波形差异较大，由此引入的定时起止时刻误差为漂移误差，主要有 3 种，即振幅不同、上升时间不同、比较器的反应时间不同，如图 4.91 所示。

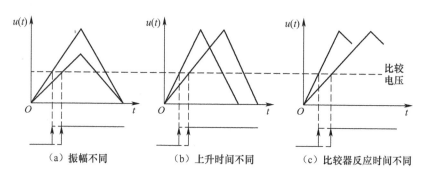

（a）振幅不同　　　　　（b）上升时间不同　　　　　（c）比较器反应时间不同

图 4.91　漂移误差示意图

目前，时刻鉴别的方法主要有 3 种，即固定阈值鉴别、高通容阻鉴别和恒比定时鉴别。固定阈值鉴别方法中，回波信号幅值及形状变化是造成漂移误差的主要因素。高通容阻鉴别和恒比定时鉴别均能消除回波信号幅值对漂移误差的影响，但高通容阻鉴别受回波信号在极大值附近斜率的影响较大。

以下分析恒比定时时刻鉴别方法消除回波信号幅值对漂移误差影响的原理，示意图如图 4.92 所示。

恒比定时时刻鉴别法以信号值达到峰值的特定百分比为鉴别时刻，即

$$\frac{L_1}{L_2} = \frac{H_1}{H_2} \qquad (4.52)$$

恒比定时时刻鉴别法实现原理如图 4.93所示。回波信号 u_i 分别经过衰减电路和延时电路产生信号 u_1、u_2，三者之间关系表达式为

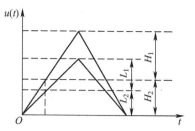

图 4.92　恒比定时时刻鉴别方法示意图

$$\begin{cases} u_1(t) = au_i(t) \\ u_2(t) = u_i(t - T_d) \end{cases} \qquad (4.53)$$

式中：a、T_d 分别为衰减电路的衰减系数和延时电路的延时时间，且 $0 < a < 1$；u_1、u_2 分别连接至快速比较器的异名端和同名端，当 $u_1 = u_2$ 时，比较器输出翻转，此时有

$$au_i(T_r) = u_i(T_r - T_d) \qquad (4.54)$$

式中:T_r为比较器翻转时刻。

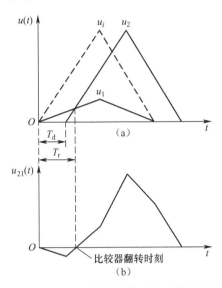

图 4.93　恒比定时时刻鉴别方法实现原理示意图

由于 APD 回波信号上升时间为纳秒级,且接近线性,因此可得

$$T_r = \frac{T_d}{1 - a} \qquad (4.55)$$

可以看出,采用恒比定时时刻鉴别法得到的鉴别时刻与信号幅值、上升时间无关,从而可以大大提高时刻鉴别精度。实际应用中可综合固定阈值鉴别和恒比定时鉴别两种方法。此时,固定阈值比较器的实质是预比较器,只有当回波信号幅值到达设定阈值时,时刻鉴别电路才有输出,由此在一定程度上可以消除噪声信号对电路的影响。

纯延时电路可采用 LC 线性网络,在元器件参数选择合理的情况下,LC 线性网络可近似纯延时环节。另外,村田(muRata)公司有现成的延迟线可供选择,延迟时间范围为 0.05~10ns,其中几款典型产品技术参数如表 4.16 所列。

表 4.16　村田公司部分延迟线产品技术参数

序号	型号	延迟时间 /ns	阻抗/Ω (@100MHz)	最大上升 时间/ns	最小绝缘 电阻/MΩ	额定电流 /mA
1	LDHA21N00BAA-300	1.0±0.1	50±5	0.20	100	100
2	LDHA21N50BAA-300	1.5±0.1	50±5	0.30	100	100
3	LDHA22N00BAA-300	2.0±0.1	50±5	0.40	100	100

序号	型号	延迟时间/ns	阻抗/Ω（@100MHz）	最大上升时间/ns	最小绝缘电阻/MΩ	额定电流/mA
4	LDHA22N50BAA-300	2.5±0.1	50±5	0.40	100	100
5	LDHA23N00BAA-300	3.0±0.1	50±10	0.75	100	100
6	LDHA24N00BAA-300	4.0±0.1	50±10	1.00	100	100
7	LDHA25N00BAA-300	5.0±0.1	50±10	1.25	100	100
8	LDHA26N00CAA-300	6.0±0.2	50±10	1.50	100	100
9	LDHA27N00CAA-300	7.0±0.2	50±10	1.75	100	100
10	LDHA28N00CAA-300	8.0±0.2	50±10	2.00	100	100
11	LDHA29N00CAA-300	9.0±0.2	50±10	2.25	100	100
12	LDHA210N00CAA-300	10.0±0.2	50±10	2.50	100	100

4.3.12 雪崩二极管探测器偏压的温度补偿

APD 工作时需工作在高偏压状态下,其击穿电压随温度变化而变化,以温敏系数加以表征,单位为 V/K,给出示例 APD 击穿电压随温度变化曲线如图 4.94 所示。由图可以看出,APD 击穿电压随温度升高而增大。在系统设计时,在高压模块控制输入端同时接有钳位二极管以限制高压模块最高输出电压,避免 APD 击穿。

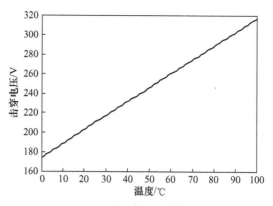

图 4.94 示例 APD 击穿电压随温度变化曲线

对该曲线进行拟合,得到 APD 阵列击穿电压 U_{BR} 与温度之间关系的表达式为

$$U_{BR} = 1.4286T + 174 \tag{4.56}$$

APD 的增益 M（电流倍增因子）由其所加偏压与击穿电压的比值决定，近似表达式[233]如式（4.32）所示。在工作过程中，若 APD 偏压保持不变，APD 增益将随温度而变化，给出不同温度下 APD 增益随偏压的变化曲线如图 4.95 所示。

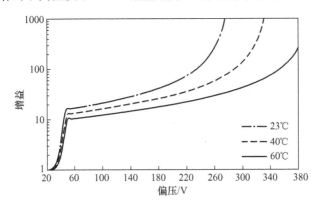

图 4.95　不同温度下示例 APD 增益随偏压的变化曲线

从图 4.95 可以看出，在 APD 偏压不变的情况下，随着温度升高，APD 增益降低。为保持 APD 增益恒定，需随温度变化实时改变其所加偏压。设 APD 偏压与击穿电压的比值为 K_M，则

$$U_{bias} = K_M U_{BR} = K_M(1.4286 \times T + 174) \qquad (4.57)$$

式中：因工作于线性模式，K_M 取值小于 1。

实际工程中，可利用 APD 自带的温敏电阻或者外接温敏电阻，实时获取环境温度信息并进行温度补偿[234-236]。图 4.96 给出了 APD 探测器偏压温度补偿的解决方案。为实现对 APD 增益的数字控制，可采用数字电位计，通过外部通信接口控制数字电位计值，以改变高压模块控制电压，进而控制 APD 偏压，达到增益控制的目的。为进行增益的温度补偿，可采用带温度传感器的数字电位计组成分压网络，实时采集周围环境温度，由事先写入其内部的温度~阻值查找表决定该温度对应的电阻值，以确定温度补偿电压 U_{temp}。高压模块控制电压包含固定电压 U_{set}、由数字电位计和常规电位计组成分压网络对应的控制电压 U_{pot} 和温度补偿电压 U_{temp} 三部分。可通过两种方式改变 APD 偏压值，进而控制其增益，即手动调节常规电位计阻值和通过外部总线向温度控制器写入控制码，由温度控制器将该数据写入数据电位计改变分压网络电阻。

高压模块输入控制电压 U_{ctrl} 和输出高压 U_H 之间成线性关系，其表达式为

$$U_H = K_{HM} U_{ctrl} \qquad (4.58)$$

若数字电位计输出电阻分辨率为 ΔR，主控制器通过外部总线向温度控制器发送控制码为 code，设常规电位计阻值为 R_{pot} 时，则数字电位计与常规电位计组成分

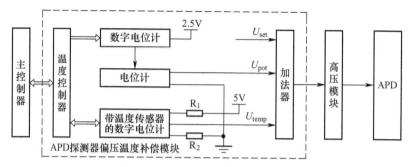

图 4.96　APD 探测器偏压温度补偿解决方案

压网络形成的控制电压 U_{pot} 的表达式为

$$U_{\text{pot}} = \frac{R_{\text{pot}}}{\Delta R \times \text{code} + R_{\text{pot}}} \cdot 2.5\text{V} \tag{4.59}$$

综上所述,高压模块输出高压 U_{H} 的表达式为

$$U_{\text{H}} = K_{\text{HM}} \times \left(\frac{R_{\text{pot}}}{\Delta R \times \text{code} + R_{\text{pot}}} \cdot 2.5 + U_{\text{set}} + U_{\text{temp}} \right) \tag{4.60}$$

高压模块输出高压 U_{H} 即给 APD 施加的偏压 U_{bias},为实现 APD 偏压的温度实时补偿,有

$$K_{\text{HM}} \times \left(\frac{R_{\text{pot}}}{\Delta R \times \text{code} + R_{\text{pot}}} \cdot 2.5 + U_{\text{set}} + U_{\text{temp}} \right) = K_{\text{M}}(1.4286T + 174) \tag{4.61}$$

在式(4.61)中,常规电位计阻值 R_{pot} 由人为调节后确定,数字电位计输出电阻分辨率 ΔR 由选定的数字电位计决定,code 为实现增益的数字控制,由主控制器发送的控制码,固定电压 U_{set} 人为设置。上述各项确定后,即可由式(4.61)计算得到温度补偿电压 U_{temp}。

在实际应用时,可以采用带温度传感器的数字电位计,如 DS3501,其端接电阻为 10kΩ,内部具有温度传感器和模/数转换器(ADC)。同时,带有 36B 的 7 位非易失性查找表,以存储不同温度下对应输出电阻阻值,覆盖温度范围为 -40～100℃,每 4℃ 的温度区间对应一个输出阻值,可通过 I^2C 总线对其进行编程设置。DS3501 具有 3 种工作模式,即默认模式、查找表模式及查找表地址模式。查找表及查找表地址模式时 DS3501 原理框图如图 4.97 所示。

DS3501 用于温度补偿时通常工作于查找表模式,即输出电阻阻值由温度对应查找表中的数据直接决定。进行温度补偿时需保证常规电位计阻值不变,每变化一次数字电位计值,应同步更新查找表。

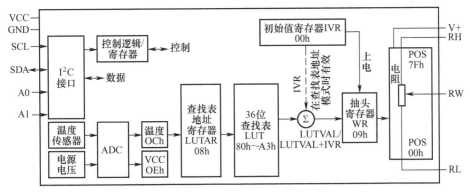

图 4.97　查找表模式及查找表地址模式时 DS3501 原理框图

4.3.13　峰值保持电路

系统接收到的回波强度与被测目标散射特性、被测目标距离、大气环境等因素相关。系统自动增益控制能够消除被测目标距离对回波强度的影响。在不考虑大气环境变化的情况下，回波信号峰值反映了被测目标的反射率信息。直接测距型成像系统探测器输出信号为窄脉冲信号，为降低 ADC 采样频率，便于 A/D 采集，可采用峰值保持电路将窄脉冲峰值信号保持一段时间[237-238]。峰值保持电路精度与所获取的目标反射率信息精度息息相关。峰值保持电路主要有电压型和跨导型。电压型峰值保持电路原理简单，但积分非线性大，响应速度慢，不宜处理高速脉冲信号。相比而言，跨导型峰值保持电路响应速度更快。

以跨导放大器为核心器件搭建峰值保持电路，采用信号发生器模拟激光出射信号和回波信号，当两通道信号延迟为 300ns 时，测试两通道时刻鉴别与峰值保持测试结果如图 4.98 所示。实际采集的探测器信号经峰值保持后的结果如图 4.99 所示。

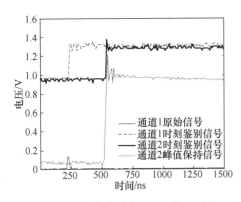

图 4.98　两通道时刻鉴别与峰值保持结果

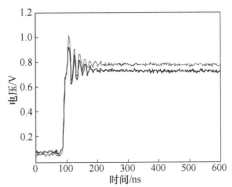

图 4.99　探测器信号经峰值保持后的结果

4.3.14 探测器信号的自动增益控制

由上述分析可知,在直接测距型激光主动成像系统中,光电探测器输出电信号幅值与入射光功率成正比,回波信号功率与被测目标距离 R 的平方成反比,若探测器信号处理电路采用恒定增益,则光电探测器输出电信号幅值随目标距离增大而迅速减小。理想情况下,期望探测器信号处理电路输出电压信号不随目标距离发生变化。因被测目标距离 R 与脉冲飞行时间 t 成正比,为实现自动增益控制(automatic gain control,AGC),需保证探测器信号处理电路增益与脉冲飞行时间 t 的平方成正比。

系统设计时,可通过压控放大器实现自动增益控制。以某型压控放大器为例,其总增益由线性增益控制端电压 U_{MAG} 和指数增益控制端电压 U_{DBS} 决定,总增益的表达式为

$$G_T = G_{MAG} \, G_{DBS} = \alpha U_{MAG} \times 10^{\beta U_{DBS}} \tag{4.62}$$

式中:G_{MAG}、G_{DBS} 分别为压控放大器的线性增益和指数增益;α、β 分别为与压控放大器的线性增益和指数增益相关的系数。

压控放大器输入电压范围由线性增益控制端电压 U_{MAG} 决定,U_{MAG} 值越大,允许输入电压范围越小,实际工程中可考虑用指数增益控制来实现自动增益控制,此时需保证下式成立,即

$$10^{\beta U_{DBS}} = k_a \, t^2 \tag{4.63}$$

式中:k_a 为比例系数。

由此可得增益控制电压的表达式为

$$U_{DBS} = \beta \lg k_a + 2\beta \lg t \tag{4.64}$$

为得到满足式(4.64)的增益控制电压,可采用对数放大器,但其电路比较复杂,可采用 RC 充电方法使电容两端电压在一定时间范围内的变化趋势和式(4.64)一致,其原理示意图如图 4.100 所示。图中,U 为充电电压;K 为控制开关。

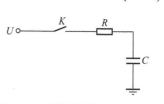

图 4.100 增益控制 RC 充电电路

此时,电容 C 两端的电压可以用下式表示,即

$$U_C = U(1 - e^{-\frac{t}{RC}}) \tag{4.65}$$

通过选取合适的充电电压和充电时间常数,可使电容两端电压在一定距离范围内近似满足自动增益控制电压要求。当被测目标距离较远时,采用单一 RC 充电电路实现增益控制电压逼近比较困难,可采用多个 RC 充电电路,随着时间的变化,切换其中一个 RC 充电电路电容两端电压作为增益控制电压。

在一个设计实例中,通过两个 RC 充电电路进行切换,得到的理论电压与实际电压随时间变化曲线如图 4.101 所示,理论增益与实际增益随时间变化曲线如图 4.102所示。

由图 4.101 可以看出,理论电压与实际电压有较好的一致性,对应的实际增益和理论增益随时间变化的趋势也较为一致,两者之间的误差视为系统误差的一部分。再者,通过更多个 RC 充电电路切换可以进一步减小该误差。

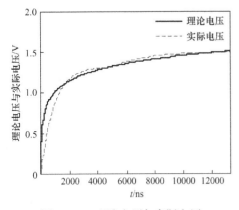

图 4.101　理论电压与实际电压
随时间变化曲线

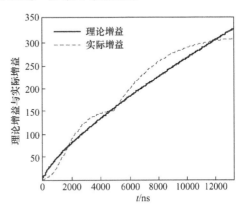

图 4.102　理论增益与实际增益
随时间变化曲线

4.3.15　高精度计时电路

脉冲激光测距系统根据测量激光脉冲从发射到返回的时间间隔 T,计算出激光测距系统与待测目标之间的距离 L,测距公式为

$$L = \frac{cT}{2} \tag{4.66}$$

式中:c 为光速,真空光速 $c_0 = 2.99792458 \times 10^8 \mathrm{m/s}$。

当时间测量误差为 ΔT 时,得到测距精度为

$$\Delta L = \frac{c\Delta T}{2} \tag{4.67}$$

由式(4.67)可见,时间测量精度直接影响激光测距系统的测距精度。因此,高精度时间测量是脉冲激光测距的关键因素之一。

脉冲计数法具有测量范围大、线性度好等优点,但其分辨率较低。诸如时间幅度转化法和双扩展内插法等模拟内插法可实现高分辨率,但耗时较长,且易受系统噪声影响。多相采样技术利用 N 路相同频率、相位均匀分布的时钟信号作为计数时钟,结合等精度测频原理,可以在不增加测量转换时间的前提下,将测量分辨率

217

提高到参考时钟周期的 $1/N$。但是,该方法在 FPGA 中实现较高倍频时会导致相移分辨率的降低,从而无法实现较高测量精度。延迟链法可实现对微小时间间隔的测量,但随着测量分辨率的提高,延迟线长度将越来越短、数量将大大增加。在 FPGA 中综合采用脉冲计数法、多相采样法和延迟链法,可实现大动态范围、短耗时、高精度测量。

时间测量原理如图 4.103 所示。起始信号和停止信号之间的时间间隔 T_x 可表示为时钟周期 T_{Clock} 的整数部分 T_{12} 和小数部分 T_1、T_2,即 $T_x = T_{12} + T_1 - T_2$。T_{12} 由脉冲计数法对参考时钟 Clock 计数得到。高精度时间测量的关键在于 T_1、T_2。

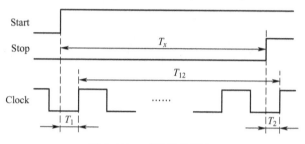

图 4.103　时间测量原理

在测量 T_1、T_2 时,采用多相采样技术将测量分辨率提高,同时将被测信号与相邻计数时钟的时间间隔通过延迟链法进一步量化,结构示意图如图 4.104 所示。多相采样器结构如图 4.105 所示。

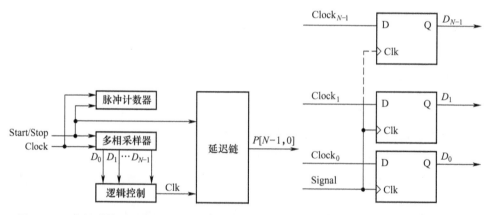

图 4.104　多相采样及延迟链组合时间测量结构示意图　　图 4.105　多相采样器结构

通过 FPGA 内部相移时钟,得到与参考时钟信号 $Clock_0$ 同频的 $N-1$ 个计数时钟信号 $Clock_1 \sim Clock_{N-1}$,在同一个控制信号下对多个计数时钟计数,相当于在一个参考时钟周期内插入 $N-1$ 个同频且相位均匀分布的时钟脉冲,实现参考时钟周期的 N 等分,每份相当于 1 个脉冲,时钟周期为

$$T_f = \frac{T_{\text{Clock}}}{N} \qquad (4.68)$$

以信号 Start 为例,将 Start 与相邻参考时钟之间的时间间隔 T_1 分为整数部分 t_1 和小数部分 t_2,如图 4.106 所示。

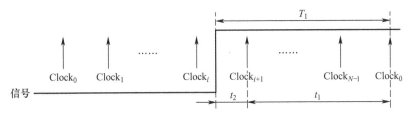

图 4.106　多相采样时序图

当 Start 信号上升沿位于 Clock_i 与 Clock_{i+1} 上升沿之间时,D_i 为 1,D_{i+1} 为 0。此时,Start 信号与相邻 Clock_0 之间时间间隔的整数部分为

$$t_1 = (N - i - 1)T_f = (N - i - 1)\frac{T_{\text{Clock}}}{N} \qquad (4.69)$$

同时,Clock_{i+1} 经整形后送入延迟链单元进一步量化。采用 Flip Flop 锁存器构成的延迟链结构如图 4.107 所示。

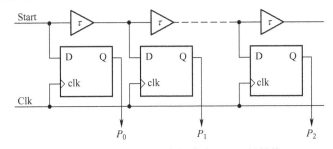

图 4.107　Flip Flop 锁存器构成的延迟链结构

假设锁存器延迟时间为 τ,Start 上升沿到来后,Start 依次经过各锁存器,即各个触发器 D 输入信号依次变为高电平。当 Clk 信号到来后,将各触发器 D 输入信号锁存,若各个触发器输出信号 $P[N-1,0]$ 中有 m 个信号为 1,则 Start 上升沿与 Clk 上升沿之间的时间间隔 t_2 为 $m\tau$。可见,图 4.107 所示的延迟链时间测量分辨率由锁存器的延迟时间决定。

若系统基准时钟频率选取为 500MHz,并选用 4 路相移时钟,此时时间测量分辨率为 500ps,对应距离分辨率为 0.075m。若同时加上延迟链测量单元,系统的测距分辨率能更高,测距精度也将大幅提升。

在系统设计时,可考虑采用 FPGA 进行高速直接计数实现精确时间测量。另外,商用的时间间隔测量 ASIC 芯片已经较为成熟,如 ACAM 公司的 TDC-GPx 系列,其技术参数如表 4.17 所列。TDC-GP2 内部原理框图如图 4.108 所示。

表 4.17　ACAM 公司 TDC-GPx 系列时间间隔测量芯片技术参数

芯片	量程	LSB	通道数	DNL	INL
TDC-GP1	3~7.6ns	125ps(1CH) 250ps(2CH)	2 + 共用起始	50%(常规校准) 10%(1CH 250ps 分辨) 2%(485ps 分辨率)	0
	60ns~240ms	125ps	1 + 共用起始		
TDC-GP2	3.5ns~1.8μs	65ps	2+共用起始	TBD	TBD
	500ns~4ms	65ps	1+共用起始		
TDC-GP21	3.5ns~2.5μs	90ps(2CH) 45ps(1CH 双倍分辨)	2 + 共用起始	<0.8LSB	<0.1LSB
	500ns~4ms	90ps(1CH) 45ps(双倍分辨) 22ps(4 倍分辨)	1 + 共用起始		
TDC-GP22	3.5ns~2.5μs	90ps(2CH) 45ps(1CH 2 倍分辨)	2 + 共用起始	<0.8LSB	<0.1LSB
	500ns~4ms	90ps(1CH) 45ps(2 倍分辨) 22ps(4 倍分辨)	1 + 共用起始		

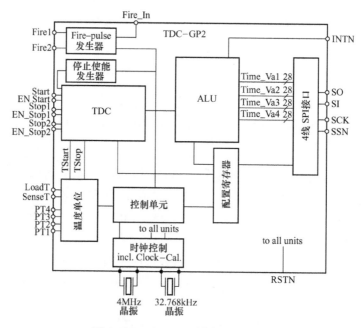

图 4.108　TDC-GP2 内部原理框图

220

商用 ASIC 芯片价格较为昂贵,可配置性差,扩展性不强,能够测量的通道数和回波数有限;但其稳定性好,适合对成本限制不高的场合。

4.3.16 数据处理

激光主动成像系统数据处理的主要任务是将系统的位置姿态信息、激光的TOF 信息、高程数据和回波强度等信息,快速加工处理成数字高程模型(DEM)、数字表面模型(DSM)和数字正射影像(DOM)等数据产品,以便进行实时显示和存储。随着扫描速度和激光重频的提升,以及探测器阵列尺寸的增大,数据处理和实时显示的压力越来越大。

常用的数据处理软件有奥地利 Riegl 公司的 RiWorld、RiScan Pro 和 TerraSolid 公司的 TerraScan、TerraMatch、TerraPhoto、TerraModeler 等系列软件。激光主动成像系统的数据处理工作主要包括去噪、校正、滤波(将地面点和非地面点分开)、配准、分类、特征提取、三维显示、表面分析、数字地形分析等,数据处理流程如图 4.109所示。

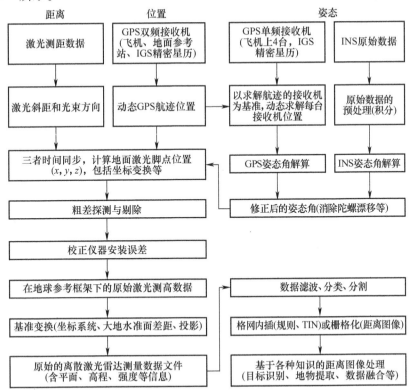

图 4.109 激光主动成像系统数据处理流程框图

从发展趋势来看,激光主动成像系统数据处理的发展方向为全自动实时处理、多传感器数据融合以及通过四维图像分析进行运动目标识别。林肯实验室在Linux 服务器簇上利用并行处理实现了激光主动成像系统数据实时处理与显示,其硬件构架如图 4.110 所示。

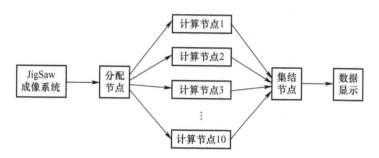

图 4.110　JigSaw 激光主动成像系统的数据处理硬件构架

为加快数据吞吐量,采用了 10 台主机进行并行处理,每台主机处理 0.25s 原始数据需要 2s 时间,前 4000 个脉冲数据传输至节点 1,之后 4000 个脉冲数据传输至节点 2,依此类推。经过各个节点处理生成图像后,按照时间顺序进行组合,送入显示设备进行三维显示。采用这种多主机并行处理方式存在主机间通信问题。为保证主机间通信不丢失数据包,需要采用 TCP/IP,同时考虑到数据传输带宽,该硬件系统采用了千兆网。

美国诺思罗普格鲁曼(Northrop Grumman)航空公司的 Flash 激光主动成像系统利用 GPU 对激光三维点云数据进行处理。为了优化整体数据处理速度,在对点云数据进行繁琐的数学变换处理之前,将数据流中那些大量的无效数据加以滤除。这种数据前端预处理大部分由 CPU 中的控制流指令完成。含有惯导信息的有效数据被传输到 GPU 设备中,利用 GPU 对每一个三维数据点进行高程修正、坐标定位、正射校正。GPU 并行处理核是利用 OpenCL 开发的,利用 ICP 算法对数据帧进行精配准后处理,GPU 极大程度上提高了其处理速度。该系统的数据处理流程如图 4.111 所示。

为了将每一个三维数据点精确显示在地理坐标系中,在数据处理过程中除了需要用到高程测量的返回时间以及光学系统得到的角-角值,还要用到探测器的惯导数据:俯仰角、横滚角、偏航角、纬度、经度及海拔高度。原始数据通过 Camera-Link 接口传输到主机中的乒乓缓存中,CPU 判断每一个数据点的有效性,只把有效数据点及其惯导数据合并写入另一组缓存。一旦第二组缓存写满,该缓存内容将被写入显卡上的全局内存,然后 GPU 创建多个线程模块,通过 OpenCL 核对全局内存中的每一个数据点在三维空间执行几何坐标定位及正射校正。校正结果得

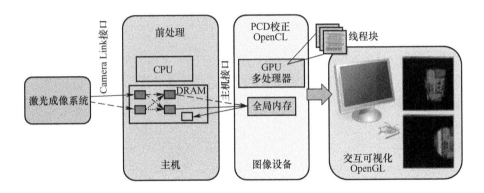

图 4.111 Northrop Grumman 的 Flash 激光主动成像系统数据处理流程

到三维坐标(x, y, z)以及颜色灰度值(r, g, b),之后结果被写入一个 OpenCL 和 OpenGL 共享的内存缓存。该缓存对象是由 OpenGL 创建的,该缓存可以被主机回读以便进行后期处理或存储。在处理过程中,OpenCL 获取该缓存对象并对其进行写操作。每一步处理结束时,OpenGL 获取该缓存对象用来显示。利用这种 OpenCL/OpenGL 交互操作能力,内存传输流降至最低,同时两者能够有效共享数据。经 GPU 几何校正之后,因惯导数据精度有限,不同帧间的点云数据的位置和旋转角度在三维空间常出现明显的偏差,需要进行配置后处理。Flash 激光主动成像系统为帧间图像配准提供了足够多的特征点和背景,可以利用诸如 ICP 算法对惯导数据误差进行纠正。

相比采用传统 CPU 处理来说,该系统利用 GPU 并行处理技术将数据处理速度提高了一个数量级,达到实时处理效果。

4.4 小结

本章在简要介绍激光主动成像系统工作原理的基础上,着重介绍了国内外研究现状与发展趋势,并对各成像方式进行了对比分析。最后从距离图像数据表征、激光器与探测器选取、照明方式选择、光学系统设计、系统作用距离方程、回波信号信噪比、测距精度影响因素、跨阻放大器选择、时刻鉴别电路、APD 探测器偏压的温度补偿、峰值保持电路、探测器信号的自动增益控制及高精度计时电路等多个角度对直接测距型激光主动成像系统涉及的关键技术进行了详细论述。

参考文献

[1] 贾平,等.无人机系统光电载荷技术[M].北京:国防工业出版社,2019.

[2] Richard M.Marino, William R.Davis.Jigsaw: a foliage-penetrating 3D imaging laser radar system [J].Lincoln Laboratory Journal,2005,15(1):23-36.

[3] 孙嵩.纳米线栅偏振成像系统应用研究[D].长春:中国科学院大学(中国科学院长春光学精密机械与物理研究所),2020.

[4] 田晨,陈鹏,张晓杰,等.基于微扫描的红外偏振成像光学系统研制[J].光子学报,2022,51(6):0622001.

[5] Nathaniel Short,Shuowen Hu,Prudhvi Gurram,et al.Improving cross-modal face recognition using polarimetric imaging[J].Optics Letters,2015,40(6):882-885.

[6] Scott Tyo J, Dennis L.Goldstein, David B.Chenault,et al.Review of passive imaging polarimetry for remote sensing applications[J].Applied Optics,2006,45(22):5453-5469.

[7] 莫春和,段锦,付强,等. 国外偏振成像军事应用的研究进展(下)[J]. 红外技术,2014,36(4):265-270.

[8] 高阳.面向航空遥感扫描成像运动补偿的多执行器协作控制研究[D].长春:中国科学院大学(中国科学院长春光学精密机械与物理研究所),2021.

[9] Gpixel.GCINE4349 4.3 UM 49 MP ROLLING SHUTTER STACKED BSI CMOS IMAGE SENSOR [EB/OL].[2022-07-22] https://www.gpixel.com/products/area-scan-en/gcine/gcine4349/.

[10] Petrie G,Walker A S.Airborne digital imaging technology:a new overview[J].The Photogrammetric Record,2007,22(119):203-225.

[11] Rainer Sandau,DLR,Berlin.Digital airborne camera introduction and technology[M],London:Springer Dordrecht Heidelberg,2010.

[12] Andre G.Lareau.E-O framing camera flight test results[J].SPIE,1997,2555:56-60.

[13] Andre G. Lareau. Large area E-O framing camera flight test results[J]. SPIE, 1997, 3128:132-140.

[14] Andre G.Lareau.Flight demonstration of the CA-261 Step frame camera[J].SPIE,1997,3128:17-28.

[15] Andre G.Lareau.Optimum coverage E-O framing camera[J].SPIE,1996,2829:216-224.

[16] Cgris Kauffman.Emergence of tactical, framing infrared recommaissance[J].SPIE,1998,3431:130-140.

［17］ Daniel J.Henry.Advanced Airborne ISR Demonstration system （USA）［J］.SPIE,2005,5787：38-45.

［18］ Andre G.Lareau.Dual band framing cameras：technology and status［J］.SPIE,2000,4127：148-156.

［19］ Davis Lange, William Abrams.The Goodrich DB-110 system：multi-band operation today and tomorrow［J］.SPIE,2003,5109:22-31.

［20］ Richard N.Lane, John K.Delaney.DB-110 performance update［J］.SPIE,1998,3431:108-116.

［21］ 沈宏海,黄猛,李嘉全,等.国外先进航空光电载荷的进展与关键技术分析[J].中国光学,2012,5(1):20-29.

［22］ 吉书鹏.机载光电载荷装备发展与关键技术[J].航空兵器,2017,24(6):3-12.

［23］ Iyengar M,Lange D.The Goodrich 3rd generation DB-110 system：operational on tactical and unmanned aircraftJ［J］.SPIE,2006,6209：620909.

［24］ Lange D,Iyenhar M,Maver L,et al..The Goodrich 3rd generation DB-110 system：successful flight test on the F-16 aircraft［J］.SPIE,2006,6546：654607.

［25］ Lance Menthe,Myron Hura,Carl Rhodes.The Effectiveness of remotely piloted aircraft in a permissive Hunter-Killer Scenario［M］,USA:RAND,2014.

［26］ AMRAeS M J G.Raytheon AN/AAS-52 multispectral targeting system A（MTS-A）［G］.Jane´s Electro-Optic Systems2008-2009.14th ed.Virginia：Jame´s Information Group Inc.,2008-2009：636-637.

［27］ AMRAeS M J G.Raytheon AN/DAS-1 Multispectral targeting system B（MTS-B）［G］.Jane´s Electro-Optic Systems2008-2009.14th ed.Virginia：Jame´s Information Group Inc.,2008-2009：637-638.

［28］ 赵海涛,杨宏,潘洁.第七届高分辨率对地观测学术年会论文集[C].长沙,中国科学院高分重大专项管理办公室.2020.

［29］缪剑,杨天克,徐水平,等. 全数字航测相机 AD540 及其应用初探[J]. 测绘技术装备,2007,9(1):44-46.

［30］ Röser, H.-P., A.Eckardt, M.von Schönermark.New potentialand applications of ADS40［J］.International Archives of Photogrammetry and Remote Sensing,2000:XXXⅢ（B1）,251-257.

［31］ Fricker P,Schreiber P.ADS40-Progress in digital aerial data collection［J］.Archives of Photoprammetry, Cartography and Remote Sensing,2001,11:29-40.

［32］ Leica Geosystems.Leica ADS100 airborne digital sensor［EB/OL］.［2022-07-22］https://leica-geosystems. com/products/airborne-systems/imaging-sensors/leica-ads100-airborne-digital-sensor.

［33］ Leica Geosystems.Leica DMC Ⅲ airborne digital camera［EB/OL］.［2022-07-22］https://leica-geosystems.com/products/airborne-systems/imaging-sensors/leica-dmciii.

［34］ Vexcel.UltraCam Eagle Mark 3：wider swath width for increased efficiency［EB/OL］.［2022-07-22］ https://www.vexcel-imaging. com/ultracam-eagle-mark-3-wider-swath-width-for-increased-efficiency/.

［35］VisionMap.A3 Edge：Digital mapping systems for manned aircraft［EB/OL］.［2022－07－22］http://www.visionmap.com/Airborne_Imaging_Systems/98/A3_Edge.

［36］Leica Geosystems.徕卡 RCD30 倾斜相机 从不同的角度看世界［EB/OL］.［2022－07－22］http://www.leica-geosystems.com.cn/zh/search.aspx? k＝RCD30.

［37］Vexcel.UltraCam Osprey 4.1 New perspectives on 3D aerial mapping［EB/OL］.［2022－07－22］https://www.vexcel-imaging.com/ultracam-osprey-4-1/.

［38］四维远见.SWDC 系列数字航空摄影仪［EB/OL］.［2022－07－22］https://www.jx4.com/SWDCxlszhksyy/index.jhtml.

［39］中科院长春光机所.大视场三线阵立体航摄系统 AMS-3000［J］.高科技与产业化,2021,（304）：44－46.

［40］上海遥航信息技术有限公司.ASC1100 机载摆扫宽幅航摄仪［EB/OL］.［2022－07－22］http://www.shhangyao.com/f/view-52b6e8db1a85448997848d5707bbbf73-e75384218c1e4ba4a834cf9baf7845ac.html.

［41］Zhao Wei,Feng Tao,Wang Jun.Kalman filter-based method for image superresolution using a sequence of low-resolution images［J］.Journal of Electronic Imaging,2014,23（1）：013008.

［42］Su Lijuan,Zhou Shubo,Yuan Yan.High spatial resolution image restoration from subpixel-shifted hyperspectral images［J］.Journal of Applied Remote Sensing,2015,（9）：095093.

［43］周峰,王世涛,王怀义.关于亚像元成像技术几个问题的探讨［J］.航天返回与遥感,2002,23（4）：26－33.

［44］隋修宝,陈钱,陆红红.红外图像空间分辨率提高方法研究［J］.红外与毫米波学报,2007,26（5）：377－379.

［45］徐之海,冯华君.超高分辨光电成像技术的研究进展［J］.红外与激光工程,2006,35（4）：456－463.

［46］Davis A.Lange,Paul Vu,Samuel C.Wang,et al.6000 Element infrared focal plane array for reconnaissance applications［J］.SPIE,1999,3751：145－158.

［47］Fred P.Blommel,Peter N J Dennis,Derek J Bradley.The effects of microscan operation on staring infrared sensor imagery［J］.SPIE,1991,1540：653－664.

［48］Awamoto K,Ito Y,Ishizaki H,et al.Resolution improvement for HgCdTe IRCCD［J］.SPIE,1992,1685：213－220.

［49］Fortin J,Chevrette P,Plante R.Evaluation of the microscanning process［J］.SPIE,1994,2269：271－279.

［50］Fortin J,Chevrette P.Realization of a fast microscanning device for infrared focal plane arrays［J］.SPIE,1996,2743：185－196.

［51］Hyun Sook Kim,Chang Woo Kim,Seok Min Hong.Compact mid-wavelength infrared zoom camera with 20：1 zoom range and automatic athermalization［J］.Optical Engineering,2002,41（7）：1661－1667.

［52］John Lester Miller,John Wiltse.Benefits of microscan for staring infrared imagers［J］.SPIE,2004,5407：127－138.

［53］John M Wiltse,John L Miller.Imagery improvements in staring infrared imagers by employing subpixel microscan[J].Optical Engineering,2005,44(5):056401.

[54] Gueguen F,Bettes A,Toulemont Y,et al.SPOT series camera improvement for the HRG, very high resolution instrument of SPOT5[J].SPIE,1999,3737:301-312.

[55] Christophe Latry,Bernard Rouge.Super resolution:quincunx sampling and fusion processing[J]. Proceedings of Geoscience and Remote Sensing Symposium,2003:315-317.

[56] Andreas Eckardt,Ralf Reulke.Hardware concept of the first commercial Airborne Digital Sensor (ADS)[J].SPIE,2002,4488:82-93.

[57] Wolfgang Skrbek,Eckehard Lorenz.HSRS-an infrared sensor for hot-spot-detection[J].SPIE, 1998,3437:167-175.

[58] 刘新平,高瞻,邓年茂,等.面阵CCD作探测器的"亚象元"成像方法及实验[J].科学通报, 1999,44(15):1603-1605.

[59] 王凌,徐之海,冯华君,等.线阵推扫式CCD亚像元成像的列向动态调制传递函数[J].浙江 大学学报(工学版),2008,42(2):317-320.

[60] 金伟其,陈翼男,王霞,等.考虑探测器填充率及微扫描对位偏差的扫描型亚像元热成像算 法[J].红外与毫米波学报,2008,27(4):308-312.

[61] 陈艳,金伟其,王岭雪,等.扫描型IRFPA非均匀微扫描的无边框亚像元热成像处理算法 [J].红外与毫米波学报,2012,31(2):122-126.

[62] 钱霖.两帧图像的"亚象元"技术提高探测图像的空间分辨率[J].激光杂志,2004,25(6): 54-56.

[63] 韩军,薛小乐,王星.光电成像系统超分辨成像技术方法研究[J].应用光学,2011,32(1): 54-58.

[64] 安博文,崔安杰,薛冰玢,等.光纤耦合的亚像元超分辨率扫描成像图像处理[J].红外与激 光工程,2012,41(4):1107-1112.

[65] 周峰,王怀义,马文坡,等.提高线阵采样式光学遥感器图像空间分辨率的新方法研究[J]. 宇航学报,2006,27(2):227-232.

[66] 王静,周峰,潘瑜,等.超模式斜采样遥感图像超分辨复原方法[J].航天返回与遥感,2012, 33(1):60-66.

[67] 王世涛,张伟,金丽花,等.基于时-空过采样系统的点目标检测性能分析[J].红外与毫米 波学报,2013,32(1):68-72.

[68] Vitulli R.Aliasing effects mitigation by optimised sampling grids and impact on image acquisition chains[C]//Proceedings of Geoscience and Remote Sensing Symposium,2002:979-981.

[69] Stefano Baronti, Annalisa Capanni, Andrea Romoli, et al..On detector shape in hexagonal sampling grids[J].SPIE,2001,4540:354-365.

[70] Moshe Ben-Ezra, Zhouchen Lin, Bennett Wilburn, et al.Penrose pixels for super-resolution[J]. IEEE Transactions on pattern analysis and machine intelligence,2011,33(7):1370-1383.

[71] Juan M T,Juan J F,Luis F R,et al.Lightfield superresolution through turbulence[J].SPIE, 2015,9495:94950Q.

[72] Tom E.Bishop, Paolo Favaro.The light field camera:extended depth of field, aliasing, and su-

perresolution [J].IEEE Transactions on pattern analysis and machine intelligence,2012,34(5): 972-986.

[73] Shree K.Nayar,Vlad.Branzoi,Terry E.Boult.Programmable imaging using a digital micromirror array[C].Proceedings of the 2004 IEEE Computer Society Conference on Computer Vision and Pattern Recognition,2004.

[74] Dan Dan,Ming Lei,Baoli Yao.et al.DMD-based LED-illumination super-resolution and optical sectioning microscopy[J].Sci.Rep.3,1116,2013,DOI:10.1038/srep01116.

[75] Alex Zlotnik,Yuval Kapellner,Zvika Afik,et al.Geometric superresolution and filed-of-view extension achieved using digital mirror devices [J].J.Micro/Nanolith.MEMS MOEMS,2013,12 (3):033001.

[76] Jae H.Cha,Eddie Jacobs.Superresolution reconstruction and its impact on sensor performance [J].SPIE,2005,5784:107-113.

[77] 徐正平,翟林培,葛文奇,等.亚像元的 CCD 几何超分辨方法[J].光学精密工程,2008,16 (12): 2447-2453.

[78] 翟林培,丁亚林,翟岩.可提高分辨率的 CCD 像元的几何形状[P]. 中国 2008100505833, 2011,5.

[79] 刘妍妍,张新,徐正平,等.赋形像元探测器在超分辨重建中的应用[J].红外与激光工程, 2009,38(6): 0971-0976.

[80] 刘妍妍,张新,徐正平,等.利用异形像元探测器提高空间分辨率[J].光学精密工程,2009, 17(10): 2620-2627.

[81] Dudley D,Duncan W,Slaughter J.Emerging digital micromirror device(DMD) applications[J]. SPIE,2003,4985:14-25.

[82] TEXAS INSTRUMENTS Corporation.DLP DiscoveryTM 4100 digital controller (DDC4100) [R].America: TEXAS INSTRUMENTS Corporation, 2009.

[83] 徐正平.数字微镜器件在光电设备中的应用[J].激光与光电子学进展, 2014, 51 (5):051103.

[84] 董家宁,牟达,徐春云,等.基于 DMD 的红外景象模拟投影光学系统设计[J].激光与光电子学进展,2012,49(12):122202.

[85] 李丹,薛芸芸,曹雯,等.基于微透镜阵列的 DMD 芯片投影系统照明优化[J].光学学报, 2013,33(1):0122002.

[86] 殷智勇,汪岳峰,贾文武,等.基于微透镜阵列的光束积分系统的性能分析[J].中国激光, 2012,39(7):0702007.

[87] 徐正平,沈宏海,黄厚田,等.单 DMD 彩色视频显示系统的颜色控制[J].红外与激光工程, 2013,42(7):1848-1852.

[88] 刘莞尔.红外动态图像仿真系统中 DMD 芯片的灰度调制技术研究[D].成都:电子科技大学,2008.

[89] 徐正平,王德江,黄厚田,等.数字微镜器件视频显示性能分析[J].液晶与显示,2013,28 (2):255-260.

[90] 姚园,王德江,徐正平,等.基于 DMD 的红外成像制导目标模拟研究[J].激光与光电子学进展,2013,50(7):072302.

[91] 周望.基于数字微镜器件技术提高面阵 CCD 相机动态范围的研究[J].光学学报,2009,29(3):638-642.

[92] Adeyemi A A, Barakat N, Darcie T E. Applications of digital micro-mirror devices to digital optical microscope dynamic range enhancement [J].Opt.Express,2009,17(3):1831-1843.

[93] Abolbashari M,Magalhães F,Araújo F M M,et al.High dynamic range compressive imaging: a programmable imaging system [J].Optical Engineering,2012,51(7):071407.

[94] Nayar S K, Mitsunaga T. High dynamic range imaging: spatially varying pixel exposures[C]. IEEE Conference on Computer Vision and Pattern Recognition,2000:472-479.

[95] Applications.[EB/OL].[2013-11-20]http://www.pixim.com/applications.

[96] Nayar S K,Branzoi V,Boult T E.Programmable imaging using a digital micromirror array[C]. Proceedings of the 2004 IEEE Computer Society Conference on Computer Vision and Pattern Recognition,2004.

[97] 陆明海,沈夏,韩什生.基于数字微镜器件的压缩感知关联成像研究[J].光学学报,2011,31(7):0711002.

[98] Romberg J.Imaging via compressive sampling[J].IEEE Signal Processing Magazine,2008,25(2):14-20.

[99] Bromber Y,Katz O,Silberberg Y.Ghost imaging with a single detector[J].Phys.Rev.A,2009,79(5):3840-3844.

[100] Takhar D,Laska J N,Wakin M,et al.A new compressive imaging camera architecture using optical domain compressive[J].SPIE,2006,6065:43-52.

[101] 陈涛,李正炜,王建立,等.应用压缩感知理论的单像素相机成像系统[J].光学精密工程.2012,20(11):2523-2530.

[102] Wu Y,Mirza I O,Ye P,et al.Development of a DMD-based compressive sampling hyperspectral imaging(CS-HSI) system[J].SPIE,2011,7932:793201.

[103] Wehlburg C M,Wehlburg J C,Gentry S M,et al.Optimization and characterization of an imaging hadamard spectrometer[J].SPIE,2001,4381:506-515.

[104] Love S P, Graff D L. Programmable matched filter and Hadamard transform hyperspectral imagers based on micro-mirror arrays[J].SPIE,2009,7210:721007.

[105] Love S P, Graff D L.Full-frame programmable spectral filters based on micro-mirror arrays[C]//SPIE,2013,8618:86180C.

[106] Smith M W,Smith J L,Torrington G K,et al.Theoretical description and numerical simulations of a simplified hadamard transform imaging spectrometer[J].SPIE,2002,4816:372-380.

[107] 徐正平,沈宏海,许永森,等.可编程等效异形像元的几何超分辨方法[J].光电子激光,2014,25(7):1425-1431.

[108] 陈晓祥.一种稀疏次级相机阵列的同心多尺度成像系统的研制[D].西安:西安电子科技大学,2017.

[109] 吉书鹏,李同海.一种光机扫描型机载广域侦察监视系统设计[J].红外技术,2018,40(1): 20-26.

[110] 徐奉刚.大视场高分辨率成像光学系统设计研究[D].长春:中国科学院大学(中国科学院长春光学精密机械与物理研究所),2017.

[111] 薛露.宽视场高分辨率多尺度多孔径光学计算成像系统设计[D].哈尔滨:哈尔滨工业大学,2018.

[112] 刘新平,王虎,汶德胜.亚像元线阵CCD焦平面的光学拼接[J].光子学报,2002,31(6): 781-784.

[113] 马文礼,叶宝珠,邹德春,等.高精度10片面阵CCD光学焦平面拼接[J].光电工程,1994, 21(5):17-22.

[114] Desheng Wen, Xinping Liu, Wei Qiao, et al.Novel subpixel imaging system with linear CCD sensors[J].SPIE,2001,4563: 116-122.

[115] 耿文豹,翟林培,丁亚林.光电成像系统的像面覆盖方法分析[J].半导体光电,2009,30 (3):448-450.

[116] 史磊,金光,安源,等.一种遥感相机的CCD交错拼接方法研究[J].红外,2009,30(1): 12-15.

[117] 惠守文,远国勤.航空CCD相机机械拼接焦面搭接区相对像移量分析[J].光电工程, 2013,40(8): 24-28.

[118] 李朝辉,王肇勋,武克用.空间相机CCD焦平面的光学拼接[J].光学 精密工程,2000,8 (3):213-216.

[119] 沈忙作,陈旭男,王晋,等.线阵CCD图象传感器的焦平面光学拼接[J].光电工程,1991, 18(2):1-7.

[120] 陈旭南,马文礼,杨亚涛,等.多片面阵CCD图像传感器焦平面光学拼接技术[J].光电工程,1992,19(4):23-29.

[121] 孙东岩,张云.线阵CCD遥感侦察系统中CCD焦平面的光学拼接[J].光子学报,1993,22 (2):161-166.

[122] 张星祥,任建岳.TDI CCD焦平面的机械交错拼接[J].光学学报,2006,26(5):740-745.

[123] 雷华,徐之海,冯华君,等.光学拼接成像系统[J].仪器仪表学报,2010, 31(6): 1213-1217.

[124] Joseph Joby, et al.Improving the space-bandwidth product of structured illumination microscopy using a transillumination configuration[J].Journal of Physics D: Applied Physics, 2020, 53 (4) :044006.

[125] Brady D, Gehm M, Stack R et al.Multiscale gigapixel photography[J].Nature, 2012 486: 386-389.

[126] Brady D J, Hagen N.Multiscale lens design[J].Opt Express 2009 Jun 22;17(13):10659-74.

[127] 左超,陈钱.计算光学成像:何来,何处,何去,何从?[J].红外与激光工程,2022,51(02): 158-338.

[128] 冯彦超.基于计算成像的大视场高分辨相机的研究与仿真[D].杭州:浙江大学,2015.

[129] 吴懿思.基于 Multi-Scale 拼接成像的宽视场高分辨对地观测系统的研究[D].杭州:浙江大学,2016.

[130] 吴雄雄.基于多尺度成像原理的宽视场高分辨光学系统设计与研制[D].西安:西安电子科技大学,2018.

[131] 庄绪霞,阮宁娟,贺金平,等.多尺度大视场十亿像素成像技术[J].航天返回与遥感,2014,35(5):1-8.

[132] 孙崇尚,丁亚林,王德江.基于计算成像的宽视场高分辨相机研究进展[J].激光与光电子学进展,2013,50:03006:1-8.

[133] Marks D L, Llull P R, Phillips Z, et al. Characterization of the AWARE 10 two-gigapixel wide-field-of-view visible imager[J]. Appl Opt. 2014. 5,53(13):C54-63.

[134] Pang W, Brady D J. Parallel MMS gigapixel imagers[J]. Computational optical Sensing and imaging, 2017, CM2B. 3-1-2B. 3-3.

[135] Brian Leininger, Jonathan Edwards, John Antoniades, et al. Autonomous real-time ground ubiquitous surveillance-imaging system (ARGUS-IS)[J]. SPIE, 2008, 6981: 69810H:1-11.

[136] 李启辉.一种基于图像处理的自准直检焦技术研究[D].长春:中国科学院大学(中国科学院长春光学精密机械与物理研究所),2020.

[137] 孟繁浩.基于图像处理的自动检焦技术在航空相机中的应用研究[D].长春:中国科学院长春光学精密机械与物理研究所,2016.

[138] 张洪文.空间相机调焦技术的研究[D].长春:中国科学院研究生院(中国科学院长春光学精密机械与物理研究所),2003.

[139] Hui S. Son, Adam Johnson, Ronald A. Stack, et al. Optomechanical design of multiscale gigapixel digital camera[J]. Appl. Opt. 2013, 52, 1541-1549.

[140] Hui S. Son, Daniel L. Marks, Seo H. Youn, et al. Alignment and assembly strategies for AWARE-10 gigapixel-scale cameras[J] SPIE, 2013, 8836: 88360B-1-88360B-9.

[141] 杜鹃.共心宽视场高分辨率成像方法研究[D].西安:西安电子科技大学,2014.

[142] Stamenov I, Agurok I P, Ford J E. Optimization of two-glass monocentric lenses for compact panoramic imagers: general aberration analysis and specific designs: erratum[J]. Applied Optics, 2013, 51(31):7648-7661.

[143] 刘明, 匡海鹏, 吴宏圣, 等.像移补偿技术综述[J].电光与控制,2004:11(4):46-49.

[144] 李军,黄厚田,修吉宏,等.载机飞行参数对倾斜成像重叠率影响及补偿[J].光学精密工程,2020,28(6):1254-1264.

[145] 王震,程雪岷.快速反射镜研究现状及未来发展[J].应用光学,2019:40(2):373-379.

[146] 徐新行,杨洪波,王兵,等.快速反射镜关键技术研究[J].激光与红外,2013:43(10):1095-1103.

[147] James Held K, Brendan H. Robinson. TIER II Plus Airborne EO Sensor LOS Control and Image Geolocation[C]. IEEE Aerospace Conference, 1997, 377-405.

[148] Lareau, Andre, Partynski, Andrew. Dual-band framing cameras: technology and status[C]. Proc. SPIE 4127, Airborne Reconnaissance XXIV, 2000, 148-156.

[140] 曾钦勇.光电远程快速探测关键技术研究[D].成都:电子科技大学,2018.

[150] 黄浦,杨秀丽,修吉宏,等.基于扩张状态观测器的快速步进/凝视成像机构控制[J].光学精密工程,2018;26(8):2084-2091.

[151] Yoo D,Yau S S T,Gao Z.Optimal fast tracking observer bandwidth of the linear extended state observer[J].International Journal of Control,2007,80(1):102-111.

[152] 韩京清.自抗扰控制技术—估计补偿不确定因素的控制技术[M].北京:国防工业出版社,2008.

[153] Zhiqiang Gao, Scaling and Bandwidth-Parameterization Based Controller Tuning[C]. Proceedings of American Control Conference,2003,4989-4996.

[154] 孙崇尚,基于快速反射镜的高精度、宽频带扫描像移补偿技术研究[D].长春:中国科学院大学(中国科学院长春光学精密机械与物理研究所),2016.

[155] 秦荣荣,崔可维.机械原理[M].长春:吉林科学技术出版社,2005.

[156] 佟首峰,刘金国,阮锦,等.推帚式 TDI-CCD 相机应用分析[J].系统工程与电子技术, 2001,23(1):31-33.

[157] 张守一,尹仲任.CCD"刷扫"扫描成像系统的平均积分调制传递函数[J].红外研究,1982, (1):45-52.

[158] 许世文,姚新程,付苓.推帚式 TDI-CCD 成象时象移影响的分析[J].光电工程,1999,26 (1):60-63.

[159] 佟首峰,李德志,郝志航.高分辨率 TDI-CCD 遥感相机的特性分析[J].光电工程,2001,28 (4):64-67.

[160] 孙桓,陈作模.机械原理.6 版[M].北京:高等教育出版社,2001.

[161] 张策.机械动力学.2 版[M].北京:高等教育出版社,2005.

[162] 徐正平,葛文奇,杨守旺,等.像面扫描系统负载非平衡特性分析[J].工程设计学报,2010, 17(2):102-106.

[163] 刘胜,彭侠夫,叶瑰昀.现代伺服系统设计[M].哈尔滨:哈尔滨工程大学出版社,2005.

[164] 王连明,葛文奇,谢慕君.陀螺稳定平台速度环的一种神经网络自适应控制方法[J].光电工程,2001,28(4):9-12.

[165] 王连明.机载光电平台的稳定与跟踪伺服控制技术研究[D].长春:中国科学院研究生院(中国科学院长春光学精密机械与物理研究所),2002.

[166] 徐正平,李友一,葛文奇.非平衡宽覆盖像面扫描系统的神经网络控制[J],光学精密工程,2010,18(12):2680-2687.

[167] 徐正平,匡海鹏,许永森.动态扫描拼接成像系统的多模控制[J].光学精密工程.2013,21 (5):1282-1290.

[168] 徐正平.非平衡负载的像面扫描控制系统研究[D].长春:中国科学院研究生院(中国科学院长春光学精密机械与物理研究所),2011.

[169] 张健,张雷,曾飞,等.机载激光 3D 探测成像系统的发展现状[J].中国光学,2011,4(3): 213- 232.

[170] 张清源,李丽,李全熙.直升机防撞激光雷达综合信息处理系统[J].中国光学, 2013,6

（1）:80-87.

[171] 赵建川,王弟男,陈长青,等.红外激光主动成像和识别[J].中国光学,2013,6（5）:795-802.

[172] 王灿进,孙涛,石宁宁,等.基于双隐含层 BP 算法的激光主动成像识别系统[J].光学精密工程,2014,22（6）:1639-1647.

[173] 徐正平,沈宏海,许永森.直接测距型激光主动成像系统发展现状[J].中国光学,2015,8（1）:28-38.

[174] 胡以华.激光成像目标探测[M].北京:国防工业出版社,2013.

[175] Schulz K R,Scherbarth S,Fabry U.Hellas: Obstacle warning system for helicopters [J].SPIE,2002,4723:1-8.

[176] Karlheinz Bers, Karl R.Schulz, Walter Armbruster.Laser radar system for obstacle avoidance [J].SPIE,2005,5958:59581J.

[177] James Savage,Walter Harrington,R.Andrew Mckinley.3D-LZ helicopter ladar imaging system [J].SPIE,2010,7684:768407.

[178] Jennifer M.Wozencraft.Requirements for the Coastal Zone Mapping and Imaging Lidar（CZMIL）[J].SPIE,2010,7695:76950Q.

[179] Grady Tuell, Ken Barbor, Jennifer Wozencraft.Overview of the Coastal Zone Mapping and Imaging Lidar（CZMIL）:A New Multi-sensor Airborne Mapping System for the U.S. Army Corps of Engineers[J].SPIE,2010,7695:76950R.

[180] Eran Fuchs,Grady Tuell.Conceptual design of the CZMIL data acquisition system（DAS）: integrating a new bathymetric lidar with a commercial spectrometer and metric camera for coastal mapping applications [J].SPIE,2010,7695:76950U.

[181] Jeffrey W Pierce,Eran Fuchs,Spencer Nelson,et al.Development of a novel laser system for the CZMIL Lidar[J].SPIE,2010,7695:76950V.

[182] Eran Fuchs, Abhinav Mathur.Utilizing circular scanning in the CZMIL system [J].SPIE,2010,7695:76950W.

[183] Jennifer Aitken,Joong Young Park,Abhinav Mathur,et al.Selection of COTS Passive Imagers for CZMIL[J].SPIE,2010,7695:76950X.

[184] Andy Payment, Viktor Feygels, Eran Fuchs.Proposed Lidar Receiver Architecture for the CZMIL System[J].SPIE,2010,7695:76950Y.

[185] Abhinav Mathur,Vinod Ramnath,Viktor Feigels,et al.Predicted lidar ranging accuracy for CZMIL[J].SPIE,2010,7695:76950Z.

[186] Viktor I.Feygels,Joong Yong Park,Jennifer Aitken,et al.Coastal zone mapping and imaging lidar（CZMIL）:first flights and system validation[J].SPIE,2012,8532:85321C.

[187] Viktor I.Feygels,Joong Yong Park,Jennifer Wozencraft,et al.CZMIL（Coastal Zone Mapping and Imaging Lidar）: from first flights to first mission through system validation [J].SPIE,2013,8724:87240A.

[188] João Pereira do Carmo.Imaging LIDAR technology developments at the European Space Agency

[J].SPIE,2011,8001:800129.

[189] 刘博,于洋,姜朔.激光雷达探测及三维成像研究进展[J].光电工程,2019,46(7):190167-1-190167-13.

[190] Sun X L, Abshire J B, McGarry J F, et al.Space lidar developed at the NASA goddard space flight center-The first 20 years[J].IEEE Journal of Selected Topics in Applied Earth Observations and Remote Sensing, 2013, 6(3): 1660-1675.

[191] Markus T, Neumann T, Martino A, et al.The Ice, Cloud, and land Elevation Satellite-2 (ICE-Sat-2): science requirements, concept, and implementation[J].Remote Sensing of Environment,2017, 190: 260-273.

[192] Yu A W, Krainak M A, Harding D J, et al.Development effort of the airborne lidar simulator for the lidar surface topography (LIST) mission[C]//Lidar Technologies, Techniques, and Measurements for Atmospheric Remote Sensing VII, Prague, Czech Republic, 2011, 8182: 818207.

[193] Min-Gu Lee,Seung-Ho Baeg,Ki-Min Lee,et al.Compact 3D LIDAR based on optically coupled horizontal and vertical scanning mechanism for the autonomous navigation of robots [J].SPIE, 2011,8037:80371H.

[194] Alfred B.Gschwendtner, William E.Keicher.Development of coherent laser radar at Lincoln Laboratory [J].Lincoln Laboratory Journal,2000,12(2):383-396.

[195] Marius A.Albota,Brian F.Aull,Daniel G.Fouche,et al.Three-dimensional imaging laser radars with Geiger-mode avalanche photodiode arrays [J].Lincoln Laboratory Journal,2002,13(2): 351-370.

[196] Richard M.Marino,Timothy Stephens,Robert E.Hatch,et al.A compact 3D imaging laser system using Geiger-mode APD arrays: system and measurements [J].SPIE,2003,5086:1-15.

[197] Rosell F A.Prism Scanner[J].J.Opt.Soc.Am,1960,50:521-526.

[198] 范大鹏,周远,鲁亚飞,等.旋转双棱镜光束指向控制技术综述[J].中国光学, 2013,6(2): 136-150.

[199] Akira Akiyama, Yukiteru Kakimoto, Kazuhisa Kanda, et al.Optical fiber imaging laser radar [J].Optical Engineering,2005,44(1):016201-1-016201-11.

[200] Vasyl Molebny, Gary Kamerman, Ove Steinvall.Laser radar: from early history to new trends [J].SPIE,2010,7835:783502-1-783502-30.

[201] Advanced Scientific Concepts,Inc.,Santa Barbara,Calif.3D imaging laser radar [P].America: 6133989,2000-10-17.

[202] Roger Stettner, Howard Bailey. Eye-safe laser radar 3-D imaging [J]. SPIE, 2004, 5412: 111-116.

[203] Roger Stettner,Howard Bailey,Steve Silverman.Large format time-of-flight focal plane detector development [J].SPIE,2005,5791:288-292.

[204] Hakan Larsson,Frank Gustafsson,Bruce Johnson,et al.Characterization measurements of ASC FLASH 3D ladar [J].SPIE,2009,7482:748207-1-748207-15.

[205] Roger Stettner. Compact 3D flash LIDAR video cameras and applications [J]. SPIE, 2010, 7684:768405-1-768405-8.

[206] Chung M. Wong, Jennifer E. Logan, Christopher Bracikowski, et al. Automated in-track and cross-track airborne flash ladar image registration for wide-area mapping [J]. SPIE, 2010, 7684:76840S-1-768405-12.

[207] Ilya Poberezhskiy, Andrew Johnson, Daniel Chang, et al. Flash lidar performance testing-configuration and results [J]. SPIE, 2012, 8379:837905-1-837905-10.

[208] Eric Coppock, Dennis Nicks Jr, Roy Nelson, et al. Real-time creation and dissemination of digital elevation mapping products using total sightTM flash LiDAR[A]. ASPRS 2011 Annual Conference. Milwaukee, Wisconsin, 2011.

[209] Ball Aerospace & Technologies Corp., Boulder, CO(US). Flash LADAR system [P]. America: US7961301B2, 2011-06-14.

[210] Dennis Nicks Jr, Bevan Staple, Thomas Delker, et al. Flash ladar flight testing and pathway to UAV deployment[A]. AIAA 2010 Conference. Atlanta, Georgia, 2010.

[211] Amzajerdian F, Vanek M, Petway L, et al. Utilization of 3D imaging flash lidar technology for autonomous safe landing on planetary bodies[J]. SPIE, 2010, 7608:760828-1-760828-11.

[212] Reuben R. Rohrschneider, Jim Masciarelli, Kevin L. Miller, et al. An overview of Ball flash LIDAR and related technology development [A]. AIAA Guidance, Navigation and Control (GNC) Conference. Boston, 2013.

[213] Hieu V. Duong, Michael A. Lefsky, Tanya Ramond, et al. The electronically steerable flash lidar: a full waveform scanning system for topographic and ecosystem structure applications[J]. IEEE Transactions on Geoscience and Remote Sensing, 2012, 50(11):4809-4820.

[214] Ian Baker, Daniel Owton, Keith Trundle, et al. Advanced infrared detectors for multimode active and passive imaging applications [J]. SPIE, 2008, 6940:69402L-1-69402L-11.

[215] Eric de Borniol, Fabrice Guellec, Johan Rothman, et al. HgCdTe-based APD focal plane array for 2D and 3D active imaging: first results on a 320×256 with 30μm pitch demonstrator[J]. SPIE, 2010, 7660:76603D-1-76603D-9.

[216] Eric de Borniol, Johan Rothman, Fabrice Guellec, et al. Active three-dimensional and thermal imaging with a 30μm pitch 320×256 HgCdTe avalanche photodiode focal plane array [J]. Optical Engineering, 2012, 51(6):061305-1-061305-6.

[217] Richmond R D, Evans B J. Polarimetric imaging laser radar(PILAR) program[J]. Meeting proceedings RTO-MP-SET-092, 2005, 19-1-19-4.

[218] 胡春生. 脉冲半导体激光器高速三维成像激光雷达研究[D]. 长沙: 国防科学技术大学, 2005.

[219] 姜燕冰. 面阵成像三维激光雷达[D]. 杭州: 浙江大学, 2009.

[220] 王飞, 汤伟, 王挺峰, 等. 8×8APD 阵列激光三维成像接收机研制[J]. 中国光学, 2015, 8(3):422-427.

[221] 徐正平, 沈宏海, 姚园, 等. 直接测距型无扫描激光主动成像验证系统[J]. 光学精密工程,

2016,24(2):251-259.

[222] 徐正平,许永森,姚园,等.凝视型激光主动成像系统性能验证[J].光学精密工程,2017,25 (6):1441-1448.

[223] 朱静浩.阵列 APD 无扫描激光雷达非均匀性的分析与实验研究[D].哈尔滨:哈尔滨工业 大学, 2013.

[224] 张勇,曹喜滨,吴龙,等.小面阵块扫描激光成像系统实验研究[J].中国激光, 2013,40 (8):0814001.

[225] 王建宇,洪光烈,卜弘毅,等.机载扫描激光雷达的研制[J].光学学报, 2009,29(9): 2584-2589.

[226] Guo Y,Huang G H,Shu R.3D imaging laser radar using Geiger-mode APDs[J].SPIE,2010, 7684:768402.

[227] 罗远,贺岩,胡善江,等.基于声光扫描的三维视频激光雷达技术[J].中国激光, 2014,41 (8):0802005.

[228] Richard M.Heinrichs, Brian F.Aull, Richard M.Marino, et al.Three-dimensional laser radar with APD arrays [J].SPIE,2001,4377:217-228.

[229] 王飞.实时激光三维成像焦平面阵列研究进展[J].中国光学, 2013,6(3):297-305.

[230] 乔双,张洋,张纯红.一种基于 BOOST 电路的高压发生器研究[J].东北师大学报(自然科 学版),2012,44(3):74-77.

[231] 徐正平,金灿强,俞乾,等.用 PIN 探测器进行激光雷达参考光检测[J].红外与激光工程, 2018,47(10):1020002-1-7.

[232] 于潇,姚园,徐正平.采用 APD 阵列的共口径激光成像光学系统设计[J].中国光学,2016, 9(3):349-355.

[233] 申铉国, 张铁强.光电子学[M].北京:兵器工业出版社,1994.

[234] 宋建华.具有温度补偿的 APD 数控偏压电路[J].光学与光电技术,2013,11(2):12-15.

[235] 石朝毅,张玉钧,殷高方.基于 DS3501 的 APD 偏压温度补偿电路设计[J].电子设计工程, 2012, 20(3):1-3.

[236] 徐正平,沈宏海,许永森.具有温度补偿的 APD 阵列信号采集电路[J].电子测量与仪器学 报,2015,29(10):1500-1506.

[237] 刘华柏,王省书,陈卓.适用于窄脉冲的跨导型峰值保持电路设计[J].光学技术,2008,34 (Suppl):233-235.

[238] 徐正平,沈宏海,许永森,等.激光成像系统高精度目标距离和强度信息提取[J].红外与激 光工程,2014,43(8):2668-2672.

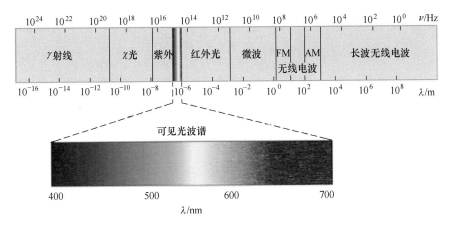

图 1.3　光与电磁波的波长分布

图 1.4　Jigsaw 激光主动成像系统所得三维数据作层切显示后的二维图像

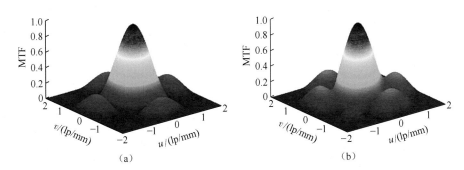

图 2.22　正方形像元（a）及其对应缺角异形像元（b）调制传递函数曲线

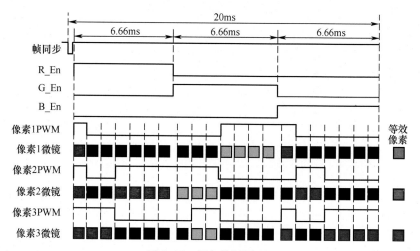

图 2.36　颜色控制原理

（a）常规图像　　　　　　　　　　　　（b）HDRI

图 2.42　Prixim 公司各像素点曝光时间不同以实现 HDRI

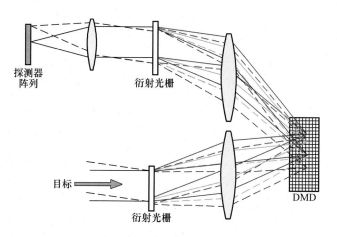

图 2.50　DMD 光谱编码成像光谱仪原理示意图

彩2

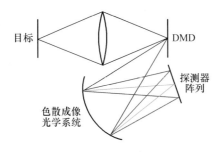

图 2.51　DMD 空间编码成像光谱仪原理示意图

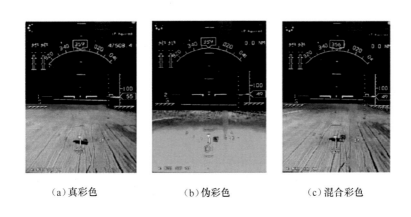

（a）真彩色　　　　　　　（b）伪彩色　　　　　　　（c）混合彩色

图 4.7　3D-LZ 系统在各种模式下获取的目标图像

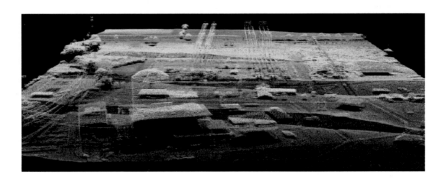

图 4.10　CZMIL 系统获取的地物图像

（a）2D可见光图像

（b）2D伪彩色图像

（c）3D距离图像

图4.17　KIDAR-B25系统在精确控制模式下获取的图像

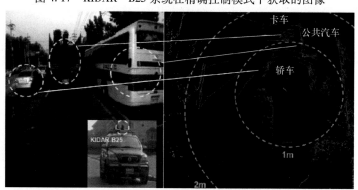

图4.18　KIDAR-B25系统在实时控制模式下获取的图像

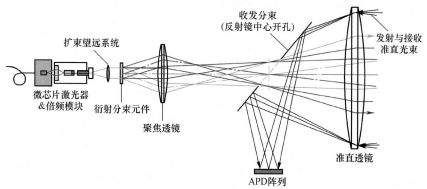

图4.76　Gen-Ⅲ激光主动成像系统光路图

彩4